ZEMAX 光学系统设计实战

胡冬梅　著

U0231287

化学工业出版社

·北京·

内容简介

本书以 Zemax OpticStudio（简称为 ZEMAX）软件为平台，介绍了光学系统设计全过程相关理论、技术和方法。从典型光学系统的设计出发，用 30 余个工程设计案例，展现了不同功能类型、不同指标要求的光学系统设计过程和技巧，阐述了光学系统设计中共性问题的解决方案。全书章节顺序安排符合光学设计者的认知和实践规律。书中对光学基本理论的描述以及对 ZEMAX 软件的使用介绍简明扼要，读者可从诸多实战案例中体会光学系统设计的精髓和乐趣。

本书可供从事光学系统设计、光电仪器研发以及其他光学相关工作的工程技术人员参考使用，也可作为光学、光学工程、光电信息工程、测控技术与仪器等专业的本科及研究生实践教学教材。

图书在版编目（CIP）数据

ZEMAX 光学系统设计实战/胡冬梅著. —北京：化学工业出版社，2024.4（2025.3 重印）
ISBN 978-7-122-44711-1

Ⅰ.①Z… Ⅱ.①胡… Ⅲ.①光学设计 Ⅳ.①TN202

中国国家版本馆 CIP 数据核字（2024）第 011007 号

责任编辑：毛振威　　　　　　　装帧设计：韩　飞
责任校对：宋　玮

出版发行：化学工业出版社
　　　　　（北京市东城区青年湖南街 13 号　邮政编码 100011）
印　　装：北京机工印刷厂有限公司
787mm×1092mm　1/16　印张 17¾　字数 438 千字
2025 年 3 月北京第 1 版第 2 次印刷

购书咨询：010-64518888　　　　售后服务：010-64518899
网　　址：http://www.cip.com.cn
凡购买本书，如有缺损质量问题，本社销售中心负责调换。

定　　价：99.00 元　　　　　　　版权所有　违者必究

❖ 前 言

随着光电信息产业的高速发展，企业和科研院所对光学设计人才的需求日趋增多，那么对于光学设计者，他们最需要掌握的知识与技能是什么？

首先需要了解光学系统设计的流程，要了解如何根据使用要求来制订光学系统的总体设计方案。其次要了解如何计算光学系统的特征参数，如何找到一个适合的光学系统初始结构，如何利用光学设计软件实现对光学系统的像差计算、分析评价和优化校正，最终得到符合功能要求的光学系统设计结果，以及如何分析光学系统的制造公差及工艺。而这整个设计过程在本书中都可以一一得到体验。

本书以目前国内外使用较为广泛的 Zemax OpticStudio 光学软件为平台，以分类项目式设计案例为主线，将光学理论和设计实践融合统一。在内容上，优先介绍典型光学系统的设计，从典型光学系统设计演变出形形色色的其它系统，包括激光、红外、紫外、光谱仪等现代光学系统的设计。全书力求覆盖的系统类型广泛，且能反映光学领域发展的新技术、新材料、新工艺。内容深入浅出，通俗易懂，便于引导读者快速理解和掌握光学系统设计的方法、技巧和精髓，并为读者提供了大量的光学系统结构素材。

书中案例皆是结合作者十几年的企业光学设计工作经历和十几年的光学设计教学经历所得，在撰写本书过程中，得到了一些同行的帮助，在这里表示真挚感谢。

值得一提的是：书中对光学基本理论的描述以及对 ZEMAX 软件的介绍相对简明；阅读本书之前，读者需熟悉工程光学基本理论，了解光学系统光线追迹方法、近轴公式、典型光学系统及分辨率等，还需使用过 ZEMAX 光学软件，了解基本的操作界面和菜单。其二，作者在 ZEMAX 光学材料库中加入了成都光明（CDGM）等多个材料厂商的目录，如果读者在核实一些案例时出现材料找不到的问题，请尝试多渠道下载和查询光学材料库文件，或联系作者（dongmeihu@126.com）。其三，书中多数案例的设计过程比较曲折，耗时较长，但在描述时省略了一些细节，读者若按书中步骤设计操作时，可能会得到不一样的设计结果，这是光学设计本质所决定的。其四，书中部分案例的结构参数做了四舍五入，读者想核实光学数据时，可能需要对后截距（BFL）等做少量调整。最后，关于本书中出现的所有数据，在没有明确给出单位时，角度单位为"度"，长度单位为"毫米"。

本书由南阳理工学院胡冬梅撰写。鉴于知识水平所限，书中难免出现疏漏之处，恩请广大读者给予批评指正！

作　者

◆ 目 录

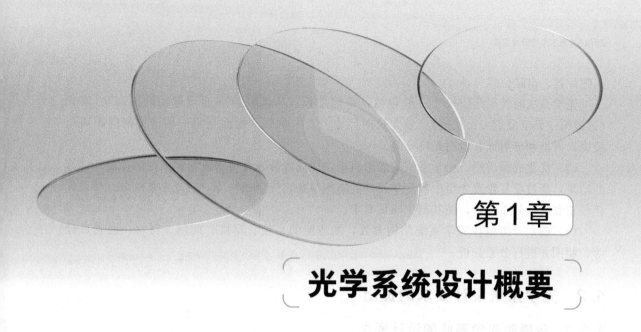

第1章

光学系统设计概要

1.1 光学设计概念

信息时代，光电仪器装备越来越多地在社会生活、工业、军事、航天、科研等领域得到运用，不仅能扩展和改善人类的官能，更能超越人类的能力去计算、记录和传输，成为人类认识世界的工具。光电仪器装备的核心是其前端光学系统，它的主要作用是获取信息，把目标场景或物体发出的光，按照一定的光学原理，改变其传播方向和位置，送入各类接收器，从而获得目标的几何图像、能量分布等信息。

通常情况下，光学系统由一组或几组有共同光轴的光学元件构成，如图1-1所示。由于不同的光束通过各元件和光组时产生的折、反射效果不同而使系统产生了各种像差，发生了能量的重新分布。光学设计者根据需要和可能性，对这些像差进行校正，对能量分布进行模拟计算，从而确定光学系统的最佳结构。

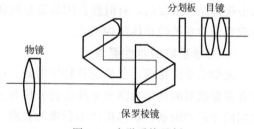

图 1-1 光学系统示例

所以，光学设计就是根据仪器装备所提出的使用要求，设计出满足这些要求的光学系统的性能参数、原理布局、外形尺寸和各光组、各光学元件的结构参数等。其具体内容可以归纳为以下几个方面。

（1）根据仪器的功能、性能、体积以及相关技术条件等，确定原理适用的光学系统类型，布局光组结构。如光组构成、转像方式、光组间相对位置、光瞳衔接等。

（2）分配各光组系统的光焦度等特性参数，计算外形尺寸。

光学系统的特性参数主要包括：放大倍率 β、焦距 f'、相对孔径 D/f' 或数值孔径 NA、视场 2ω 或 $2y$、主波长及波长范围、物距 l、像距 l'、共轭距（从物面到像面之间的距离）、入瞳位置、出瞳位置等。

光学系统的外形几何尺寸一般包括：系统总长（从透镜第一面至像面的距离）、筒长（透镜第一面至最后一面长度）、最大径向尺寸、工作距离（物面至第一块透镜间的距离）、棱镜入射面和出射面有效通光口径等。

（3）优化成像质量。光学系统的成像质量，即成像清晰度要求。根据前面两步设计计算的结果，通过反复修改光组中各光学元件的结构参数、控制条件等，对光学系统进行像差优化校正和能量分布分析，使其趋于满足要求。

（4）确定一组最佳光学系统结构参数，如透镜的半径、厚度、间隔、材料、通光口径等，制图并进行公差分析。

1.2　光学系统设计要求的提出

1.2.1　仪器对光学系统的设计要求

任何一种光学仪器都有其用途和使用条件，也必然会对它的光学系统提出一定的要求，因此，在进行光学设计之前，一定要了解这些要求。这些要求概括起来包括以下几个方面。

1. 仪器的功能和使用条件

在对光学系统提出设计要求时，首先要了解光学仪器的功能：它是用于远距离观察还是近距离显微？是用于摄影还是投影？是用于照明还是扫描？是变焦还是定焦？是紫外、红外成像还是可见光成像？

对光学系统提出设计要求时，还要从仪器的光学、机械、电路等总体出发，考虑它们互相之间是否有干涉和影响，如是否有足够的机械空间、热辐射影响等。有时候还会要求光学系统具有一定的稳定性、抗振性、耐热性和耐寒性，以保证其在特定的环境下能正常工作。

2. 光学系统的外形尺寸要求

光学仪器一般会对光学系统的外形尺寸进行限定，如系统的体积，重量，轴向、径向尺寸等。在设计多光组复杂的光学系统如军用光学系统时，外形尺寸计算以及各光组之间光瞳的衔接都是很重要的。有时候会因为重量问题而改变光学零件的材料和形状，因为体积问题而改变光学系统的整体结构型式。

3. 光学系统的特性要求

光学系统优化前，要确定其特性参数。这些参数有的是使用者直接提出，有些则需要设计者根据仪器的使用功能和条件进行分析和计算。在确定光学系统参数时，还要考虑各参数之间的矛盾和限制，切忌提出不合理的要求。

例如，生物显微镜的有效视觉放大率 Γ 需满足 $500\mathrm{NA}<\Gamma<1000\mathrm{NA}$。过高的放大率是没有意义的，只有提高数值孔径才能提高有效放大率。而望远镜的视觉放大率，一定要把望远系统的极限分辨率和眼睛的极限分辨率放在一起来考虑，当眼睛的极限分辨率为 l' 时，望远镜的正常放大率应该是 $\Gamma=D/2.3$（D 为入瞳直径）。工作放大率应按 $0.2D\leqslant\Gamma\leqslant0.75D$ 选取。再比如，设计摄影物镜时，为了使相对孔径、视场角、焦距三者之间的选择更合理，应参照式（1-1）来选择。

$$\frac{D}{f'}\tan\omega\times\sqrt{\frac{f'}{100}}=C_{\mathrm{m}} \qquad (1\text{-}1)$$

式中，$C_m = 0.22 \sim 0.26$。实际计算时，取 $C_m = 0.24$。当 $C_m < 0.24$ 时，光学系统的像差校正不太困难；当 $C_m > 0.24$ 时，像差校正趋于困难。但是，随着高折射率玻璃的出现、光学设计方法的改进、光学零件制造水平的提高，以及装调工艺的完善，C_m 值也在逐渐提高。

4. 光学系统的成像质量要求

成像质量要求的提出和光学仪器的用途有关。如一般的望远镜系统，成像质量满足人眼的分辨能力即可；照相物镜系统，则要根据接收传感器的分辨率情况而定；有些仪器要求中心视场清晰即可，有的则要求整个视场都清晰；而一般的光学测量仪器，则要求畸变小。

综上所述，光学系统设计要求的提出应合理，应保证在技术上和物理上能够实现，在考虑经济性的同时，还要考虑光学加工或组装的工艺性。

1.2.2　光学系统设计要求示例

根据 1.2.1 节所述，光学系统设计前，要根据光学仪器的使用要求确定光学系统的特性参数和尺寸等。表 1-1 所示为一投影物镜系统的设计要求示例。

表 1-1　投影物镜光学设计要求示例

成像传感器类型	数字微镜(DMD)
成像传感器尺寸及分辨率	0.7 英寸❶，宽高比 4：3，1080P，像素尺寸 9.8μm
投射比(投射距离与投射画幅之比)	1.18：1
标准投影距离	3m
F 数(F/#)	2.4
放大倍率	143×
后焦距	33mm(含 28BK7＋5air)
主波长	$\lambda = 550$nm，权重 2
光谱范围	$\lambda_1 = 485$nm 到 $\lambda_2 = 620$nm，权重各 1
系统总长、最大直径	小于 150mm、60mm
使用透镜数量	小于 10 片透镜
远心光路	最大值 $U' < 0.0085$rad
调制传递函数(MTF)	104lp/mm 全波段、全视场 MTF 大于 0.3，MTF 曲线单调减小
光学畸变	最大畸变小于 3%
色差(R/G/B)	R/G/B 任三色之间，最大色差小于 1.2 像素(pixel)
RMS(均方根)波前恶化	小于 0.5λ
鬼像	不可见
相对照度图	最低大于 75%，渐晕依此而定
能量透过率	大于 85%
ANSI 16 点棋盘格对比度	400：1

潜望镜一般有着特殊的用途，使用者在一定的潜望深度内观察远距离目标场景的活动情况，且需适用于恶劣的环境条件。表 1-2 所示为一潜望深度为 1.0m 的潜望镜光学系统的设计要求示例。

---

❶　1 英寸＝25.4 毫米。

表 1-2　潜望镜光学系统设计参数示例

系统原理	无焦望远系统,平行光入射和出射
总体放大倍率	10×
物方视场角	$2\omega = 5.8°$
物镜焦距	200mm
入瞳直径	30mm
视场光阑直径	20mm
目镜焦距(倍率)	20mm
目镜视场角	$2\omega' = 54°$
出瞳距离	30mm
出瞳直径	3mm
转像方式及长度	棱镜折转光轴,透镜转像,小于 1m
转像镜倍率	1×
分划板	十字瞄准和双夹线刻线瞄准
目镜渐晕	最大不超过 30%
成像质量	按目视光学仪器分辨率标准,最低达到人眼极限分辨率 $2.9×10^{-4}$ rad
工作温度环境	$-40\sim60℃$
雨浸范围	外露透镜耐雨蚀,雨淋不进水
冲击和振动	80cm 高度跌落 20 次,光学系统无像质跑动,分划板中心无跑动
质量	小于 10kg
成本控制	人民币 5000 元以内
其它	—

1.3　光学系统设计流程

根据前述,光学系统的设计流程可概括如下。

1. 制订合理的技术参数

从光学系统对使用要求的满足程度出发,制订光学系统合理的技术参数。这是设计成功的前提条件。

2. 总体设计和布局（外形尺寸计算）

根据使用要求,设计光学系统的原理布局,计算外形尺寸,计算光学系统的特性参数、能量等。在计算光学系统的特性参数时,一般是按理想光学系统的理论和公式来进行计算的。

3. 初始结构设计

包括选型和确定初始结构参数两部分。

选型是按各类镜组所能承担的最大视场角和相对孔径来匹配与设计要求相近的结构,结构简单者优先选用。

确定初始结构参数也有两种方法:一是解析法,即利用初级像差理论来求解能满足成像质量要求的初始结构;二是缩放法,即从已有的经验或数据库资料中找出与设计要求性能接近的结构,进行焦距缩放得到所需的初始结构数据,高级像差小者优先选用。

4. 像差计算和平衡校正

初始结构选好后,在计算机上进行光路计算,用光学软件辅助进行像差的校正,同时对像差结果进行分析和评价,再修正和平衡,直到满足成像质量要求为止。像差校正并不是要把像差校正到零,而是校正到满足使用要求即可。

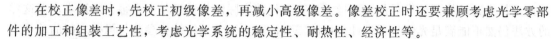

在校正像差时，先校正初级像差，再减小高级像差。像差校正时还要兼顾考虑光学零部件的加工和组装工艺性，考虑光学系统的稳定性、耐热性、经济性等。

5. 公差分析

像差校正完成后，要设置光学系统零部件加工误差的类型和大小（包括材料误差），分析计算出误差大小对光学系统性能的影响，从而为光学仪器的制造提供依据。

6. 长光路的拼接与统算

以总体设计为依据，以像差评价为标准，来进行长光路的拼接与统算，不合理时应反复试算并调整各光组的位置或结构。

7. 绘制光学系统图、部件图和零件图

绘制各类图纸，包括确定各光学零件之间的相对位置、光学零件的制造公差和技术条件，这些图纸为光学零件的加工、检测，部件的胶合、装配，乃至整机的装调、测试提供依据。

8. 编写设计说明书，必要时进行技术答辩

设计说明书是对光学设计整个过程的技术总结，是进行技术设计评审和答辩的主要依据。

根据以上各环节要求，循环执行优化设计，最终得到一个满意的光学设计结果，整个设计流程图如图1-2所示。

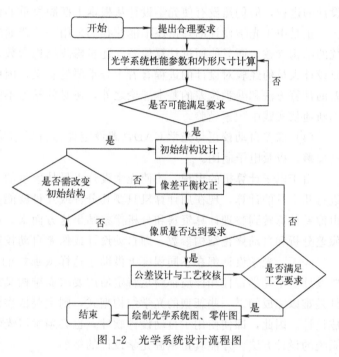

图1-2　光学系统设计流程图

1.4 光学设计发展与光学软件的关系

1.4.1 光学设计的发展历程

光学设计的发展历程主要经历四个阶段。

（1）用零件拼搭方法找出更好的结果。最初的光学仪器制造是人们直接磨制各种不同材料、不同形状的透镜，把这些透镜按照不同情况进行排列组合，找出成像质量比较好的结构。由于实际制作比较困难，要找出一个质量好的结构，势必花费很长的时间和很多的人力、物力，而且也很难找到各方面都较为满意的结果。

（2）使用有限的光线进行光路计算。为了节省人力、物力，后来逐渐用光路计算来代替前面零件拼搭找结果的方法。对不同结构参数的光学系统，由同一物点发出，按光线的折射和反射定律，用数学方法计算若干条光线。根据这些光线通过系统以后的聚焦情况，也就是根据这些光线像差的大小，就可以大体知道物体的成像质量。然后修改光学系统的结构参数，重复上述计算，直到成像质量满意为止。这样的方法叫作光路计算或像差计算，光学设

计正是从光路计算开始发展的。用像差计算来代替实际制作透镜是一个很大的进步，但这样的方法仍然不能满足光学仪器设计发展的需要，因为光学系统结构参数与像差之间的关系十分复杂，要找到一个理想的结果，仍然需要经过长期的繁重计算过程，特别是对于一些光学特性要求比较高、结构比较复杂的系统，这个矛盾就更加突出。

（3）用初级像差理论求解初始结构并进行像差计算和校正。为了加快设计进程，促进人们对光学系统像差的性质及像差和结构参数之间的关系进行研究，希望能够根据像差要求，用解析的方法直接求出结构参数，这就是像差理论的研究。但这方面的进展不能令人满意，到目前为止，像差理论只能给出一些近似的结果，或者给出如何修改结构参数的方向来加速设计的进程，但仍然没有使光学设计从根本上摆脱繁重的像差计算过程。

正是由于光学设计的理论还不能使我们采用一个普通的方法，根据使用要求直接求出系统的结构参数，而只能通过计算像差，逐步修改结构参数，最后得到一个较满意的结果，所以设计人员的经验对设计的进程有着十分重要的意义。因此，学习光学设计，除了要掌握像差的计算方法和熟悉像差的基本理论之外，还必须学习不同类型系统的具体设计方法，并且不断地从实践中积累经验。

（4）像差自动校正与光学 CAD，即设定像差目标结果、自动调整结构参数来校正和平衡像差，以及电子制图。

由于电子计算机的出现，才使光学设计人员从繁重的手工计算中解放出来，过去一个人进行几个月的计算，现在用计算机只要几分钟或几秒就能完成了。设计人员的主要精力已经由像差计算转到整理计算资料和分析像差结果这方面来。而且计算机还可以进一步代替人做像差分析和自动修正结构参数，即自动设计或像差自动校正。

今天，光学设计都在不同程度上借助于这样或那样的光学自动设计软件来完成。但是，要设计一个光学特性和像质都满足特定使用要求而结构又最优的光学系统，只靠自动设计软件是难以完成的。一些新型的光学结构型式，则主要依靠设计师的理论分析和实际经验来完成设计。因此，即使使用了自动设计软件，也必须学习光学设计的基本理论和不同类型光学系统的设计方法，才能真正掌握光学设计的精髓。

1.4.2　光学设计软件

光学设计软件是光学系统设计的工具，是根据光学原理、数学、物理原理等，通过计算机代码的形式提供的产品。

随着计算机技术的快速发展和人们对高精度、高效率、高质量光学系统的需求不断增加，光学设计软件逐渐成为光学设计和光学工程领域中不可或缺的工具。它可以帮助设计师更加有效地使用光学理论和方法，降低设计难度，缩短设计时间，提高设计效率。同时，通过软件仿真和优化，设计师还可以制订设计目标，得出最优方案，节省制造成本和测试所需的时间。而且，随着软件算法和实现技术的不断提升，光学软件具有了强大和灵活的仿真和优化能力，能够有效应对复杂的光学系统设计问题，帮助一些重大项目的成功实施。可以说，光学设计软件大大推动了光学设计的发展。

光学设计软件种类繁多，且各有特点，在狭义的光学设计范围内，主要使用的成像类光学设计软件有：ZEMAX、Code V、OLSO、LensView、SOD88 等。

ZEMAX 软件进入国内的时间早，是国内应用范围最为广泛的软件。它价格便宜，内容丰富，界面友好，控制方便，能随时获取菜单的在线解释和帮助，还可以自定义小程序。

ZEMAX 将实际光学系统的设计概念、优化、分析、公差以及报表整合在一起，能够追迹序列、非序列、混合序列光线系统，可建立反射、折射、衍射及散射等光学模型，可进行偏振、镀膜、温度、气压等方面分析。由于 ZEMAX 的直观、强大功能以及灵活快速、容易上手等优点，使它广泛应用于军用、民用、医用，微光、红外、激光，摄影、投影、计量、照明、光通信器件等光学系统的设计，很受设计师青睐。

另外，ZEMAX 比较好的方面是材料的开放性好，它可以使用最新的光学玻璃库或其它测量出来的光学材料，无热化功能做得比较方便。ZEMAX 用户也能让设计师有更多的掌控感，可以在自己的意图下慢慢优化。但 ZEMAX 的缺点是优化算法几十年如一日，更新程度不大，导致在优化速率以及发现新结构方面效率低下，特别是系统稍一复杂，比如变焦系统、十几片以上的透镜系统等，优化所需的时间较长。

Code V 成像设计软件，优化能力强大，优化算法持续更新，属于目前国际上最优秀的光学设计软件之一。因价格昂贵，使用的人较 ZEMAX 要少很多。Code V 寻找新结构的能力可以说无与伦比。全局优化算法超越其它光学设计软件。新版本优化算法不断改进，陆续增加了 Step 优化功能、公差优化功能等，非常符合设计师需求。但 Code V 的光学材料库比较糟糕，相比于 ZEMAX 的开放性，其封闭性较强，导致国内成都光明、新华光等最新的玻璃使用比较麻烦。

OLSO 软件的性能基本是在上面两个软件的中间，价格也在两个中间，加上国内推广力度不够，使用者较少。OLSO 软件二次开发能力较强，适合于光学设计高手使用，目前在美国、欧洲范围内应用较广。

LensView 软件的光学设计数据库囊括超过 18000 个在美国和日本专利局申请有案的多样化的光学设计实例。它能显示每一实例的空间位置，拥有设计者完整的信息、摘要等多种功能；它能产生各式各样的像差图，做透镜的快速诊断，并绘出这个设计的剖面图。该软件可为设计者寻找恰当的初始结构，便于其快速设计出符合技术指标的系统。

SOD88 是北京理工大学袁旭沧教授等在原有的微机用光学设计软件包的基础上研发的光学设计大型软件，也是目前我国研发的、应用最广的、具有自主知识产权的光学 CAD 软件之一。之后算法不断更新，填补了我国在光学设计软件领域的空白。

非成像类光学设计软件有：TracePro、LightTools、ASAP、Fred、ODIS（浙江大学）等，主要用于光线追迹和仿真；LucidShape 主要用于车灯照明设计；RSoft 用于微纳光学设计；VirtualLab 用于激光类设计等。也有一些软件可以作为插件使用于结构设计软件 SolidWorks、Pro/E 中，如 OptisWorks 等。还有光机热协同分析的软件，比如 COMET 软件等。在这里就不再展开论述了。

值得一提的是，所有的光学设计软件只是设计的工具而已，很多光学设计专家、大师，即使使用最为简易的设计软件，设计效率和设计结果也令人赞叹，充分说明，设计师才是光学系统设计的灵魂和缔造者。

第2章

像差综述

实际光学系统与理想光学系统有很大差异，物空间的一个物点发出的光线经实际光学系统后，不再会聚于像空间的一点，而是形成一个弥散斑。

实际成像与理想成像之间的差异称为像差。光学系统对单色光成像时产生五种单色像差，即球差、彗差、像散、场曲和畸变。对复合光成像时，除产生五种单色像差外，还产生轴向色差和倍率色差。光学设计的目的就是为了校正各种各样的像差，使光学系统能够在一定的视场和相对孔径下成清晰的像。

2.1 球差

2.1.1 球差及其校正方法

1. 球差的定义和表达

自光轴上一点发出的与光轴成一定角度（孔径角 U）的光线，经光学系统折射后所得的截距 L' 随孔径角 U 或入射高度 h 的不同而不同，如图 2-1 所示。因此，轴上点发出的同心光束经光学系统后不再是同心光束，不同孔径角 U（或不同入射高度 h）的光线交光轴于不同的位置上，相对于近轴理想像点就有不同的偏离，这种偏离称为球差，用 $\delta L'$ 表示。

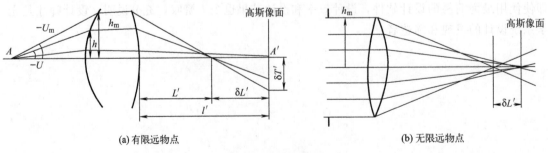

(a) 有限远物点   (b) 无限远物点

图 2-1　球差示意图

根据球差定义

$$\delta L' = L' - l' \tag{2-1}$$

不同孔径角 U 或不同入射高度 h 的光线具有不同的球差。球差是轴上点的单色像差，主要在沿轴方向度量。平常所说的球差一般指的都是轴向球差。但球差也可以在垂轴方向度量，如图 2-1 (a) 中的 $\delta T'$。

由于球差的存在，使得轴上物点在高斯像面上成的像不是一个点，而是一个圆形弥散斑，弥散斑的半径为图 2-1 (a) 中的 $\delta T'$，显然

$$\delta T' = \delta L' \tan U' \tag{2-2}$$

孔径角 U_{m} 对应的入射光线高度 h_{m} 称为全孔径，对应的球差称为边光球差，用 $\delta L'_{\mathrm{m}}$ 表示；如果 $h/h_{\mathrm{m}} = 0.7$，则称为 0.7 孔径或 0.7 带光，对应的球差称为带光球差，用 $\delta L'_{0.7}$ 表示，其它孔径球差也可以表示为 $\delta L'_{0.85}$、$\delta L'_{0.5}$ 等。以此类推到视场，若 $y/y_{\mathrm{m}} = 0.7$，则这时的视场称为带视场或 0.7 视场。

对于大孔径光学系统，即使少量的球差也会形成较大的弥散斑，因此球差校正要求更为严格。大部分光学系统只能做到对边缘光线校正球差，即 $\delta L'_{\mathrm{m}} = 0$，而不能完全校正带光球差，这样的光学系统称为消球差系统，如图 2-2 所示。当边缘光的球差校正为零时，$0.707h_{\mathrm{m}}$ 的带光具有最大的剩余球差，其值是高级球差的 $-1/4$。

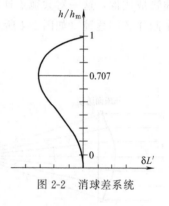

图 2-2　消球差系统

2. 球差的计算

球差是孔径角 U 或入射光线高度 h 的函数，可以由 h 或 U 的幂级数来表示。当 U 或 h 变号时，球差 $\delta L'$ 不变，故在级数展开式中只包含 U 或 h 的偶次项；当 $U = 0$ 或 $h = 0$ 时，$\delta L' = 0$，因此展开式中没有常数项；球差是轴上点像差，与视场无关，因此，展开式中没有 y 或 ω 项。所以可将球差 $\delta L'$ 表示为

$$\delta L' = A_1 h_1^2 + A_2 h_1^4 + A_3 h_1^6 + \cdots$$

或

$$\delta L' = a_1 U_1^2 + a_2 U_1^4 + a_3 U_1^6 + \cdots \tag{2-3}$$

在式 (2-3) 中，第一项称为初级球差，第二项（二级球差）及以上项称为高级球差。大部分光学系统高级球差很小，可以忽略。因此，球差可近似用初级球差和二级球差两项来表示。当孔径较小时，主要存在初级球差；孔径较大时，高级球差也随之增大。

球差的精确值必须对轴上物点发出的近轴光线和若干条实际光线进行光路的计算，分别求得 l' 和 L' 以后，按式 (2-1) 求得。整个光学系统的球差是每个面对球差的贡献之和，所以，当对实际物体成像时，球差的分布式表达为

$$\begin{cases} \delta L' = -\dfrac{1}{2n'_k u_k'^2} \sum_1^k S_{\mathrm{I}} \\[2mm] S_{\mathrm{I}} = luni(i - i')(i' - u) \end{cases} \tag{2-4}$$

式中，ΣS_{I} 称为初级球差系数（也称第一赛德尔和数），S_{I} 为每个面上的初级球差分布系数，n 和 n' 代表每个面的物、像方空间折射率，u 和 u' 代表每个面的物、像方孔径角，l 和 l' 代表物距和像距，i 和 i' 代表光线在表面上的入射角和折射角。

3. 球差的校正方法

(1) 根据透镜的折射特性，正透镜会使边缘光线的偏向角比近轴光线的偏向角要大，因

此产生负球差；同理，负透镜会产生正球差。所以，采用正、负透镜组合才有可能使球差得到校正。

（2）球差随物体的位置、透镜折射率、透镜的结构参数的改变而变化，因此改变透镜的参数可以控制球差，还可以使用非球面透镜，如图 2-3 所示。在实际设计光学系统时，初级球差的改变甚易，高级球差一般需要通过初级球差的补偿来取得平衡和减小。

（3）对单个折射球面而言，当物点处于三个位置时，不产生球差。这三个位置分别是：

① $I = I'$。表示物点和像点均位于球面的曲率中心，即 $L = L' = r$。

② $L = 0$，此时 $L' = 0$，即物点和像点均位于球面顶点时，不产生球差。

③ $\sin I' - \sin U = 0$，即 $I' = U$，这时物点和像点位置分别为

$$L = \frac{n+n'}{n} r \qquad L' = \frac{n+n'}{n'} r$$

L 和 L' 这一对共轭点在球面的同一侧，且都在球心之外，不是使实物成虚像，就是使虚物成实像，这一对共轭点通常称为不晕点或齐明点。在光学设计中，常利用齐明点的特性来制作齐明透镜（如图 2-4 所示），增大物镜的孔径角，用于显微物镜或照明系统中。

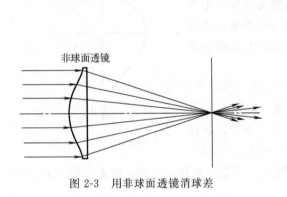

图 2-3 用非球面透镜消球差

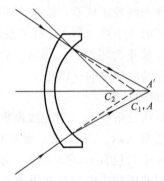

图 2-4 负齐明透镜

2.1.2 球差在 ZEMAX 中的呈现

在 ZEMAX 的分析菜单中，可以看到像差描述的各种方式。球差最直接的呈现方式就是球差曲线，如图 2-5 所示。纵坐标代表光束孔径的归一化值（h/h_{m}），横坐标代表球差大小和正负（单位 mm），不同曲线分别代表不同波长的球差曲线。

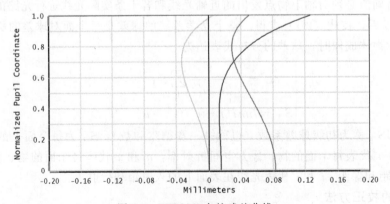

图 2-5 ZEMAX 中的球差曲线

除了球差曲线外，ZEMAX 中还有一些其它曲线和图形可以说明球差的存在，如 Spot Diagram（点列图）、Ray Fan（光扇图）都可定量分析球差在不同孔径时的大小。如图 2-6 所示为零视场的点列图，散斑的尺寸反映了球差的大小；图 2-7 所示为零视场的光扇图，横坐标代表孔径，纵坐标代表的就是球差的大小。从这两个图中都可以看出球差的旋转对称性特点。

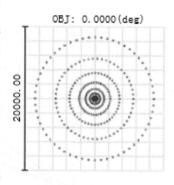

图 2-6　点列图中的球差表征

ZEMAX 像差分析菜单中还有赛德尔（Seidel）系数分析，其中的"SPHA S1"呈现了光学系统各表面产生的赛德尔初级球差以及累计球差，如图 2-8 所示，球差数据更为详细。

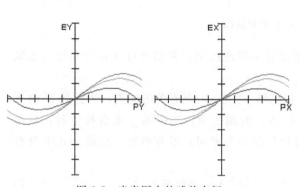

图 2-7　光扇图中的球差表征

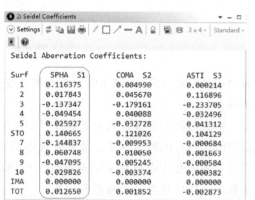

图 2-8　球差的赛德尔系数统计

2.2　彗差

2.2.1　彗差定义及计算

轴外物点发出的上、下同心宽光束经过光学系统后相对于主光线失去对称，上、下光线和主光线不再相交于一点，它们在高斯像面上的高度也不相等。上、下光线的交点到主光线的垂直距离称为彗差。

具有彗差的光学系统，轴外物点在理想像面上形成的像点如同彗星状的光斑，靠近主光线的细光束交于主光线形成一亮点，远离主光线的不同孔径的光线束形成的像点是远离主光线的不同圆环，故这种成像缺陷称为彗差，如图 2-9 所示。

为了表示彗差的大小，通常在子午和弧矢面内分别用不同孔径光线对在像空间的交点到主光线的垂轴距离来表示，记为 K_T' 和 K_S'。子午彗差的上下光线在高斯像面的交点高度用其平均值表示，弧矢光线对的两条光线对称于子午面，其在高斯面上的交点高度相等，因此

$$K_T' = \frac{1}{2}(y_a' + y_b') - y_z' \qquad (2\text{-}5)$$

$$K_S' = Y_c' - Y_z' = Y_d' - Y_z' \qquad (2\text{-}6)$$

彗差描述了大视场、宽光束成像的不对称性，但当描述小视场、宽光束成像的不对称性

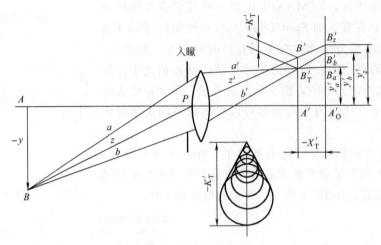

图 2-9 子午彗差形成图

时会用正弦差（SC′）来表示，彗差和正弦差没有本质的区别，只是追迹计算的光线的选取不同。

根据彗差的定义，彗差是与孔径 $U(h)$ 和视场 y（或 ω）都有关的像差，当孔径 U 改变符号时，彗差的符号不变，故展开式中只有 $U(h)$ 的偶次项，当视场 y 改变符号时，彗差反号，故展开式中只有 y 的奇次项，当视场和孔径均为零时，没有彗差。故展开式中没有常数项，这样彗差的级数展开式为

$$K'_S = A_1 y h_1^2 + A_2 y^3 h_1^4 + A_3 y^5 h_1^6 + \cdots 高级彗差 \tag{2-7}$$

在式（2-7）中，第一项为初级彗差，第二项为孔径二级彗差，第三项为视场二级彗差。对于大孔径小视场光学系统，彗差主要由第一、二项决定；对于大视场、相对孔径较小的光学系统，彗差主要由第一、三项决定。对于有的光学系统，当边缘孔径光线的彗差校正到零时，0.707 带有最大的剩余彗差，其值是孔径二级彗差的 $-1/4$。

彗差的计算需追迹轴外物点发出的多个光线对，经推导，初级彗差分布式为

$$K'_T = -\frac{3}{2n'_k u'_k} \sum_1^k S_{\text{II}} \tag{2-8}$$

$$K'_S = -\frac{1}{2n'_k u'_k} \sum_1^k S_{\text{II}} \tag{2-9}$$

$$S_{\text{II}} = (i_z/i)S_{\text{I}} = luni_z(i-i')(i'-u) \tag{2-10}$$

式（2-8）和式（2-9）中，$\sum S_{\text{II}}$ 称为初级彗差系数（也称第二赛德尔彗差和数），S_{II} 为光学系统每个面上的初级彗差分布系数。i_z 为第二近轴光线在表面上的入射角。

由此可见，初级子午彗差是初级弧矢彗差的 3 倍。当系统校正了子午彗差后，弧矢彗差也同时得到了校正。

2.2.2 彗差的校正方法

彗差随着视场和孔径的增大而增大，彗差破坏了轴外物点成像的清晰度（轴上点无彗差）。图 2-10 显示了系统存在彗差时的成像效果。故对于大视场、大孔径的光学系统，必须予以校正。

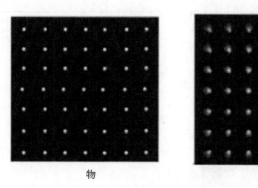

图 2-10　彗差的成像效果

① 由式（2-10）可知，S_{II} 中含有与光阑位置有关的 i_z 项，因此调整光阑的位置可使彗差发生变化，这是光学设计中校正彗差常采用的方法。以下四种情况均不产生彗差。

　　a. $i_z = 0$，光阑位于球面的曲率中心时；

　　b. $L = 0$，物点在球面顶点时；

　　c. $I = I'$，物点在球面的曲率中心时；

　　d. $I' = U$，物点和像点位于齐明点时。

② 彗差与透镜相对于孔径光阑的弯向有关，如图 2-11 所示，弯月透镜正向于光阑放置，产生正彗差，反向于光阑放置，产生负彗差，因此，合理调整透镜的弯向、透镜的结构参数可改变彗差。

③ 使光学系统透镜各面尽量弯向孔径光阑，即同心原则，有利于彗差校正。对于 $\beta = -1$ 的全对称系统，则完全无彗差，因为对称面上的垂轴像差是大小相同、符号相反的，可以完全抵消彗差，如图 2-12 所示。这一设计思路在光学设计中经常得到应用。

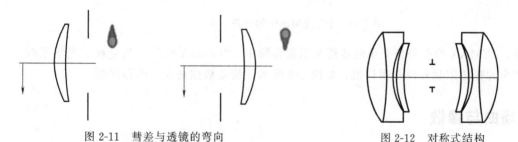

图 2-11　彗差与透镜的弯向　　　　　　　　图 2-12　对称式结构

2.2.3　彗差在 ZEMAX 中的呈现

在 ZEMAX 的像差分析菜单中，彗差并没有单独的曲线或图形呈现方式，但可以使用 ZEMAX 中其它的几何像差分布图形来分析彗差的存在及其大小和符号。如 Spot Diagram（点列图）、Ray Fan（光扇图）都可定量分析在不同视场、随孔径变化的彗差分布情况。如图 2-13 所示的点列图，共有三个视场，第一个视场是轴上物点所成像斑，彗差为零，第三个视场则呈现了彗差的典型形状，可以判定系统在最大视场处存在明显的彗差。

图 2-14 所示是一光学系统 0.707 视场的子午光扇图。将子午光线对 a、b 作连线，连线和纵坐标交点的高度等于子午彗差 K'_{T}。同理，弧矢光扇图中光线对连线和纵坐标交点的高度等于弧矢彗差 K'_{S}。

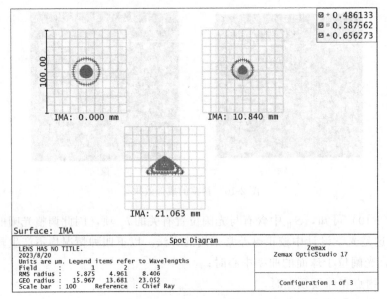

图 2-13　点列图中的彗差光斑

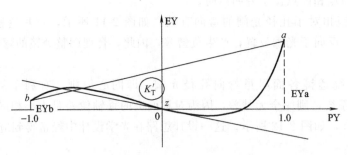

图 2-14　子午光扇图中的彗差呈现

另外，ZEMAX 像差分析菜单的赛德尔系数分析中，"COMA S2"一列呈现了光学系统各表面产生的赛德尔彗差以及累计值，如图 2-8 所示，彗差数据更为具体和详细。

2.3　场曲与像散

2.3.1　细光束场曲及其校正方法

1. 场曲定义及计算

在 2.2 节中指出，彗差是孔径和视场的函数，同一视场不同孔径的光线对的交点不仅在垂直于光轴方向偏离主光线，而且沿光轴方向也和高斯像面有偏离。子午宽光束的交点沿光轴方向到高斯像面的距离 X'_T 称为宽光束的子午场曲，子午细光束的交点沿光轴方向到高斯像面的距离 x'_t 被称为细光束的子午场曲。与轴上点的球差类似，这种轴外点宽光束的交点与细光束的交点沿光轴方向的偏离称为轴外子午球差，用 $\delta L'_T$ 表示

$$\delta L'_T = X'_T - x'_t \tag{2-11}$$

同理，在弧矢面内，弧矢宽光束交点沿光轴方向到高斯像面的距离 X'_S 称为宽光束弧矢场曲，弧矢细光束的交点沿光轴方向到高斯像面的距离 x'_s 称为细光束弧矢场曲，两者间的

轴向距离称为轴外弧矢球差，用 $\delta L_{\mathrm{S}}'$ 表示

$$\delta L_{\mathrm{S}}' = X_{\mathrm{S}}' - x_{\mathrm{s}}' \tag{2-12}$$

各视场的子午像点构成的像面称为子午像面，由弧矢像点构成的像面称为弧矢像面，如图 2-15 所示，两者均为对称于光轴的旋转曲面。由此可知，当存在场曲时，在高斯像平面上超出近轴区的像点都会变得模糊。平面物体所成的像变成一个回转的曲面，在任何像平面处都不会得到一个完善的物平面的像。

细光束子午场曲和弧矢场曲的计算公式为

$$x_{\mathrm{t}}' = l_{\mathrm{t}}' - l' = t'\cos U_z' + x - l' \tag{2-13}$$

$$x_{\mathrm{s}}' = l_{\mathrm{s}}' - l' = s'\cos U_z' + x - l' \tag{2-14}$$

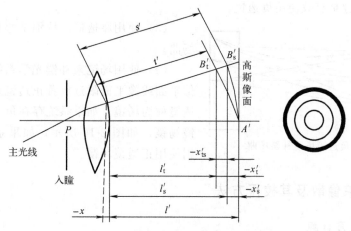

图 2-15　细光束子午场曲和弧矢场曲

细光束的场曲与孔径无关，只是视场的函数。当视场为零时，不存在场曲，故场曲的级数展开式与球差类似，只要把孔径坐标用视场坐标代替，即

$$x_{\mathrm{t(s)}}' = A_1 y^2 + A_2 y^4 + A_3 y^6 + \cdots \tag{2-15}$$

展开式中第一项为初级场曲，第二项为二级场曲，后面为高级场曲，一般取前两项就够了。随着视场的增大，场曲一般变大。但对于有的光学系统，当边缘视场 y_{m}（或 ω_{m}）的场曲校正到零时，$0.707 y_{\mathrm{m}}$ 有最大的剩余场曲，其值是高级场曲的 $-1/4$。

根据光路计算的结果，初级子午和弧矢场曲的分布式分别为

$$x_{\mathrm{t}}' = -\frac{1}{2 n_k' u_k'^2} \sum_1^k (3S_{\mathrm{III}} + S_{\mathrm{IV}}) \tag{2-16}$$

$$x_{\mathrm{s}}' = -\frac{1}{2 n_k' u_k'^2} \sum_1^k (S_{\mathrm{III}} + S_{\mathrm{IV}}) \tag{2-17}$$

$$S_{\mathrm{III}} = S_{\mathrm{I}} \left(\frac{i_z}{i}\right)^2 \tag{2-18}$$

$$S_{\mathrm{IV}} = J^2 (n' - n)/(nn'r) \tag{2-19}$$

式中，S_{III} 是系统的初级像散分布系数，S_{IV} 是系统的初级场曲分布系数，也称为像散和场曲的赛德尔系数；J 是拉赫不变量。

2. 场曲的校正方法

根据场曲的定义，物平面上的每一个物点通过光学系统后都能成一个清晰的像点，但所

有像点的集合却是一个曲面。通常像面［如 CMOS（互补金属氧化物半导体）传感器］都为平面，这时无论将像平面放置在任何位置，都不可能得到整个物体清晰的像，而是得到一个清晰度随像面位置渐变的像。当场曲严重时，光学系统就不能对平面物体的中心和边缘同时清晰成像，中心调焦清楚，边缘就模糊，反之亦然。所以大视场系统必须校正场曲。如测量用物镜、照相物镜都需要校正场曲。

场曲的校正方法主要有下面几种。

（1）场曲实质上是由球面的特性决定的。所以，改变光学系统各透镜的结构参数可控制场曲。

（2）采用正、负透镜分离的光学结构，或者正、负光焦度多个元件的组合，可有效降低场曲。其中的关键是有效使用负透镜。

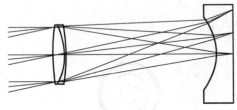

（3）使用厚透镜，特别是弯月厚透镜可校正场曲。

（4）使用场镜来补偿光学系统的场曲，即在像平面或像平面附近放置正透镜或负透镜，这些透镜称为场镜。如果系统存在负场曲则使用负透镜场镜，如图 2-16 所示；如果系统存在正场曲则使用正透镜场镜。

图 2-16 负透镜场镜补偿场曲

2.3.2 细光束像散及其校正方法

1. 像散定义及计算

随着视场的增大，远离光轴的物点即使是以沿主光线的细光束成像，其出射光束的失对称性也明显地表现出来。整个失对称的光束中，子午细光束的会聚点 B'_t（称子午像点）和弧矢细光束的会聚点 B'_s（称弧矢像点）并不重合在一起，如图 2-12 所示。两者分开的轴向距离称为像散，用 x'_{ts} 表示。根据式（2-14）有

$$x'_{ts} = x'_t - x'_s = (t' - s')\cos U'_z \tag{2-20}$$

像散一般指的就是细光束像散（也有宽光束像散），它是描述子午光束和弧矢光束会聚点之间的位置差异的。就整个像散光束而言，在子午像点 T' 处得到的是一垂直于子午平面的短线（称为子午焦线）；在弧矢像点 S' 处得到的是一位于子午平面上的铅垂短线（称为弧矢焦线），两条焦线互相垂直，如图 2-17 所示。

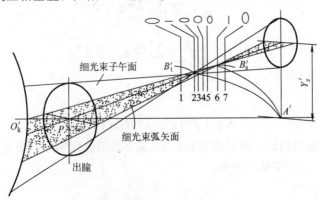

图 2-17 像散光束结构

若光学系统对直线成像，由于像散的存在，其成像质量与直线的方向有关。例如，若直线在子午面内，其子午像是弥散的，而其弧矢像是清晰的；若直线在弧矢面内，其弧矢像是弥散的，而子午像是清晰的；若直线既不在子午面又不在弧矢面内，则其子午像和弧矢像均不清晰；如图 2-18 所示。

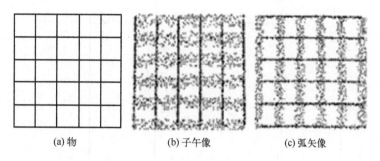

(a)物　　　　　　　　　(b)子午像　　　　　　　　(c)弧矢像

图 2-18　直线方格的像散表现

由于细光束像散只与视场有关，与孔径无关，当只取二级像散时，其级数展开式为

$$x'_{ts} = C_1 y^2 + C_2 y^4 + \cdots \tag{2-21}$$

当对边缘视场校正像散时，在 0.7 带处有最大的剩余像散，其值为视场边缘处高级像散的 -1/4。初级像散的分布式可由式（2-16）和式（2-17）相减而得

$$x'_{ts} = x'_t - x'_s = -\frac{1}{n'_k u'^2_k} \sum_1^k S_{\mathrm{III}} \tag{2-22}$$

式中，S_{III} 是系统的初级像散分布系数，也称为像散的赛德尔系数。

从式（2-19）可知，球面光学系统存在场曲是球面本身所决定的，即使像散为零，场曲仍然存在，此时的场曲称为匹兹伐（Petzval，也译作佩茨瓦尔）场曲，以 x'_p 表示

$$x'_p = -\frac{1}{2n'_k u'^2_k} \sum_1^k (S_{\mathrm{IV}}) \tag{2-23}$$

像散和场曲是两个不同的概念，两者既有联系，又有区别。像散的存在，必然引起场曲，但反之像散为零时，场曲却不一定为零，像面不是平的，而是相切于高斯像面中心的二次抛物面。

2. 像散的校正方法

像散是成像物点远离光轴时反映出来的一种像差，是光学系统在上下方向与左右方向的聚焦能力不同形成的，且随着视场的二次方和四次方倍（高级）增大而增大，所以，对大视场光学系统的轴外物点（轴上点无像散），即使是以细光束成像，也会使成像不清晰，必须校正像散。像散的校正方法有如下几种。

（1）改变光学系统中透镜的形状和结构参数容易控制 $\sum S_{\mathrm{III}}$。对于照相物镜、目镜这样的会聚光系统，应使系统具有适量的正像散（即负的 $\sum S_{\mathrm{III}}$），这样，子午像面与弧矢像面均在匹兹伐像面里面，有利于减小像散，匹兹伐像面是消像散的真实像面。

（2）像散跟光阑的位置有关，改变光阑位置可改变像散。当光阑位于球心处时，像散为零。

（3）当物和像位于光学系统的齐明点位置时，不存在像散。

（4）一般使折射球面尽量弯向光阑，亦可使用柱面透镜来校正像散。

2.3.3　场曲与像散在 ZEMAX 中的呈现

在 ZEMAX 的分析菜单中，可以看到像差描述的各种方式。场曲最直接的呈现方式就是场曲曲线，它和畸变曲线展现在同一图形框中，如图 2-19（a）所示。

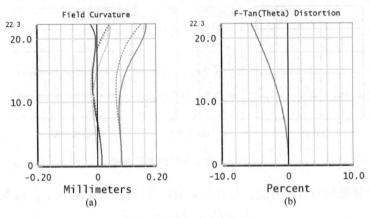

图 2-19　场曲、畸变曲线

图 2-19（a）中，纵坐标代表视场值或视场的归一化值（y/y_m 或 ω/ω_m），横坐标代表场曲的大小和正负，不同颜色的曲线分别代表不同波长的场曲变化。每一种颜色的场曲曲线又分为 T 和 S 两条线，分别代表子午场曲和弧矢场曲。T 和 S 两条曲线之间的横向间隔代表像散大小。

除了场曲曲线外，ZEMAX 中还有一些其它曲线和图形可以说明场曲和像散的存在，如 Spot Diagram（点列图）、MTF（调制传递函数曲线）等。

如果光学系统轴外视场的点列图中出现某个方向严重瘦长的情况，则表明该视场存在较大像散。图 2-20 为一离焦像面点列图，从中也能明显看出系统中存在像散。而在 MTF 曲线中，同一视场的 T 和 S 曲线之间相距越远，也代表该视场像散越大。

另外，ZEMAX 像差分析菜单中的赛德尔系数列表，其中的 ASTI 和 FCUR 分别计算了光学系统各表面产生的赛德尔像散、场曲以及累计值，数据更为具体和详细，如图 2-21 所示。

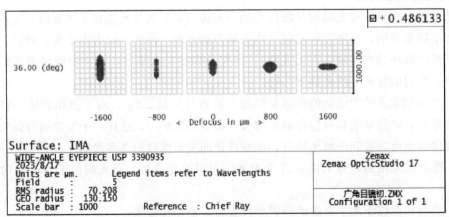

图 2-20　离焦点列图中的像散表征

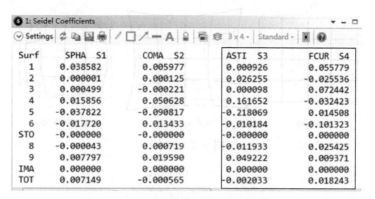

图 2-21　像散、场曲的赛德尔系数统计

2.4　畸变

2.4.1　畸变及其校正方法

1. 畸变定义及计算

理想光学系统成像时，在一对共轭物像平面上，其放大率是一常数，所以像和物总是相似的。但在实际光学系统中，只有在近轴区才具有这一性质。一般情况下，一对共轭面上的放大率并不是常数，放大率随着视场的变化而变化，物和像不再相似，这种像对物的变形缺陷就称为畸变。

畸变是主光线的像差，仅由主光线的光路决定。受光阑球差的影响，不同视场的主光线通过光学系统后与高斯像面的交点高度 y'_z 不等于理想像高 y'_0，其差别就是系统的畸变，用 $\delta y'_z$ 表示

$$\delta y'_z = y'_z - y'_0 \tag{2-24}$$

在光学设计中，通常用相对畸变 q' 来表示

$$q' = \frac{\delta y'_z}{y'_z} \times 100\% = \frac{\overline{\beta} - \beta}{\beta} \times 100\% \tag{2-25}$$

式中，$\overline{\beta}$ 为某视场的实际垂轴放大率；β 为光学系统的理想垂轴放大率。

畸变的存在使轴外直线成像为曲线，引起像的变形，但不影响像的清晰度。可以证明，相对畸变小于 4％时人眼尚无感觉。

畸变分枕形畸变和桶形畸变：枕形畸变又称为正畸变，其垂轴放大率随视场的增大而增大，实际像高大于理想像高；桶形畸变又称为负畸变，其垂轴放大率随视场的增大而减小，实际像高小于理想像高。例如，垂直于光轴的正方形平面格子，经过存在畸变的光学系统，将形成一个变形的格子像，如图 2-22 所示。

由畸变的定义可知，畸变仅是视场的函数，与物高 y（或 ω）有关，随 y 的符号改变而变号，故在其级数展开式中，只有 y 的奇次项：

$$\delta y'_z = A_1 y^3 + A_2 y^5 + A_3 y^7 + \cdots \tag{2-26}$$

式中，第一项为初级畸变；第二项为二级畸变。展开式中没有 y 的一次项，因一次项表示理想像高。初级畸变的分布式是

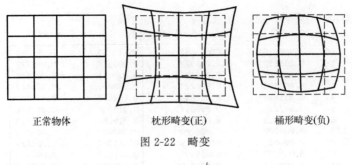

正常物体   枕形畸变(正)   桶形畸变(负)

图 2-22　畸变

$$\delta y'_z = -\frac{1}{2n'_k u'_k}\sum_1^k S_V \tag{2-27}$$

$$S_V = (S_{\mathbb{II}} + S_{\mathbb{N}})i_z/i \tag{2-28}$$

式中，$\sum S_V$ 为初级畸变系数，也称为第五赛德尔和数。当在边缘视场畸变校正到零时，在 0.7 视场有最大的剩余畸变，其值是高级畸变的 0.186 倍。

2. 畸变的校正方法

畸变随视场的增大而快速增大。畸变与所有其它的像差不同，只引起像的变形，不影响像的清晰度。因此，对于一般光学系统，只要眼睛感觉不出像的明显变形就无妨碍（小于4%）。但对于一些要利用像的大小或轮廓来测定物的大小或轮廓的光学系统，如计量仪器光学系统、航测镜头、投影物镜等，畸变直接影响测量精度和观感，必须很好地校正。畸变校正常用的方法有如下几点。

（1）畸变受光阑位置的影响，像彗差、像散一样，改变光阑位置可以改变畸变大小和正负，如图 2-23 所示。

（2）畸变随光学系统透镜参数的改变而改变，因此，优化光学系统中透镜的结构参数可优化畸变，特别是光线入射角度较大的透镜表面。另外，使用非球面可以更好地减小畸变。

（3）畸变为垂轴像差，采用消彗差的近似对称型光学结构可校正之。对于结构完全对称的光学系统，若以 −1 倍的放大率成像，则能完全消除畸变。

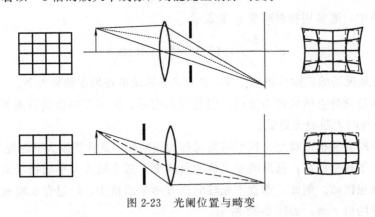

图 2-23　光阑位置与畸变

（4）对于薄透镜或薄透镜组，光孔径光阑与之重合时，主光线通过主点，沿理想方向射出，所以不产生畸变。

2.4.2　畸变在 ZEMAX 中的呈现

在 ZEMAX 中，畸变不能通过光斑图或波前图来预测，只能对所有的物点进行光线追迹得到像面高度,并将其作为评价畸变量大小的依据。

畸变在 ZEMAX 中最直接的呈现方式就是畸变曲线,它和场曲曲线展现在同一图形框中,通过分析菜单可以查看,如图 2-19（b）所示。在畸变曲线中,纵坐标代表视场值或视场的归一化值（y/y_m 或 ω/ω_m）,横坐标代表畸曲的大小和正负,不同颜色的曲线分别代表不同波长的畸变（一般近似重合）。

另外,ZEMAX 中的网格畸变功能也可以用于观察直线方格像面上每个交叉点是否与方格交叉点重合,重合度越高,畸变越小。网格畸变可从像差分析菜单中打开,如图 2-24 所示,从图中可以看出光学系统存在明显的负畸变。

打开 ZEMAX 像差分析菜单中的赛德尔系数分析,其中,DIST 一列呈现了光学系统各表面产生的赛德尔畸变以及累计值,数据更为详细和精准。

最后示例一张存在桶形畸变的照相物镜实际拍摄的照片,如图 2-25 所示。

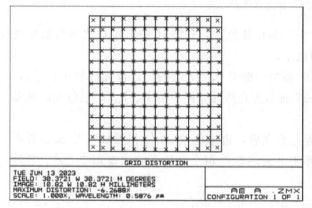

图 2-24　网格畸变

图 2-25　畸变对成像的影响

2.5　色差

2.5.1　轴向色差和倍率色差

绝大部分光学系统使用白光成像。白光是复合光,它包含的各种单色光都会产生单色像差,但其数值又是各不相同的,因此造成了各种色光之间成像位置和大小的差异,称之为色差。色差分为轴向色差和倍率色差两种。

色差形成的原因主要是光学材料对不同波长的色光有不同的折射率,因此,同一孔径、不同颜色的光线经光学系统后与光轴有不同的交点,不同孔径、不同颜色的光线与光轴的交点也不相同,在任何像面位置,物点的像都是一个彩色的弥散斑,如图 2-26 所示。

1. 轴向色差

轴上点两种色光成像位置的差异称为轴向色差（也叫位置色差）。这两种色光通常取接近接收器有效波段边缘的波长,随接收器不同而异。对目视光学系统来说,用 F 光和 C 光消色差,因此,轴向色差用符号 $\Delta L'_{FC}$ 表示,即

$$\Delta L'_{FC} = L'_F - L'_C \tag{2-29}$$

对近轴区表示为

$$\Delta l'_{FC} = l'_F - l'_C \tag{2-30}$$

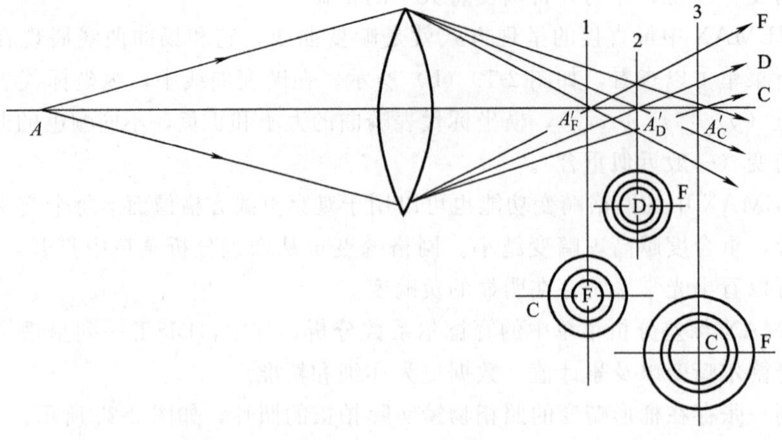

图 2-26　轴上点色差

根据定义，轴向色差在近轴区就已产生，为计算色差，只需对 F 光和 C 光进行近轴光路计算，就可求出系统的近轴色差和远轴色差。

不同孔径的光线有不同的色差值，光学系统一般对 0.707 带的红、蓝光线校正色差后，其它各带上仍存有一定的剩余色差。图 2-27 所示为光路计算例中的 D、F、C 三色光的球差曲线。

由图 2-27 可知，在 0.707 带校正红蓝色差之后，边缘色差 $\Delta L'_{FC}$ 和近轴色差 $\Delta l'_{FC}$ 并不相等，两者之差称为色球差 $\delta L'_{FC}$，它也等于 F 光的球差 $\delta L'_F$ 和 C 光的球差 $\delta L'_C$ 之差。色球差属于高级色差。

$$\delta L'_{FC}=\Delta L'_{FC}-\Delta l'_{FC}=\delta L'_F-\delta L'_C \tag{2-31}$$

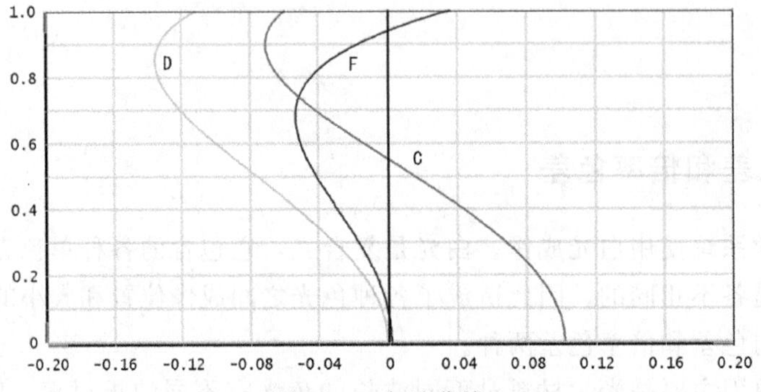

图 2-27　色差曲线

从图 2-27 中还可以看出，在 0.707 带对 F 光和 C 光校正了色差，但两色光的交点与 D 光球差曲线并不相交，此交点到 D 光曲线的轴向距离称为二级光谱，用 $\Delta L'_{FCD}$ 来表示，二级光谱校正十分困难，与光学系统的结构参数几乎无关。一般光学系统不要求校正二级光谱，但对高倍显微物镜、天文望远镜、高质量平行光管物镜等应进行校正。

轴向色差仅与孔径有关，其符号不随入射高度符号的改变而改变。故其级数展开式仅与孔径的偶次方有关，当孔径 h（或 U）为零时，色差不为零，故展开式中有常数项，展开式为

$$\Delta L'_{FC}=A_0+A_1h_1^2+A_2h_1^4+\cdots \tag{2-32}$$

式中，A_0 是初级轴向色差，即近轴光的位置色差 $\Delta l'_{FC}$；而第二项是二级轴向色差，不难证明，第二项实际上就是色球差。

初级色差的分布式为

$$\left.\begin{array}{l} \Delta l'_{FC}=\dfrac{n_1 u_1^2}{n'_k u'^2_k}\Delta l_{FC1}-\dfrac{1}{n'_k u'^2_k}\displaystyle\sum_{i=1}^{k}C_{\mathrm{I}} \\[4mm] C_{\mathrm{I}}=luni\left(\dfrac{\Delta n'}{n'}-\dfrac{\Delta n}{n}\right) \end{array}\right\} \tag{2-33}$$

式中，$\sum C_{\mathrm{I}}$ 称为初级轴向色差和数；$\Delta n'=n'_F-n'_C$；$\Delta n=n_F-n_C$；n' 和 n 为折射面两边中间光的折射率；C_{I} 为初级轴向色差分布系数，也叫赛德尔色差系数。

2. 倍率色差

校正了位置色差的光学系统，只是使轴上点两色光像重合在一起，并不能使同一介质中的两种色光的焦距相等。因此，这两种色光有不同的垂轴放大率，对同一物体所成像的大小就不同，这就是倍率色差（也叫垂轴色差）。

光学系统的倍率色差是以两种色光的主光线在高斯面上交点的高度之差来度量的，如图 2-28 所示。对目视光学系统，以符号 $\Delta Y'_{FC}$ 表示，即

$$\Delta Y'_{FC}=Y'_F-Y'_C \tag{2-34}$$

近轴光倍率色差（初级倍率色差）为

$$\Delta y'_{FC}=y'_F-y'_C \tag{2-35}$$

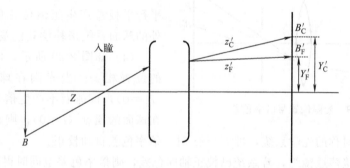

图 2-28　倍率色差

倍率色差是像高上的色差别，故其级数展开式与畸变的形式相同，但不同色光的理想像高不同，故展开式中含有物高的一次项

$$\Delta y'_{FC}=A_1 y+A_2 y^3+A_3 y^5+\cdots \tag{2-36}$$

式中，第一项为初级倍率色差，第二项为二级倍率色差。一般取前两项。

初级倍率色差式（2-35）表示的是近轴区轴外物点两种色光的理想像高之差。由式（2-36）可知，倍率色差的高级分量与畸变的幂级数展开相同，由此可以推出，高级倍率色差是不同色光的畸变差别所致，所以也称作色畸变。当边缘带的倍率色差为零时，在 $0.58y_m$ 带有最大的剩余倍率色差，其值为边缘视场高级倍率色差的 -0.38 倍。

初级倍率色差的分布式为

$$\Delta y'_{FC}=-\dfrac{1}{n'_k u'_k}\sum_1^k C_{\mathrm{II}} \tag{2-37}$$

$$C_{\mathrm{II}}=C_{\mathrm{I}}\dfrac{i_z}{i} \tag{2-38}$$

式中，$\sum C_{\text{Ⅱ}}$ 称为初级倍率色差系数，也叫赛德尔第二色差和数；$C_{\text{Ⅱ}}$ 表示各面上初级倍率色差的分布。

2.5.2　色差校正方法

色差可使物体像的边缘呈现颜色，影响成像清晰度，所以，使用复色光成像的光学系统，不管是近轴还是大视场轴外光束，都必须严格校正色差。

（1）色差主要是由材料的色散引起的，色差大小与材料的阿贝常数（ν）成反比，改换材料可改变色差。光学材料根据色散特性的不同分为冕牌玻璃（K 类）和火石玻璃（F 类），冕牌玻璃色散能力较弱，火石玻璃色散能力比较强。在光学设计中可以使用这两种玻璃材料的组合对色差进行校正。

（2）色差的大小与透镜的光焦度成正比。因此消色差的光学系统需由正负透镜组成。正

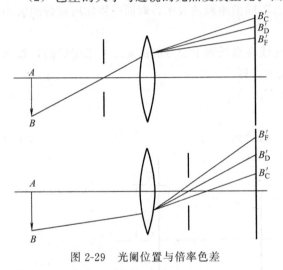

透镜具有负色差，单负透镜具有正色差，单透镜不能校正色差。所以光学系统才会使用双胶合消色差透镜、三胶合复消色差透镜来校正色差。

（3）若光学系统的光焦度 $\phi > 0$，一般正透镜选用阿贝常数大的冕牌玻璃，负透镜用阿贝常数小的火石玻璃，反之则倒之。平行平板总产生正值位置色差，必须由另外的球面系统来补偿其色差。

（4）如图 2-29 所示，倍率色差与光阑的位置相关。当光阑在球面球心位置时（$i_z = 0$），该球面不产生倍率色差，若物体在球面的顶点（$l = 0$），则也不产生倍率色

图 2-29　光阑位置与倍率色差

差。同样对于全对称的光学系统，即 $\beta = -1$ 时，倍率色差自动校正。

（5）对于密接薄透镜组，若系统已校正轴向色差，则倍率色差也同时得到校正。但是若系统由具有一定间隔的两个或多个薄透镜组成，只有对各个薄透镜组分别校正了轴向色差，才能同时校正系统的倍率色差。

2.5.3　色差在 ZEMAX 中的呈现

色差在 ZEMAX 中有很多的呈现形式。在 2.1.2 节中讲述的球差曲线中包含了各种色光随孔径变化的球差，如图 2-30 所示。纵坐标代表光束孔径的归一化值（h/h_m），横坐标代表球差大小，不同色光的曲线分别代表不同波长的球差。不同色光曲线之间横向错开的距离代表的就是轴向色差。

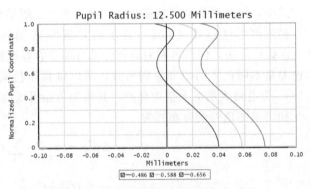

图 2-30　轴向色差在 ZEMAX 中的呈现

倍率色差在 ZEMAX 中也有直接的呈现方式，通过像差分析菜单中的 Lateral Color 即可查看。如图 2-31 所示的倍率色差曲线，纵坐标代表视场值，横坐标即代表倍率色差的大小。

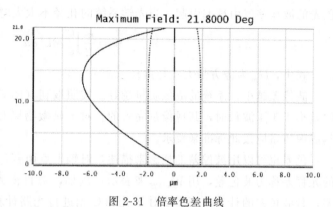

图 2-31　倍率色差曲线

在 ZEMAX 中，能代表色差的曲线或图形有很多，如点列图中不同色光的像斑错位分布，即代表有色差，如前图 2-13 所示；在 Ray Fan（光扇图）中，每个视场也都展现了几种色光的子午和弧矢像差曲线，曲线之间错开的距离代表了色差的大小，如前述图 2-7 所示。

ZEMAX 像差分析菜单中还有赛德尔系数分析，其中的"CLA（CL）"和"CTR（CT）"两列数据分别呈现了光学系统在各个表面处形成的赛德尔轴向色差和倍率色差及其累计值，色差数据更为详细。

2.6　波像差

2.6.1　波像差概述

以上几节讨论的都属几何像差，这种像差虽然直观、简单，且容易由计算得到，但对高质量要求的光学系统，仅用几何像差来描述成像质量有时是不够的，还需进一步研究光波波面经光学系统后的变形情况来评估系统的成像质量。

如果光学系统的成像质量理想，从轴上同一物点发出的全部光线均聚焦于理想像点，根据光线与波面的对应关系，物点发出的球面光波经理想光学系统后，其出射波面也应该是球面，但由于实际光学系统存在像差，实际波面会发生变形，实际波面与理想波面之间就有了偏差，这种偏差称为波像差，用 W' 表示。

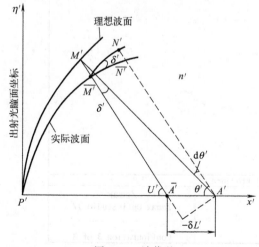

图 2-32　波像差

如图 2-32 所示，$P'x'$ 是经光学系统出射波面的对称轴，P' 为光学系统出瞳中心，实际波面 $\overline{P'N'}$ 上任一点 $\overline{M'}$ 的法线交光轴于点 $\overline{A'}$。取任一参考点，例如，高斯像点 A' 为参考点，即以它为中心作一参考球面波 $P'M'$ 与实际波面相切于 P'，它就是理想波面。显然 $\overline{A'A'}$ 就是孔径角为 U' 时光学系统的球差 $\delta L'$。实际波面的法线 $\overline{M'A'}$ 交理想球面于点 M'，则距离 $\overline{M'M'}$ 乘以此空间的介质折射率即为波像差，以 W' 表示。或者说，波像差就是实际波面和理想波面之间的光程差。

波像差也是孔径的函数，几何像差越大，其波像差也越大。对轴上物点而言，单

色光的波像差仅由球差引起，当光学系统的孔径不太大时，它与球差之间的关系为

$$W=\frac{n'}{2}\int_0^{U'_m}\delta L'\mathrm{d}u'^2 \tag{2-39}$$

式中，U'_m 为像方最大孔径角。

波像差越小，系统的成像质量越好。按照瑞利（Rayleigh）判据，当光学系统的最大波像差小于 1/4 波长时，其成像是完善的。对于显微物镜和望远物镜这类小视场小像差系统，其成像质量应按此标准来要求。

色差也可以用波像差的概念来描述，对轴上点而言，λ_1 光和 λ_2 光在出瞳处两波面之间的光程差称为波色差，用 $W_{\lambda1\lambda2}$ 来表示。例如，对目视光学系统，若对 F 光和 C 光校正色差，其波色差的计算，不需要对 F 光和 C 光进行光路计算，只需对 D 光进行球差的光路计算就可以求出。其计算公式为

$$W_{FC}=W_F-W_C=\sum_1^n(D-d)d_n \tag{2-40}$$

式中，d 为透镜（或其它光学零件）沿光轴的厚度；D 是光线在透镜两折射面间沿光路度量的间隔；d_n 是介质的色散（n_F-n_C）。由于空气中的 $d_n=0$，所以利用式（2-40）计算波色差时，只需对光学系统中的透镜等光学零件进行光路长度计算即可，且计算简单，精度高。

2.6.2 波像差在 ZEMAX 中的呈现

据前所述，波像差是实际波面和理想波面之间的光程差。在 ZEMAX 中波像差有很多的呈现形式，但最直接的呈现就是波前分析菜单中的 Optical Path Difference（光程差曲线图），如图 2-33 所示，图中共有三个视场的光程差曲线，每个视场包含子午光程差曲线和弧

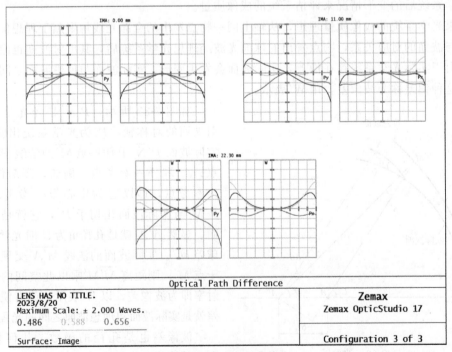

图 2-33 光程差曲线

矢光程差曲线。每个曲线图横坐标代表孔径的归一化值，纵坐标代表光程差值，光程差的单位是 W（波长），不同色光的光程差曲线分开的距离代表波色差的大小。

在 ZEMAX 中，代表波像差的其它主要图形还有波前图，如图 2-34 所示是一设定视场和色光的波像差三维分布图，下方表格中的数字给出了实际波面偏离理想波面的波峰值和波谷值。

图 2-35 所示是设定视场和色光的波面与理想波面之间的干涉图，干涉条纹的数量及不规则程度代表了实际波面与理想波面的不吻合情况，即波像差的分布。

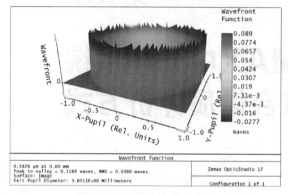

图 2-34　波像差三维分布图

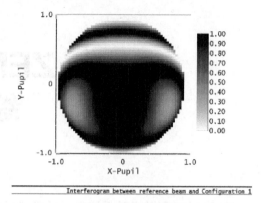

图 2-35　波前干涉图

另外，在波前的 Zernike 相关数据中也有对于波像差的体现，可根据需要进行详细分析。在赛德尔像差系数分析数据中，也体现了更为直接的文本数据描述，图 2-36 所示即为赛德尔像差系数分析框中最下面的像差数据，可根据数据大小进一步改善光学系统的成像质量。图中各符号代表的意义如表 2-1 所示。

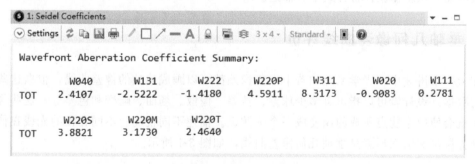

图 2-36　波像差文本数据

图 2-36 中各代码代表的波像差对应的像差名称如表 2-1 所示。

表 2-1　ZEMAX 中波像差代码与对应像差

代码	像差	代码	像差
W040	球差	W020	首次色离焦项
W131	彗差	W111	首次色倾斜
W222	像散	W220S	弧矢场曲
W220P	匹兹伐场曲	W220M	平均场曲
W311	畸变	W220T	子午场曲

第3章

ZEMAX中光学系统综合像质评价方式

任何一个实际的光学系统都不可能理想成像，因此需要对光学系统的成像质量进行评价。评价方法有很多种，通常归纳为两大类：一是基于几何光学追迹法，如几何像差曲线、点列图等；二是基于衍射理论方法，如点扩散函数、光学传递函数等。

光学系统的像质评价可在两个阶段进行：一是在光学系统设计阶段，通过像差的计算和分析就可以评定其成像质量；二是在光学系统制造完成后，对其进行像质检测。本章对这两个阶段的光学系统像质评价方式都有描述。

3.1 垂轴几何像差曲线评价

在上一章讲述中，光学系统的若干主要像差都可以画成单独的像差曲线，根据这些曲线图中的数据，设计者可以指出有多少球差、彗差、像散、场曲、畸变和色差等，这些像差综合起来就会使一个物点所成的像变成一个弥散斑。描述不同视场、不同孔径的光线在像平面上聚交弥散情况的图形就是垂轴几何像差曲线，如图 3-1 所示。

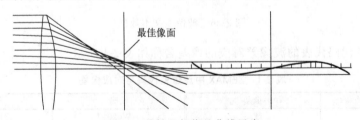

最佳像面

图 3-1　垂轴几何像差曲线示意

垂轴像差曲线又分为子午垂轴像差曲线和弧矢垂轴像差曲线。在曲线图中，横坐标 PY、PX 代表的是归一化的孔径大小，纵坐标 EY、EX 代表的是像面上的实际像差的大小；每一个图形代表一个视场的像差情况，不同波长曲线错开的间隔代表了色差的大小，如图 3-2 所示。理想的成像效果应该是曲线和横轴重合，所有孔径的光线对都聚焦在一点。实际系统的垂轴像差曲线随视场的增大，EY、EX 一般在变大。

垂轴像差曲线的位置和形状与一定的像差数量对应，所以可以根据像差曲线位置和形状的变化来有针对性地校正各种像差。

图 3-3 所示为一光学系统某视场的子午垂轴像差曲线。将子午光线对 a、b 作连线，连线的斜率与宽光束子午场曲 X'_T 成正比。当口径改变时，连线斜率变化表示 X'_T 也随着变化，当口径趋于 0 时，即坐标原点（对应主光线）的切线的斜率和细光束子午场曲 x'_t 相对应。a、b 光线对连线和坐标原点切线的斜率之差与子午球差成正比，两个斜线夹角越大，子午球差越大。a、b 光线对连线和纵坐标交点的高度等于 $(Y_a + Y_b)/2$，是子午彗差 K'_T。

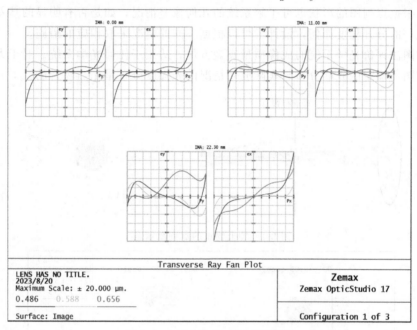

图 3-2　三个视场的垂轴像差曲线

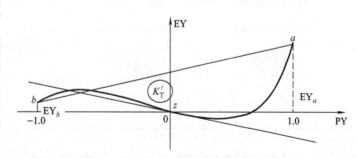

图 3-3　垂轴像差曲线与像差的对应关系

垂轴几何像差曲线充分反映了轴上、轴外像点的成像质量随孔径、视场大小的变化规律。在光学设计过程中，要仔细分析这些像差，并采取相应的校正措施，使光学系统最终满足设计和使用要求。

3.2　点列图评价

由物面上一点发出的许多光线经光学系统成像后，因像差的存在，这些光线与像面不再

ZEMAX 光学系统设计实战

交于一点，而是形成了一个分布在一定范围内的弥散斑，称其为点列图，如图 3-4 所示。点列图需要大量光线的追迹。

利用点列图的形状和尺寸，可以衡量光学系统的成像质量。点列图中，通常把包含 68％的光点所构成的区域作为光学系统成像的实际有效弥散斑，在 ZEMAX 中表示为均方根半径（RMS Radius）；把包含 100％光点所构成的区域表示为几何半径（GEO Radius）。这些区域尺寸越小，代表光学系统的成像质量越好。如图 3-5 所示的点列图，在其下方表格中分别列出了一个镜头的轴上、轴外共四个视场的均方根半径值和几何半径值。点列图所允许的均方根半径，一般要与光学系统接收器的像元尺寸相匹配。

另外，根据点列图的形状也可了解系统的几何像差情况，如是否有明显的彗差或像散特征，几种色斑的分开程度如何，设计者可以根据不同的情况采取相应的措施。

用点列图法评价光学系统的成像质量直观方便，适用于任何光学系统。对于大像差光学系统，点列图所确定的光能分布与实际成像情况的光强度分布是相当吻合的。

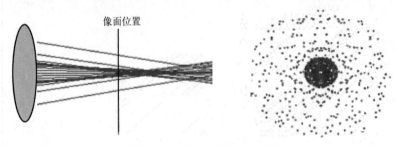

图 3-4　轴上物点的点列图示意

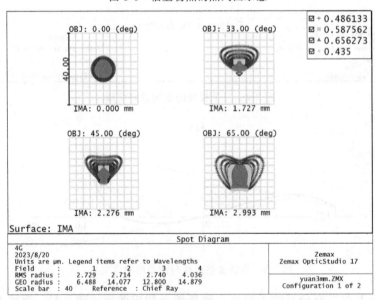

图 3-5　多个视场的点列图

3.3　分辨率与点扩散函数评价

1. 分辨率

分辨率是指光学系统分辨物体细节的能力。实际光学系统对一个物点所成像的弥散斑越

30

大，则该系统的分辨率越差。

瑞利指出：能分辨的两个等亮度点之间的距离所对应的艾里斑半径，即一个亮点的衍射图案中心与另一个亮点的衍射图案的第一暗环重合时，这两个亮点刚好能被分辨，如图 3-6 所示。若两个亮点再靠近时，如图 3-6（c）所示，就不能被分辨了。

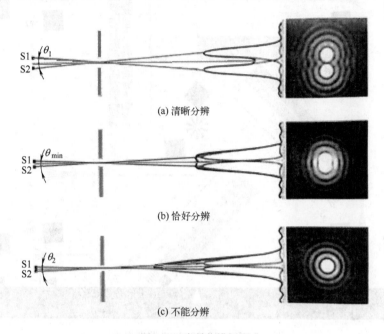

图 3-6   瑞利分辨极限

根据衍射理论，刚好能分辨的两个点的衍射图案中心对理想光学系统出瞳中心的张角 $\Delta\theta$ 就是光学系统的最小分辨角。

$$\Delta\theta = 1.22\lambda/D \tag{3-1}$$

式中，D 为入瞳直径；λ 一般取 $0.555\mu m$。对不同类型的光学系统，可由式（3-1）推导出不同的表达形式。对于实际的光学系统，式（3-1）决定了其理论上的分辨率极限，而像差的存在则会进一步降低其分辨率。

瑞利判据一般适用于望远、显微这样的小像差光学系统的像质评价。

实际光学系统制造完成后，通常采用鉴别率板来检测光学系统的实际成像分辨率，图 3-7 给出了 ISO 12233:2023 鉴别率板的缩小示意图。这是一种专门用于数码摄像镜头分辨率检测的鉴别率板，图中数字的单位为每毫米线对数（lp/mm）。

分辨率作为光学系统成像质量的评价方法，指标单一且便于测量，因此在光学系统的像质检测中得到了广泛应用。但它并不是一种可靠和完善的方法。（1）它只适合于大像差系统。（2）鉴别率板是黑白相间的条纹，与实际物体的亮度背景有很大差别，加上检测照明条件和接收器不同，都会影响检测结果。（3）它能反映分辨率的高低，但不能体现分辨范围内分辨质量的好坏。（4）存在伪分辨现象，当光学系统对鉴别率板的某一组条纹不能分辨时，但对更密一组的条纹反而可以分辨。

2. 点扩散函数

实际光学系统对点物的成像响应也可用点扩散函数来描述。点光源在数学上可用点脉冲

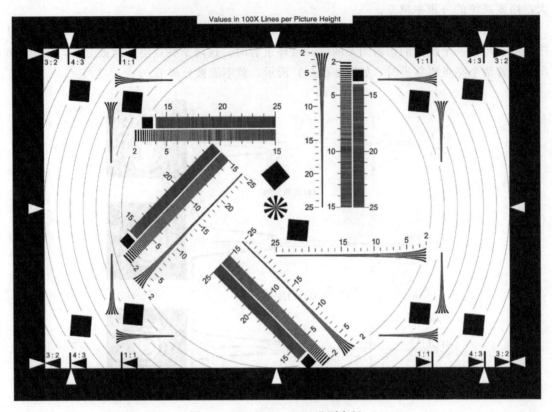

图 3-7　ISO 12233:2023 鉴别率板

图 3-8　点扩散函数

代表，点扩散函数就是光学系统的脉冲响应函数，可理解为一个理想的几何物点经过光学系统后，其像点的能量展开情况。

图 3-8 为一个照相物镜的点扩散函数计算实例，其中 X、Y 方向为偏离高斯像点的距离，Z 轴则代表相对能量值。通过能量的集中或分散程度，很容易判断系统的成像质量，尤其是其分辨率是否与接收器像元尺寸相匹配。

3.4　包围圆能量曲线评价

当一个光学系统没有像差时，点物所成的点像为标准的衍射斑，中央亮斑（艾里斑）的能量约占 81%，若光学系统存在像差，中央亮斑的能量会向外弥散。

以高斯亮斑的形心为圆心画圆，随着半径的增大，圆形区域内将包含像点越来越多的能量，如图 3-9 所示，称为包围圆能量图。图中，横坐标为以高斯像点为中心的包围圆的半径（单位 μm），纵坐标为该包围圆所包围的能量（已归一化，设像点总能量为 1。最左边的黑线代表衍射极限时像点能量分布情况，其它曲线则代表存在像差时各个视场像点的能量分布情况。这些曲线越接近黑色实线，表明光学系统的像差越小。包围圆能量图完整地显示了中央亮斑的能量弥散到了什么位置。

使用包围圆能量曲线评价光学系统的像质时，应该看各视场曲线 81% 的能量所对应的包围圆的半径值是否与光学系统接收器的像元尺寸匹配。

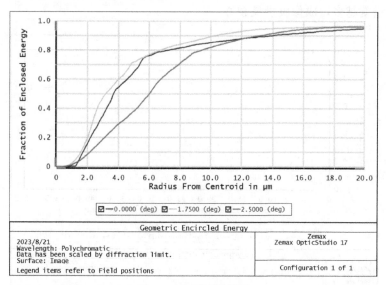

图 3-9 包围圆能量图

3.5 光学传递函数评价

上面介绍的几种光学系统像质评价方法，都是把物体看作发光点的集合，并以像点的能量集中程度来表征光学系统的成像质量。

光学传递函数（OTF）评价像质的方法是基于把物体看作是由各种频率的谱组成的，也就是物体的光强分布函数展开成傅里叶级数（物函数为周期函数）或傅里叶积分（物函数为非周期函数）的形式，若把光学系统看作线性不变的系统，那么物体经光学系统成像，可视为物体经光学系统传递后，其传递效果是频率不变，但其对比度下降，相位发生推移，并在某一频率处截止，即对比度为零。这种对比度的降低和相位推移是随频率不同而不同的，它们之间的函数关系称为光学传递函数（OTF）。由于 OTF 既与光学系统的像差有关，又与光学系统的衍射效果有关，故用它来评价光学系统的成像质量，具有客观和可靠的优点，适用于任何光学系统，是目前评价光学系统成像质量的最主要方法。

光学传递函数反映了光学系统对物体不同频率成分的传递能力。一般来说，高频部分反映物体的细节传递情况，中频部分反映物体的层次传递情况，低频部分反映物体的轮廓传递情况。

在光学系统设计中，由于接收器是平方探测器，主要接收光学图像的能量部分，所以，在 OTF 中应主要考虑其调制传递部分（MTF）。MTF 表示各种不同频率的正弦强度分布函数经光学系统成像后，其对比度（振幅）的衰减程度，所以 MTF 是空间频率（lp/mm）的函数，一般随着空间频率的增加而呈下降趋势。当某一空间频率的对比度下降为零时，光学系统对该频率的物体细节无法分辨，该频率截止。

图 3-10 所示为一光学系统的 MTF 曲线图。图中，横坐标代表空间频率（lp/mm），纵坐标代表 MTF 值（最大值为 1.0），不同颜色的曲线代表不同视场的 MTF 变化情况，同一

颜色的曲线代表同一视场的子午（T）和弧矢（S）的 MTF 变化情况，T 和 S 重合度越好，代表像散越小。MTF 曲线越高或者 MTF 曲线与坐标轴所包围的面积越大，说明光学系统能传递的信息量就越多，成像质量就越好。

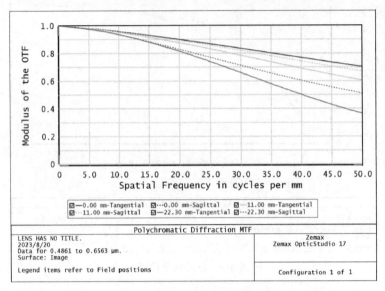

图 3-10   ZEMAX 中的 MTF 曲线图

设有两个光学系统（Ⅰ和Ⅱ）的设计结果，它们的 MTF 曲线如图 3-11 所示，图中曲线Ⅰ的截止频率比曲线Ⅱ小，但曲线Ⅰ在低频部分的 MTF 值比曲线Ⅱ大得多。对这两种光学系统的设计结果，不能轻易说哪种设计结果较好，这要根据光学系统的实际使用要求来判断。曲线Ⅰ用于摄影时能拍出层次丰富的高对比度图像，曲线Ⅱ用于目视光学仪器时有较高的分辨率。所以在实际评价光学系统的成像质量时，不同的使用目的，其 MTF 的要求是不一样的。

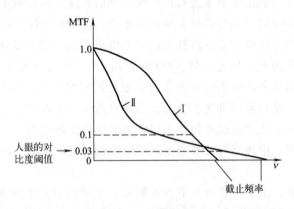

图 3-11   MTF 曲线对比

在 ZEMAX 中还能展现离焦对 MTF 的影响。在光学系统某一考察的空间频率下，对于给定的离焦范围，可以分析不同视场的 MTF 随着离焦量的变化情况，MTF 是否对离焦敏感，各视场的最佳焦面位置是否一致，在最佳焦面时各视场的 MTF 是否都达到最高，如图 3-12 所示。这在光学设计后期精细校正像差时很有用，有助于确定像面的定位公差。

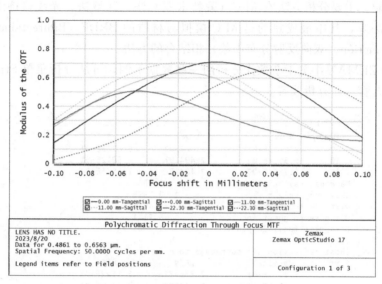

图 3-12　离焦 MTF 曲线图

3.6　杂散光分析与评价

　　所有到达像面的非成像光束都称为杂散光，其存在会影响成像的清晰度和对比度，特别是像面附近出现的杂散光会聚点会形成"眩光"或"鬼像"，使成像质量严重劣化，必须得到抑制。

　　杂散光的来源很多，常归纳为三大类：第一类是光学系统外部的辐射源，如进入系统的太阳光、大气漫散射光等，经系统内部构件的多次反射、折射或衍射到达探测器，这类杂散光称为外杂光；第二类是光学系统的内部辐射源，如电机、温度较高的光学元件等产生的红外辐射，经过系统表面的反射、折射或衍射而进入探测器，这类杂散光称为内杂光；第三类是成像光线经光路表面的非正常传播或经非光路表面散射而进入探测器的杂散光，称为成像杂散光。可见光成像系统中，外杂光起主要作用；而红外系统中，内杂光起主要作用。参见图 3-13 中示意的光线。

图 3-13　杂散光形成示意图

　　外杂光的大小可由点光源透过率（Point Source Transmittance，PST）来表征。光学系统视场外视场角为 θ 的点光源目标的辐射，经过光学系统后，在像面产生的辐射照度 $E_d(\theta)$ 与入瞳处的辐射照度 E_i 之比定义为点光源透过率，即

$$\mathrm{PST}(\theta) = E_d(\theta)/E_i \tag{3-2}$$

　　PST 值越小，说明光学系统的杂散光抑制能力越强。抑制杂散光，通常采用设置遮光罩、改变孔径光阑位置以及特别设计消杂光阑等方式，但只有对杂散光进行准确分析以后才能采取正确有效的措施。由于许多光学系统，如空间光学系统、红外光学系统和需要传输密集能量的强激光光路等，对杂散光很敏感，所以目前已有许多光学设计软件具备杂散光分析

和鬼像分析功能。主要分析方法有 M-C（蒙特卡罗）法、区域法、光线追迹法、光线密度法和近轴近似法等，其中最成熟的是 M-C 模拟与材质的 BRDF（Bidirectional Reflectance Distribution Function，双向反射分布函数）相结合的方法。

图 3-14 为 ZEMAX 中关于杂散光分析的一些数据示例，可从分析菜单 Stray Light（杂散光）中进行查看，并分析改善。

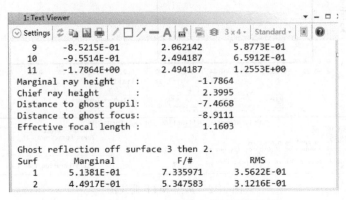

图 3-14　ZEMAX 中杂散光分析数据示例

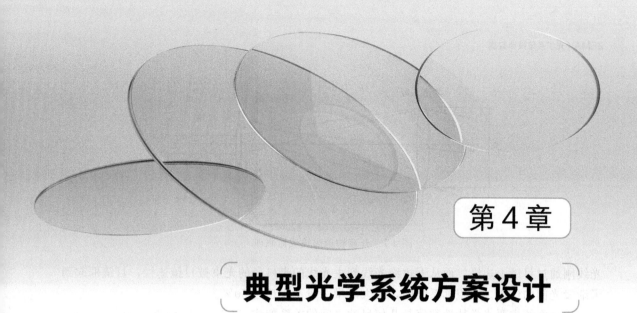

第4章

典型光学系统方案设计

　　ZEMAX 软件主要用于计算、分析、优化光学系统的成像质量，因此，在设计光学系统的像差之前，首先应该对光学系统进行方案设计。根据第 1 章的讲述，方案设计就是根据仪器的使用要求，设计出光学系统的原理布局（系统的组成、相对位置、光瞳位置等），计算外形尺寸、光学特性参数和能量等。计算光学特性参数时，一般是按理想光学系统的理论和公式进行计算的。

　　光学系统的方案设计没有统一的格式，不仅要考虑光学系统的用途和使用要求，而且还要与机械结构、电气系统有很好的配合，还要兼顾工艺性和经济性。光学系统的方案虽然千差万别，但有些方面要求是基本一致的，如系统的孔径、视场、光瞳位置、几何尺寸、成像质量等。

　　需要特别指出的是：所有不同类型的光学系统几乎都可以从三大典型光学系统（望远镜、显微镜、照相物镜）演变而出。本章将讨论相对复杂些的望远镜、显微镜、投影系统的方案设计。

4.1　开普勒望远镜系统方案设计（案例）

　　望远镜系统为无焦系统，即平行光入射，平行光出射。根据理想光学系统的组合规律，望远镜物镜的像方焦点应与目镜的物方焦点重合。望远镜系统根据其目镜光焦度的正负可分为伽利略型和开普勒型，其中开普勒望远镜因为中间像为实像而被广泛采用，它的成像原理如图 4-1 所示。

　　在图 4-1 中，D 和 D' 分别为望远镜的入瞳和出瞳直径，ω 和 ω' 分别是望远镜系统的物方视场角和像方视场角，f'_o 和 $-f_e$ 分别是物镜的像方焦距和目镜的物方焦距。无限远处的物体通过物镜成像在其像方焦平面上（视场光阑），此像再通过目镜成一放大的虚像，供人眼观看。人眼瞳孔应位于望远镜的出瞳位置才能接收到进入系统的全部光线。

　　另外，由于目镜口径的限制，图 4-1 中最大视场处的渐晕系数为 50%，最大视场处的主

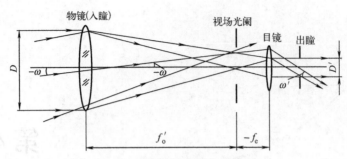

图 4-1　开普勒望远镜成像原理

光线刚通过目镜上边缘，而从下边缘光线到主光线的半口径的光束被目镜遮拦，目镜框起到了渐晕光阑的作用。在望远系统中，最大渐晕一般不应超过 50%。

望远系统主要光学特性数值与几何尺寸之间的关系如式（4-1）～式（4-3）所示。

$$\Gamma = \frac{\tan\omega'}{\tan\omega} = \gamma \tag{4-1}$$

$$\tan\omega = \frac{y'}{f'_0} \quad \tan\omega' = \frac{y'}{f'_e} \tag{4-2}$$

$$\Gamma = \frac{\tan\omega'}{\tan\omega} = -\frac{f'_0}{f'_e} = -\frac{D}{D'} \tag{4-3}$$

式中，Γ 为望远镜系统的总放大率；γ 为望远镜系统的角放大率；y' 为视场光阑半径。式（4-1）为目视放大率定义式。

望远系统的分辨率是用极限分辨角 ϕ 表示的，ϕ 主要取决于入瞳直径 D 的大小。根据瑞利判据

$$\phi = \frac{1.22\lambda}{D} = \frac{140''}{D} \tag{4-4}$$

还可进一步推出，望远系统的有效放大率为

$$\Gamma = 60''/\phi = D/2.3 \tag{4-5}$$

开普勒望远镜是由两个正光焦度的物镜和目镜组成的，系统成倒像。为使倒像转变成正立的像，需加入透镜或棱镜转像系统。另外，还可在望远镜中间实像位置（视场光阑）放置分划板，用作瞄准或测量，如图 1-1 所示。

下面结合一案例来描述一个望远镜系统的方案设计过程。

设计任务要求：晴朗天气下，为了看清 400m 远处、直径约 12m 范围内相距 5mm 的两个物点，试设计一个望远镜光学系统方案，要求机械筒长 L（物镜到目镜的距离）不大于 250mm，并考虑目镜 ±5 屈光度的视度调节适应。

（1）计算视场角 2ω：

$$2\omega = \arctan(12/400) = 1.72°$$

（2）计算放大率 Γ：

人眼极限分辨角为 $3 \times 10^{-4} \text{rad}$，仪器要求的分辨角为 $\phi = 5/400000 = 1.25 \times 10^{-5} \text{rad}$，所以，望远镜的总放大倍率设计为

$$\Gamma = \frac{\varepsilon}{\phi} = \frac{3 \times 10^{-4}}{0.0000125} = 24\times$$

（3）计算物镜和目镜的焦距，开普勒望远镜的放大率为负值。

$$\begin{cases} L = f_1' + f_2' = 250 \\ \Gamma = -\dfrac{f_1'}{f_2'} = -24 \end{cases} \Rightarrow \begin{cases} f_1' = 240\,\text{mm} \\ f_2' = 10\,\text{mm} \end{cases}$$

（4）计算物镜的通光口径：

物镜的通光口径取决于分辨率的要求，与放大率也需相适应。物镜口径与有效放大率之间的关系为 $\Gamma \geqslant D_1/2.3$。所以可以取

$$D_1 = 2.08\Gamma = 50$$

（5）计算望远镜系统的出瞳直径：

$$D_1' = \frac{D_1}{\Gamma} = 2.08$$

（6）计算视场光阑的直径 D_3：

$$D_3 = 2f_1'\tan\omega = 2 \times 240 \times 0.015 = 7.2$$

（7）计算目镜的视场角 $2\omega'$：

$$\tan\omega' = \Gamma\tan\omega = 24 \times 0.015 = 0.36 \Rightarrow 2\omega' = 39.6°$$

（8）计算出瞳距 l_z'：

$$l_z' = f_2' + \frac{f_2 f_2'}{-f_1'} = 10 + \frac{10 \times 10}{240} = 10.4$$

（9）计算目镜的口径 D_2：

$$D_2 = D_1' + 2l_z'\tan\omega' = 2.08 + 2 \times 10.4 \times 0.36 = 9.6$$

（10）目镜的视度调节量计算：

$$x = \pm\frac{5f_2'^2}{1000} = \pm\frac{5 \times 10^2}{1000} = \pm 0.5\ (\text{mm})$$

开普勒望远系统中有两种转像方式：棱镜转像和透镜转像。如果系统使用棱镜转像，则需根据棱镜放置的位置先求出其入射面通光口径的大小，再根据棱镜类型求出光轴在棱镜内经过的长度。望远镜系统使用的转像棱镜一般都是反射棱镜，可以按平行平板处理，如图 4-2 所示，平行平板的厚度即为光轴在棱镜内的长度。这里不再详细举例。

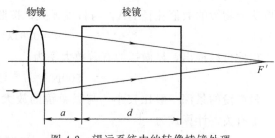

图 4-2　望远系统中的转像棱镜处理

4.2　生物显微镜系统方案设计（案例）

显微镜是用于观察微小物体的光学仪器，主要由物镜和目镜组成。近距离放置的物体经显微物镜放大成像后，其像再经目镜放大以供人眼观察。物镜所成的像为实像，位于目镜的前焦平面处。人眼位于系统的出瞳处。显微镜的成像原理如图 4-3 所示。

由几何光学成像公式可得显微镜的视觉放大率为

$$\Gamma = \frac{\tan\omega'}{\tan\omega} = \frac{250\Delta}{f_o' f_e'} = \beta\Gamma_e \tag{4-6}$$

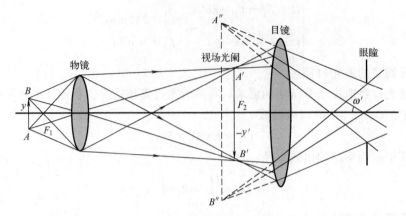

图 4-3　显微镜成像原理

式中，250 为明视距离；Δ 为物镜和目镜之间的光学间隔；f'_{o} 和 f'_{e} 分别为物镜和目镜的焦距；ω' 为目镜的半视场角；β 为物镜的垂轴放大倍率；Γ_{e} 为目镜的视觉放大率。物镜和目镜的焦距计算式为

$$f'_{\mathrm{o}}=\frac{-L\beta}{(1-\beta)^2},\quad f'_{\mathrm{e}}=\frac{250}{\Gamma_{\mathrm{e}}} \tag{4-7}$$

显微镜的视场用线视场 $2y$ 来表示，取决于目镜前焦面上的视场光阑的大小。

$$2y=\frac{2y'}{\beta}=\frac{500\tan\omega'}{\beta\Gamma_{\mathrm{e}}}=\frac{500\tan\omega'}{\Gamma} \tag{4-8}$$

显微镜的出瞳 D' 是孔径光阑经目镜所成的像，经推算可知

$$D'=500\mathrm{NA}/\Gamma \tag{4-9}$$

显微镜的分辨率是以能分辨的物方两点间的最短距离 σ 来表示的，显微镜分辨率大小主要取决于物镜的数值孔径 NA，与目镜无关，按照瑞利判据

$$\sigma=0.61\lambda/\mathrm{NA} \tag{4-10}$$

由此可以推出，显微镜的有效放大率为

$$500\mathrm{NA}\leqslant\Gamma\leqslant1000\mathrm{NA} \tag{4-11}$$

显微镜的景深一般比较小，与显微镜的放大倍率和数据孔径有关，与人眼极限分辨角（ε）也有关，计算式为

$$2\Delta_1=\frac{250n\varepsilon}{\Gamma\mathrm{NA}} \tag{4-12}$$

另外，我国关于显微镜有一些标准规定：物镜从物平面到像平面的距离（共轭距）规定为 195mm；机械筒长（物镜定位面到目镜定位面之间的距离）规定为 160mm。这样显微镜的物镜和目镜都可以根据倍率要求而替换。

下面结合一案例来描述一个生物显微镜系统的方案设计过程。

设计任务要求：白光照明情况下，试设计一个显微镜光学方案，以实现对微小生物标本的观察。要求显微镜视场观察范围不小于 $\phi 4$mm，分辨率 $\sigma=3.3\mu$m，显微镜物镜的共轭距需满足国家标准 $L=195$mm。

（1）根据分辨率确定数值孔径 NA：

$$\mathrm{NA}=\frac{0.61\lambda}{\sigma}=\frac{0.61\times0.55}{3.3}=0.1$$

（2）设计显微镜的有效放大倍率 Γ：

由 $\Gamma \geqslant 500\mathrm{NA}$，选取 $\Gamma = 50\times$。

（3）分配物镜和目镜的放大率：

物镜的数值孔径 NA 和物镜的垂轴放大率 β 有一定的匹配关系，表 4-1 给出了显微镜常用光学特性值的匹配参考，根据表中关系，物镜放大率选择 $\beta = -4$ 倍。

表 4-1 显微镜光学特性值参考

目镜		物镜								
		β	$-4\times$		$-10\times$		$-40\times$		$-100\times$	
		NA	0.1		0.25		0.65		1.25	
		f'_o/mm	36.2		19.894		4.126		2.745	
Γ_e	$2y$/mm		Γ	$2y$/mm	Γ	$2y$/mm	Γ	$2y$/mm	Γ	$2y$/mm
$5\times$	20	显微系统	$20\times$	5	50	2	200	0.5	500	0.2
$10\times$	14		$40\times$	3.5	100	1.4	400	0.35	1000	0.14
$15\times$	10		$60\times$	2.5	150	1	600	0.25	1500	0.1

则目镜的放大率为

$$\Gamma_e = \frac{-50}{-4} = 12.5\times$$

（4）计算物镜和目镜的焦距：

$$f'_o = \frac{-L\beta}{(1-\beta)^2} = 31.2, \quad f'_e = \frac{250}{\Gamma_e} = 20$$

（5）计算视场光阑直径 $2y'$：

$$2y' = 4\times 4 = 16 \ (\mathrm{mm})$$

（6）计算目镜的视场角 $2\omega'$（不考虑渐晕）：

$$2\omega' = 2\arctan(y'/f'_e) = 43.6°$$

（7）计算显微镜系统的出瞳直径：

$$D' = \frac{500\mathrm{NA}}{\Gamma} = 1.0 \ (\mathrm{mm})$$

（8）计算显微镜系统的景深：

$$2\Delta_1 = \frac{250n\varepsilon}{\Gamma\mathrm{NA}} = \frac{250\times 1\times 3\times 10^{-4}}{50\times 0.1} = 0.015 \ (\mathrm{mm})$$

4.3 投影光学系统方案设计（案例）

投影系统是指把一平面物体放大成像为一平面实像的光学系统，放大后的图像用屏幕接收，以便于人眼观察。如幻灯机、电影放映机、投影机、广告投影灯、照相放大机等，都属于投影系统。投影系统的基本成像原理如图 4-4 所示。

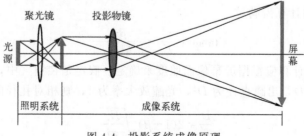

图 4-4 投影系统成像原理

投影系统主要包括照明和成像两个模组，光源发出的光束，一般经过聚光、整形、匀光等处理后，照亮平面图片物体，平面物体再经投影镜头放大成像在屏幕上。设计投影系统的方案，主要是计算照明系统和投影物镜的光学特性参数和外形尺寸，使屏幕得到足够的照度，还必须选择好光源，并计算系统的光能量。

1. 照明系统的光学特性计算

被照射物面照度的大小与光源的发光强度和光源的尺寸及聚光系统的光学特性有关。照明系统的照明方式有两种：一种是把光源成像在投影物镜的入瞳处，能获得比较均匀的光照度和能量利用，称为柯勒照明；另一种是把光源成像在平面物体图片上，结构相对简单，称为临界照明。在投影系统中一般采用柯勒照明。

照明系统的主要功能是为投影屏幕提供足够高的、均匀的照度，但由于系统能量的损耗，到达投影屏幕上的光通量 Φ' 往往只有光源发出光通量 Φ_0 的 10% 左右。有些结构简单的投影系统，能量利用率能达到 30% 以上。当然屏幕的亮度 L 还与屏幕自身的特性有关，比如与屏幕的反射比 ρ 成正比。

聚光照明系统放大率 β_k 可用式（4-13）来计算

$$\beta_k = -D/c \tag{4-13}$$

式中，D 为投影物镜的入瞳直径；c 为光源（灯丝）的最小尺寸。

聚光镜组的孔径角 U_k 一般就是光源发射的光束立体角，很多光源供应商提供这个数值，例如欧司朗（OSRAM）投影用 LED 高强度面光源发射光束立体角通常小于 120°，对于聚光镜的设计提供了简易化解决方案。

聚光镜的焦距 f_k' 的计算可以参考显微物镜的焦距计算公式而推导出来，如式（4-14）所示。

$$f_k' = \frac{l_k'}{1 - \beta_k} \tag{4-14}$$

式中，l_k' 为聚光镜主面到物镜入瞳的距离。

2. 投影物镜的光学特性计算

投影物镜的光学特性以放大率、视场、焦距和相对孔径来表示。

垂轴放大率 β 由屏幕尺寸 y' 与物面图片尺寸 y 之比确定，即

$$\beta = y'/y \tag{4-15}$$

式中，y' 和 y 为对应关系的物和像尺寸，若屏幕尺寸按对角线计算，则物面图片尺寸也要按对角线计算。

投影物镜的焦距计算也可以参考显微物镜的焦距计算公式而得出，如式（4-16）所示。

$$f' = \frac{-L\beta}{(1-\beta)^2} \approx \frac{l'}{1-\beta} \tag{4-16}$$

式中，L 为物像间的共轭距；l' 为投射距离。

物镜视场角 ω' 的计算需满足

$$\tan\omega' = \frac{y'}{l'} = \frac{\beta y}{f'(1-\beta)} \tag{4-17}$$

物镜相对孔径的计算应根据屏幕像面照度来确定。假定是在空气中，物像双方折射率都为 1，设入瞳直径为 D，出瞳直径为 D'，光瞳放大率为 1，则相对孔径的计算式为

$$\frac{D}{f'} = 2(1-\beta)\sqrt{\frac{E'}{\tau\pi L}} \tag{4-18}$$

在式（4-18）中，L 为光源的亮度；τ 为系统的透过率；E' 为物镜中心视场的像面照度。

投影系统的分辨率要求主要是对投影物镜的分辨率要求，照明系统则很少考虑成像质量。投影物镜的分辨率也取决于其使用目的。比如数码投影机，其分辨率和数字芯片的像素尺寸密切相关，成像弥散斑尺寸要落在一个像素点内，且畸变要求很严格。但像幻灯机系统，分辨率一般要求达到目视分辨极限即可。

下面结合一案例来描述一个投影系统的方案设计。

设计任务要求：设计一个广告用投影灯系统，包括照明及投影成像两部分，投影仪总体长度不大于 40mm，投射距离 500mm，投射画面尺寸 ϕ350mm。广告图片尺寸 ϕ7mm，图案印制在厚度 0.4mm 的透明 BK7 玻璃板上。光源使用 LED 白光光源，投射屏幕使用漫射屏（$\rho=1$），屏幕上光照度不能低于 100lx。成像质量要求在投射屏幕上没有目视可见的光晕和色差。

（1）计算投影物镜放大倍率：
$$\beta = y'/y = -350/7 = -50 \times$$

（2）计算投影物镜焦距 f'，已知投射距离 $l'=500$，所以
$$f' = l'/(1-\beta) = 9.8 \ (\mathrm{mm})$$

（3）计算物镜的视场角：
$$2\omega' = 2\arctan \frac{y'}{l'} = 38.6°$$

（4）选择合适的 LED 光源：

根据屏幕照度要求 $E'=100\mathrm{lx}$，屏幕面积 $S = \pi r^2$，则屏幕接收到的光通量 Φ 为
$$\Phi = E'S = 100 \times 3.14 \times 0.175^2 = 9.6 \ (\mathrm{lm})$$

系统整体能量利用率按 12% 计算，则 LED 光源的发光通量至少应为 115lx，而且为了减轻照明系统的负担，LED 光源的发光面要尽量小。通过各方寻找，深圳一家公司型号为 XGM-3535SAW-D1911 的 LED 光源符合要求，其主要规格如表 4-2 所示。

表 4-2　LED 光源主要规格参数

项　　目	最小值	平均值	最大值
光发射角度/(°)	115	120	125
有效发光尺寸/mm		ϕ2.6	
光通量/lm	115	120	125
发光强度/mcd		12000	
亮度/(mcd/m²)	9.7	10	10.2
工作电流/mA	340	350	360
功率/mW	400	500	600
结点温度/℃	120	125	130
工作温度/℃	-40	20	+80

（5）计算投影镜头的相对孔径：

从表 4-2 可知光源亮度 $L=10\mathrm{mcd/m^2}$，系统光透过率按 12%，则物镜相对孔径为
$$\frac{D}{f'} = 2(1-\beta)\sqrt{\frac{E'}{\tau \pi L}} \approx 0.5$$

（6）计算聚光照明系统的放大率 β_k，依据要求，图片直径 $D=7\mathrm{mm}$，LED 出射面直径

$c=2.6\,\mathrm{mm}$，则可得

$$\beta_\mathrm{k}=-D/c=2.7\,(\mathrm{mm})$$

（7）计算聚光镜的焦距 f_k'：由于投影系统总体长度要求不超过 40mm，在物镜和聚光镜没有具体设计数据的情况下，先合理假定。假设聚光镜主面到物镜入瞳的距离为 16mm，则

$$f_\mathrm{k}'=l_\mathrm{k}'/(1-\beta_\mathrm{k})=4.3\,(\mathrm{mm})$$

需要指出的是，计算出来的有些数据在做具体设计时还可以微量调整。

（8）投影物镜的分辨率：系统成像质量要求是目视没有可见的光晕和色差。设距离屏幕 250mm 处观察，人眼的极限分辨率为 0.3mrad，则当镜头调焦在最佳位置时，成像弥散斑尺寸应小于 0.075mm。

4.4 透镜转像系统方案设计

透镜转像系统是放置在物镜实像面后的使像再一次倒转成正像的透镜系统。它的物平面与物镜的像平面重合，像平面与目镜的前焦面重合。透镜转像系统的放大率一般取 $\beta=-1$。

单组透镜转像系统比较简单，本节仅讨论应用广泛的双透镜式转像系统。双透镜转像系统的作用与单透镜转像系统一样，都是为了把物镜所成的倒像转为正像，但使用双透镜转像系统可有效改善系统的像差情况。

双透镜转像系统中，两组透镜间的光束是平行的。两组转像透镜间的间隔不影响其放大率 β。对望远镜这样的小视场光学系统，其双透镜转像系统一般由两个双胶合透镜组成，且为对称结构型式，系统的孔径光阑在两个转像透镜的中间，因此转像系统的垂轴像差自动校正。此外，对称式转像系统除具有转像作用外，还可以增加系统的长度，以达到特殊的使用要求，例如，在潜望镜系统和内窥镜系统中就会用到双透镜式转像系统。

图 4-5 所示是一个带有双透镜转像系统的开普勒望远镜系统，由图可以看出，转像系统的放大率 β 为

$$\beta=-f_4'/f_3' \tag{4-19}$$

若 $\beta=-1$，根据几何尺寸关系，则

$$f_4'=f_3'=\frac{D_3 f_1'}{D} \tag{4-20}$$

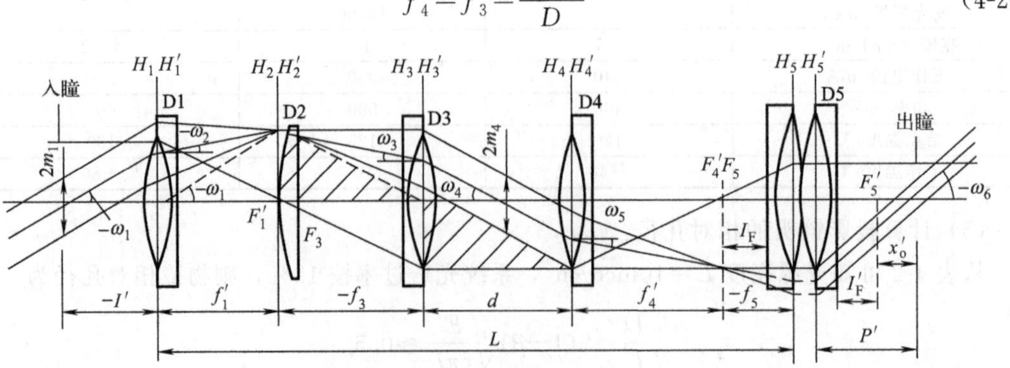

图 4-5 双组透镜转像系统

转像透镜的视场角 ω_3 也可以推导出来

$$\tan\omega_3 = -\frac{f'_1}{f'_3}\tan\omega_1 \tag{4-21}$$

双转像透镜的间隔 d 在考虑渐晕的情况下也可以推算，设渐晕系数为 K，则

$$d = \frac{(1-K)D}{|\tan\omega_1|}\left(\frac{f'_3}{f'_1}\right)^2 \tag{4-22}$$

由于转像透镜间是平行光，故可把整个系统看作是由两个望远镜系统组成的，这时，系统的总放大率为

$$\Gamma = -f'_1\beta/f'_5 \tag{4-23}$$

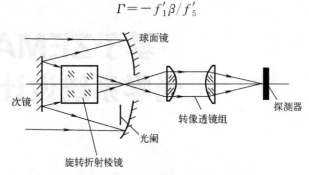

图 4-6　转像透镜在热像仪系统中的应用

图 4-6 所示为转像透镜在热像仪系统中的应用，其中转像透镜组的放大率为 1。热像仪所观察的物体上的各点经球面镜和次镜以及旋转折射棱镜扫描后，都将依次成像在轴上同一点，该点位于校镜后面不远的地方，即图中光阑所在的位置。如果将探测器安放在这个位置，在结构安排上有一定困难，而且杂光干扰太大。这时，转像透镜组将图像沿轴向移动适当距离，成像于探测器上，避免了结构安排上的困难。

在具有转像透镜的光学系统中，为了使通过物镜后的轴外斜光束能够折向转像系统，并使转像系统的横向尺寸减小，可以在物镜的像平面和转像系统的物平面处加入一块透镜，这块透镜称为场镜，如图 4-7 所示。

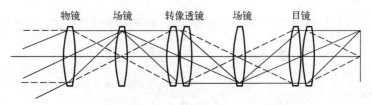

图 4-7　望远系统中的场镜和转像透镜

由于场镜位于物镜像平面上（或附近），它的光焦度对系统的总光焦度并无贡献，也不影响轴上光束的像差和系统的放大率，但对轴外像差有一定影响。

第 5 章

基于ZEMAX的
光学系统设计过程

5.1 ZEMAX 用户界面简介

5.1.1 ZEMAX 用户界面

  ZEMAX 软件有高级版、专业版、标准版几种版本，每种版本每年都会有更新。本书主要基于 Zemax OpticStudio 17 版本进行光学系统全过程设计和评估介绍，该版本为用户提供一个快速灵活的平台，专业性极强，操作方便，有其独特之处。

  Zemax OpticStudio 17 用户界面如图 5-1 所示，主要包含功能区、系统选项区、工作区、快速访问工具栏及状态栏，各区主要任务如下。

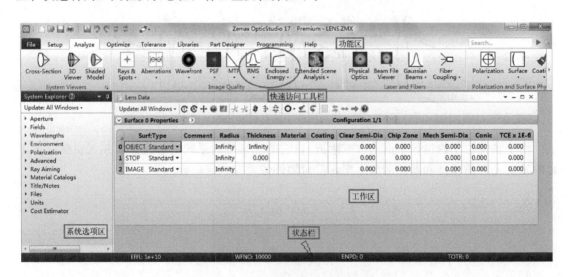

图 5-1　Zemax OpticStudio 17 基本界面

功能区：提供对所有程序功能的轻松访问，这些功能按执行的具体任务分组到各个不同的选项菜单，每个选项菜单包括几组图标。

系统选项区：可以随时显示或隐藏，它包括关于正在设计的光学系统的系统特定信息。

工作区：完成工作的主要区域。

快速访问工具栏：用户可定义该工具栏，可将最常用的功能显示在桌面上，只需单击即可访问。该工具栏在"设置"→"配置选项"→"工具栏"下配置。可以创建和撤消多个配置选项，针对设计者的工作来自定义用户界面。

状态栏：在工作区底部显示关于设计的实用信息。

下面针对功能区各个不同的菜单选项做简单介绍，功能区有"文件""创建""分析""优化""公差""数据库""零件设计""编程""帮助"菜单，每个菜单又包括数组图标选项，具体描述如下。

1. "文件"菜单

此菜单包括所有文件的输入/输出功能，其界面如图 5-2 所示，具体选项包括：

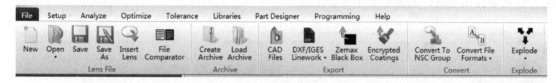

图 5-2　文件菜单选项

（1）新建、打开和保存文件等。打开和保存的文件为 .ZMX 格式，还有关联的 .CFG 格式和 .SES 格式。当保存文件后，所有 ZEMAX 数据、玻璃库、膜层、CAD 文件和 Solid-Works 文件等，都被压缩到单个存档文件中，使设计者能够轻松创建备份文件，或将设计转移到其它计算机上。

（2）导出 STEP、IGES、SAT 和 STL 格式的 CAD 文件，导出 DXF 和 IGES 格式的图元文件。"黑盒"功能可在镜头数据表格中对一系列表面进行加密，让设计者能够根据需要为客户或同事提供光线追迹文件及结果，而不会泄露设计处理信息。

（3）加密膜层。该功能是针对薄膜层的，能够以加密格式导出薄膜层的完整处理信息，实现精确的光线追迹。

（4）可在 ZEMAX 的序列系统设计和非序列系统设计模式之间进行转换，还可将各种格式的文件（如 .MAT、.INT 和 .f3d 格式的数据）在原始格式和 ZEMAX 格式之间进行转换。

2. "创建"菜单

此菜单在启动每个设计项目时使用，其界面如图 5-3 所示，具体选项包括：

图 5-3　创建菜单选项

（1）集中在一个位置进行基本系统设置相关功能。配置选项可自定义 ZEMAX 的安装、文件夹位置、快速访问工具栏等，并将这些设置保存到配置文件。为满足不同国家设计人员的操作需求，还可选择语言，例如"中文"。

（2）提供序列模式或非序列模式选择，几乎所有成像系统设计都是在序列模式下进行。

（3）可逐个面或逐个对象地定义光学系统的所有数据表格。

（4）可查看光学系统的布局图，包括 2D 视图、3D 视图及实体模型。

（5）可使用"系统检查"工具检查 ZEMAX 文件，以发现常见的设置错误。

（6）可定义窗口在 ZEMAX 工作区中的行为。窗口可以布局、自由浮动、平铺和层叠等。

（7）可创建多重配置，通常用于变焦镜头、扫描镜头和带有移动部件的光学系统，还可用于在一定的温度范围内对系统进行热分析。如果定义了多重结构，则会显示在所有功能区上，可调出"多重结构编辑器"。

3. "分析"菜单

此菜单的选项较多，主要用于对序列模式或非序列模式光学系统的详细性能数据、像质、能量、偏振和薄膜等的分析，分析功能从不更改底层设计，而是提供有关设计的诊断数据，以指导任何更改，其界面如图 5-4 所示。

图 5-4　分析菜单选项

序列模式下的分析菜单具体选项包括：

（1）查看光学系统的布局图。

（2）在序列成像和无焦系统设计中使用的所有分析，包括光线追迹、像差数据、波前、点扩散函数等。

（3）访问特定激光和光纤系统的功能，例如简单高斯光束分析、物理光学和光纤耦合计算。

（4）访问各个表面上计算的薄膜层的性能及系统整体性能（作为偏振的函数），以及表面矢高、相位和曲率的绘图。

（5）提供用于演示的基于文本的分析。

（6）根据需要创建自己的分析功能。

（7）显示特定应用的分析功能，例如双目镜系统分析、自由面及渐进多焦透镜分析，还提供非序列功能的访问。如果系统使用了多重结构，可显示结构配置情况。

当在"创建"菜单中选择了非序列模式，分析菜单的具体选项包括：

（1）可查看光学系统的布局图。

（2）可使用非序列光线追迹引擎来启动光线追迹，或者使用名为"Lightning 追迹"的更快的近似方法来进行光线追迹，如果光源无法近似为点光源，则后一种方法非常有用。

（3）提供对以前执行的探测器和光线追迹的广泛分析。

（4）偏振。用于计算对象各个表面上的薄膜层的性能。

（5）利用通用绘图工具，根据需要创建自己的分析功能。

（6）显示特定应用的分析功能，例如道路照明分析。

4．"优化"菜单

此菜单可以控制 ZEMAX 的优化功能，其界面如图 5-5 所示，具体选项包括：

图 5-5　优化菜单选项

（1）可手动调整设计以达到期望的性能。此组仅在序列模式下可用。

（2）自动优化。可访问评价函数编辑器，通过这种方式在 ZEMAX 中定义系统的性能规格。使用优化向导，基于最小光斑、最佳波差、最小角度偏离等，来快速生成评价函数，然后再根据设计具体要求，对该函数进行编辑。

（3）全局优化。在两种主要场景下使用：设计开始时生成设计表以便更多分析；初始优化后进一步改进设计。

（4）在序列模式下，用于提供一系列优化后的功能，例如查找最佳像面、将光学元件的当前设计球面化或更换镜头。

5．"公差"菜单

此菜单界面如图 5-6 所示，具体选项包括：

图 5-6　公差菜单选项

（1）加工支持，其中的成本估计用于估算加工镜头成本。

（2）可在"公差数据编辑器"中输入每个参数的期望公差。公差向导可以快速设置一组公差，让设计者随后能够对其编辑。

（3）可以创建 ISO 10110 格式和 ZEMAX 专用格式的加工图纸，并将有关表面的数据导出以便重复检查加工设置。此选项仅在序列模式下可用。

（4）提供可在加工公差中使用的表面数据。

6．"数据库"菜单

此菜单提供对 ZEMAX 出厂时内置的所有数据库的访问，数据库中包含关于光学材料、薄膜层、光源的大量数据，还允许使用者自行添加数据。其界面如图 5-7 所示，具体选项包括：

图 5-7　数据库菜单选项

（1）可访问玻璃库、塑料库、双折射材料库等。

（2）保存了 ZEMAX 中的所有供应商的镜头库，使用者可以快速搜索这些库以查找适合需求的镜头。

（3）包含了用于设计薄膜层并将其涂到光学材料上的数据和工具。

（4）可以访问表面散射库和散射查看器。其中"IS库"包含一系列光学表面涂层的测量数据。

（5）可以访问 RSMX 光源数据和 IES 光源数据。

（6）可进行光源查看，包含为光源配光曲线和光谱建模的工具。

7. "零件设计"菜单

此菜单是一种先进的几何体创建工具，能够创建可在软件中优化的参数对象。该菜单选项仅在非序列模式下可用，其界面如图 5-8 所示。

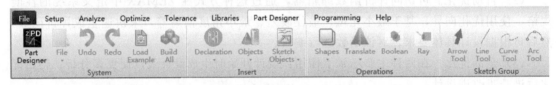

图 5-8 零件设计菜单选项

8. "编程"菜单

虽然 ZEMAX 提供了大量的功能和分析选项，但总会存在一些无法满足的特殊功能或要求。因此，该软件内置了编程接口。其界面如图 5-9 所示，具体选项包括：

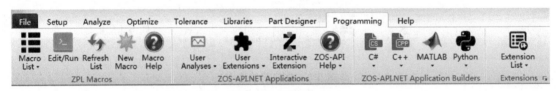

图 5-9 编程菜单选项

（1）ZEMAX 宏编程语言（ZPL）是一种非常易学的脚本语言，类似于 BASIC。使用 ZPL 可以轻松执行特殊计算，可通过不同方式显示数据，自动执行重复键盘任务等。

（2）扩展编程，是能够控制 ZEMAX，指示其执行分析并从中提取数据的外部程序。MATLAB 和 Python 是适用于 ZEMAX 的两个最常用的程序；另外，设计者也可编写自己的程序，这些程序能够使用面向应用程序编程人员的软件开发工具包（SDK）。扩展编程应仅用于遗留代码，ZOS-APINET 编程应用于编写新的代码。

（3）ZOS-APINET 接口可以应用在.NET 环境中，可使用 C#或其它任何支持.NET 的语言。此外，ZOS-APINET 还可应用在.COM 环境中，可使用 C++或其它任何支持.COM 的语言。

9. "帮助"菜单

此菜单可提供帮助文件的链接以及基于 Web 的知识库、网站和用户论坛的链接，其界面如图 5-10 所示。

图 5-10 帮助菜单选项

在后续章节中，我们将通过光学系统设计案例来熟悉和巩固 ZEMAX 界面及各项菜单选项的基本操作要点。

5.1.2　窗口类型及其操作

ZEMAX 软件有许多不同类型的窗口，每种窗口可以完成不同的任务。ZEMAX 软件中的窗口类型主要有五种。

1. 主窗口

ZEMAX 主窗口主要包含主菜单功能区、系统选项区、工作区、快速访问工具栏及状态栏，所有区域都可以进行设置、更改和隐藏。如图 5-1 所示，不再重复描述。

2. 数据编辑窗口

ZEMAX 软件中有多种不同的数据编辑窗口，主要有：透镜数据编辑窗口、优化函数编辑窗口、多重结构编辑窗口、公差编辑窗口、附加数据编辑和非序列组件编辑窗口。当打开 ZEMAX 软件界面时，默认出现在工作区的数据窗口就是透镜数据编辑窗口，如图 5-11 所示。其它窗口则会在一定的需求条件下打开，如图 5-12 所示的优化函数编辑窗口。

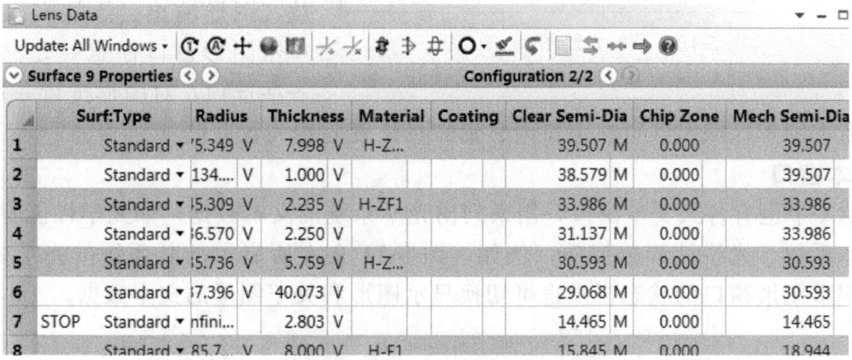

图 5-11　透镜数据编辑窗口

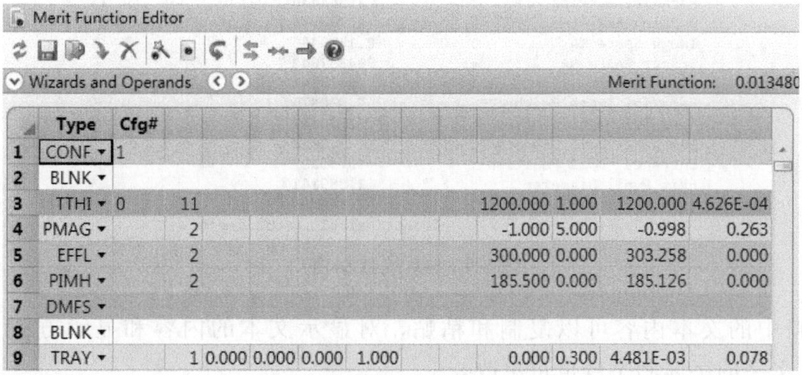

图 5-12　优化函数编辑窗口

数据编辑窗口的基本操作：每个数据编辑窗口都有很多菜单选项，可以对单元格的属性、数据等做多种操作处理。单击单元格会将光标移到其上面并高亮显示。当单元格高亮时，可用键盘在单元格输入数据，更改时，只需重新输入，或按空格键擦除后再重新输入即可。当需增加单元格中的数值，可以输入一个"+"号和增加的数据，回车即可。单击单元格边上的小框或有小箭头的地方，一般会弹出 Solve（求解）对话框或其它设置选项，如复制、粘贴，插入行或列等，双击或右键单击每个单元格，还会弹出各种选项，可根据需要设置、编辑、选择等。

3. 图形窗口

ZEMAX 中有丰富多彩的各类图形和曲线，用来直观显示光学系统各种光线追迹和像差数据等，如光学系统 2D 图（Layout）、光扇图（Ray Fans）、点列图、光学传递函数曲线（MTF）、波前干涉图等。图 5-13 所示为某光学系统的光线图，ZEMAX 中不同特性的光线和数据用不同的颜色区别显示。

图 5-13　子午光线图

图形窗口中也有很多菜单选项，可对窗口属性、对图形和曲线做各种设置控制（Settings），如进行缩放、图形输出、添加文本等；右键单击图形窗口任意一处，也能弹出一些选项，对图形进行一定的操作；当光标停留在图形区域时，可在窗口内显示光标位置的相关数据信息。

4. 文本窗口

ZEMAX 中也有各式文本窗口，用来列出光学系统的文本数据，如光学性能参数、初级像差赛德尔系数、光线计算数据等。例如，图 5-14 文本所展示的是系统的光学性能数据。另外，在很多图形窗口的状态栏里也可切换显示图形和关于图形的文本数据。

Back Focal Length	:	3.902518
Total Track	:	10.51956
Image Space F/#	:	2.5
Paraxial Working F/#	:	2.584438
Working F/#	:	2.907774
Image Space NA	:	0.1899436
Object Space NA	:	0.004837642
Stop Radius	:	1.493841
Paraxial Image Height	:	4.000875
Paraxial Magnification	:	-0.02500547
Entrance Pupil Diameter	:	3.9024
Entrance Pupil Position	:	3.33227
Exit Pupil Diameter	:	2.889141
Exit Pupil Position	:	-7.466789
Field Type	:	Object height in Millimeters

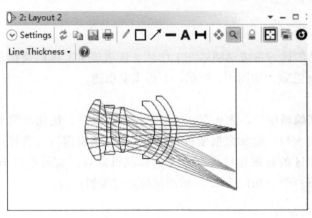

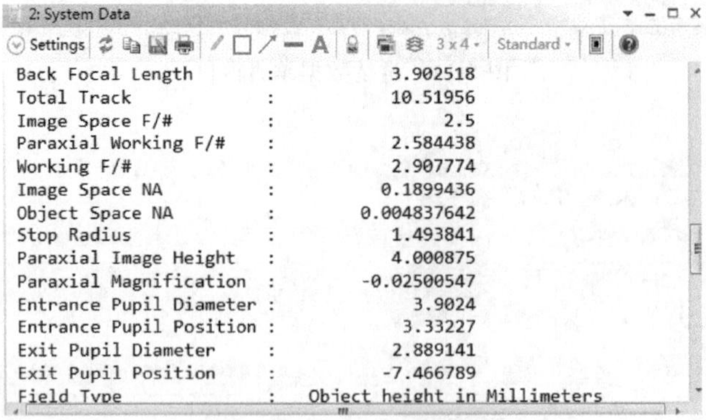

图 5-14　系统数据窗口

文本窗口中的文本内容可以复制和粘贴，对显示文本的内容和显示方式可进行设置（Settings），文字的字体和字号也可更改。

5. 对话窗口

在 ZEMAX 中，对话框是一个弹出窗口，形式和数量都非常多。对话框可移动，对话框用来改变选项和数据，如：视场、孔径、波长、追迹光线的数量等。对话框可以设置所有选项，保存后在下一次再打开时可缺省使用，当然还可以加载一个保存过的设置。如图 5-15 所示为光学系统 FFT MTF 的设置对话框。

图 5-15　FFT MTF 设置对话框

5.1.3　快捷键总结

ZEMAX 软件中比较常用的快捷键如表 5-1 所示。

表 5-1　ZEMAX 快捷键

快捷键	对应的功能
Ctrl＋Tab	将光标由一个窗口移动到另一个窗口
Ctrl＋字母	ZEMAX 工具框和函数的快捷方式。例如，"Ctrl＋L"打开 2D 轮廓图。"Ctrl＋Z"可把一个数量设为变量，再按一次可取消变量设置。所有的快捷键在菜单项边上列出
F1～F10	功能键，也是许多功能的快捷键，所有的功能键都列在菜单条上
Backspace	当编辑窗口处于输入状态时，高亮单元可用"Backspace"键来编辑，一旦按下"Backspace"键，鼠标和左右光标可进行编辑
双击鼠标左键	如果将鼠标置于图形窗口或文本窗口，双击左键就可打开窗口的内容，这与选项中的修改选项功能相同。双击编辑窗口，可打开对话框
单击鼠标右键	如果将鼠标置于图形窗口或文本窗口，单击右键就可打开窗口的内容，这与选项中的修改选项功能相同。双击编辑窗口，可打开对话框
Tab	在编辑窗口中将光标移动到下一个单元，或在对话框中移动到下一处
Shift＋Tab	在编辑窗口中将光标移动到上一个单元，或在对话框中移动到上一处
Home/End	在当前编辑窗口中，将光标移动到左上角/右下角，或在文本窗口中将光标移动到最上端/下端
Ctrl＋Home/End	在当前编辑窗口中，将光标移动到左上角/右下角
Page Up/Down	上下移动屏幕一次
Ctrl＋Page Up/Down	移动光标到最顶部/底部
Alt	选择当前运行程序最上面的菜单项
Alt＋字母	选择与字母相对应的菜单选项，如按"Alt＋F"键选中文件菜单项
Enter	在对话框中相当于按下确定或取消按钮
字母	键入下拉框中选项的第一个字母，就进入此选项

除了表中所述快捷键外，ZEMAX 中还有很多的快捷键，ZEMAX 很多菜单选项后面都跟随一个快捷键，如图 5-16 所示。使用者可以根据需要和个人习惯酌情掌握。

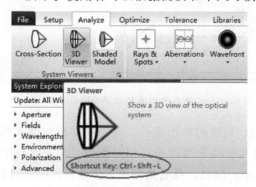

图 5-16　快捷键展示

5.2 光学系统初始结构的确定

光学系统的初始结构计算就是要确定系统的初始结构参数，包括透镜的曲率半径、透镜的厚度、间隔、材料折射率和色散等。通常采用以下两种方法。

代数法（PW 法）：是根据初级像差理论来求解满足成像质量要求的初始结构的方法。求解比较繁琐，只适用于 1~3 片透镜系统初始结构的计算确定。

缩放法：是根据已有的光学手册、专利、文献、数据库等，选择其中光学特性与所设计光学系统要求相接近的结构作为初始结构的方法。

随着电子计算机的发展和光学设计技术的提高，人们已经设计出很多性能优良的各种光学系统，并把这些资料载入技术档案和相关文献或数据库中。如能从中选出光学特性与所设计的物镜尽可能接近的结构作为初始结构，不但会给设计者节省时间，而且也容易获得成功。尤其是设计高性能的复杂物镜时，一般都采用缩放法来确定系统的初始结构。

本书各章节里所描述的设计案例都基于缩放法进行初始选型。

5.2.1 镜头选型（案例）

常用的镜头可分为物镜和目镜两大类。目镜主要用于望远系统和显微系统，物镜可分为望远、显微和照相摄影三大类。

在光学系统整体方案设计完成后，应根据计算的光学特性选择镜头的结构型式，确定其初始结构参数。选型时，首先要了解各种结构的基本光学特性及其所能承担的最大相对孔径和视场角，然后进行像差分析，在同类结构中选择高级像差小的结构。

图 5-17 表示了各种类型物镜基本光学特性之间的关系，可供选型时参考。

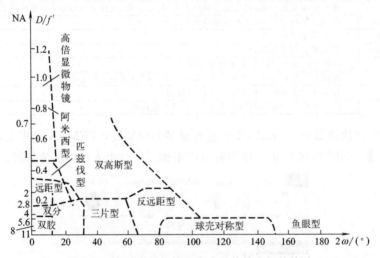

图 5-17　各种类型物镜基本光学特性之间的关系

从图 5-17 中可以看出，物镜的焦距越长，对于同样结构型式的物镜，能够得到的具有良好像质的相对孔径数值和视场角也越小。相同焦距、相同结构型式的物镜，相对孔径越大，所能提供的视场角越小；反之，视场角越大，所能提供的相对孔径越小。总之，选型是镜头设计的出发点，选型是否合适关系到设计的成败。

下面以一望远物镜的选型为例，本案例将贯穿第 5 章光学系统设计的全过程。

任务要求：设计一款望远物镜，规格为 $f' = 50$，$D/f' = 1/5$，$2\omega = 7°$，成像质量需满足望远镜的像差公差要求，或综合成像质量满足：空间频率为 $30\text{lp}/\text{mm}$ 时，各视场的 MTF 均大于 0.3。

根据视场角和相对孔径接近原则，从技术手册中选取一个同类物镜初始结构，其光学特性参数和结构参数如表 5-2 所示。

表 5-2 双胶合望远物镜的初始结构参数

主要特性参数	面号	半径	厚度	材料
$f' = 46$ $D/f' = 1/4.6$ $2\omega = 8°$	1	∞（光阑）	0	
	2	36.21	3	H-BAK1
	3	−13	1	F3
	4	−44.62		

从表 5-2 中可以看出，选择的初始结构相对孔径为 $1/4.6$，与设计任务中的 $1/5$ 接近，视场角 $8°$ 与设计任务的 $7°$ 接近。

5.2.2 在 ZEMAX 中输入初始系统数据（案例）

初始结构选好后，接下来需将初始结构数据输入 ZEMAX 透镜数据编辑器（Lens Data，LD）中。仍以上节选取的双胶合望远物镜为例。

望远物镜是对无穷远物体成像，因此物距为无穷远，除了物面、光阑面和像面外，还需要在 LD 中插入三个表面。依次在半径（Radius）、厚度（Thickness）、材料（Material）栏中输入表 5-2 中的相应数据。双击第一个面（Standard 处），从弹出的对话框中勾选 "Make Surface Stop"。

图 5-18 为输入完成的镜头初始结构数据窗口。从 ZEMAX 状态栏可以看到此系统焦距（EFFL）为 46，表明输入的数据正确。

接下来输入物镜的视场、孔径和波长。在 ZEMAX 主界面的系统选项区，分别展开 Aperture（孔径）、Fields（视场）和 Wavelengths（波长）选项。

孔径类型选择 "入瞳直径"，孔径数值填入 "10"（此数值是从设计任务中给定的相对孔径和焦距值计算出来的）。

视场类型选择 "角度"，视场个数一般设置 5 个，但至少要有 3 个：零视场、0.7 视场和全视场，权重都

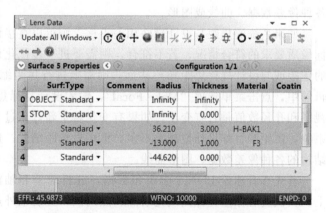

图 5-18 双胶合望远物镜初始结构数据窗口

为 1，其对应的 Y 视场数值（子午面内）分别为：0、2.45、3.5，如图 5-19 所示。

波长设置，选择 "F，d，C（Visible）"，其余为默认值。

最后，在透镜数据编辑窗口第 4 面厚度栏旁的小框内，点击并选择 "Marginal Ray Height"，自动产生后截距，这时可生成物镜的光线图，如图 5-20 所示。

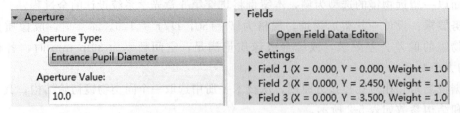

图 5-19 双胶合物镜孔径和视场设置

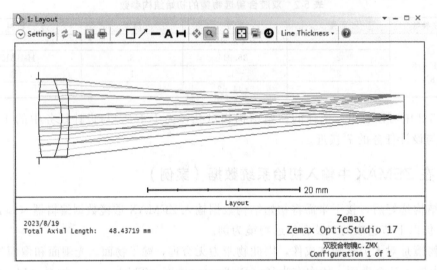

图 5-20 双胶合望远物镜初始 2D 光线图

5.2.3 像差评估（案例）

选择的初始结构数据和系统特性参数在 ZEMAX 中输入后，ZEMAX 会自动计算和生成各种像差数据、曲线或图形。

如果系统的焦距与设计规格相差不远，则可以直接评估这些像差数据、曲线或图形与目标像质要求的符合情况，若不符合，则需要进一步优化设计。如果初始系统的焦距是归一化的焦距或与设计规格焦距相差甚远，则需要进行焦距缩放。缩放焦距是在"Lens Data"编辑器中，点击菜单选项"Make Focal"，输入设计目标焦距即可。然后必须查看之前输入的视场和孔径数值是否有变化，如果有变化就重新修正过来。例如，上节中的双胶合物镜初始系统，焦距和目标设计值相差不多，不用做焦距缩放。这时，在分析菜单中可直接查看初始结构的各种像差数据、图形曲线。

首先查看球差 LONA 曲线和数据，分析球差和轴向色差达标情况，如图 5-21 所示左上。其次查看像差特性曲线光扇图、点列图，查看轴外点彗差情况以及各视场成像弥散斑大小，如图 5-21 所示右上和左下。还可以查看场曲、像散和畸变以及传递函数 MTF 曲线（空间频率设置为目标要求的 30lp/mm），如图 5-21 右下所示，以综合评估系统成像质量状况。

从各种像差数据和图形曲线中，可以分析像差与设计要求数据的差值大小，分析哪些像差需要重点校正，因此制订下一步的校正方案。特别要注意的是：像差曲线不是单调增或单调减，中间视场或中间孔径的像差数据有突变，曲线有方向性转弯，代表此系统存在明显的高级像差，需要谨慎对待。

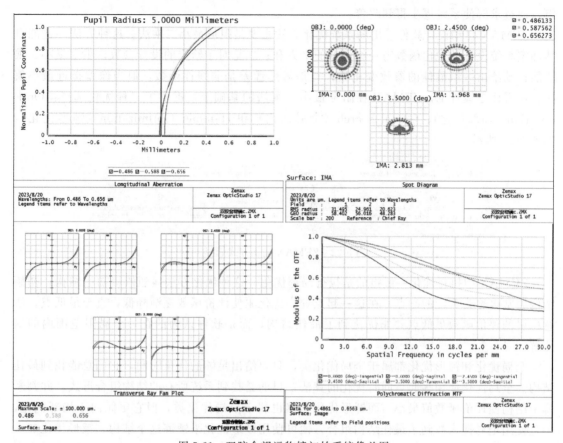

图 5-21　双胶合望远物镜初始系统像差图

经过分析评估，本例双胶合物镜的初始系统像差是不错的，待优化量不大。

5.3　ZEMAX 优化方法与技巧

5.3.1　变量设定与 ZEMAX 优化算法

　　光学系统设计主要就是在满足仪器使用要求的前提下确定系统的结构参数。因此，结构参数与系统的要求密切相关，改变结构参数往往会带来光学系统特性参数如焦距、倍率等的改变，更会带来各种像差的变化。把结构参数作为自变量，可以建立其与光学系统特性参数和像差的函数关系。越多的自变量设置，在设计过程中就越容易达成光学系统特性参数要求和像差要求。

　　在进行光学设计时，往往是先选定一个原始系统作为设计的出发点，该系统的全部结构参数均已确定，按要求的光学特性，计算出系统的各个像差，若像差不满足要求，则依靠设计者的理论知识和经验以及计算机辅助软件，对系统的结构参数进行修改，如此反复，直到像差符合设计要求为止。

　　光学系统的像差与结构参数的关系为复杂的非线性关系，特别是高级像差，尚未达到简单实用的程度。大多数光学系统自动设计软件采用的优化方法是：通过线性近似和逐次逼近，给出自变量的增量，然后计算像差的增量，用数值计算方法建立近似的像差线性方程组，通过求解使系统逐步得到改善。

ZEMAX 自动设计软件采用的系统优化方法主要是阻尼最小二乘法。这种方法一是能自然确定系统设计的优化函数为一组像差的平方和；二是对于给定的设计参数，阻尼最小二乘法能自动给出一组最佳的参数变化量；三是虽然像差是非线性函数，但当像差接近最小值时，可看作是线性的。ZEMAX 在阻尼最小二乘法的基础上，提供了三种优化选择：Optimization（局部优化）、Global Search（全局优化）和 Hammer Optimization（锤形优化），如图 5-22 所示。

图 5-22　ZEMAX 优化方式选择

ZEMAX 中执行优化一般指的是执行局部优化，这种优化方法强烈依赖初始结构，初始结构通常也称为系统的起点，在这一起点处，优化驱使评价函数逐渐降低，直至最低点。注意这里的评价函数最低点并非优化到了最佳结构，而是软件认为的在一个局限范围内的最佳解。

全局优化和锤形优化都属于全局优化类，只要给出足够的优化时间，它们总能找到最佳结构。全局优化使用多起点同时优化的算法，目的是找到系统所有的结构组合形式，并判断哪个结构使评价函数值最小。而锤形优化虽然也属于全局优化类，但它更倾向于局部优化，一旦使用全局搜索找到了最佳结构组合，便可使用锤形优化来锤炼这个结构。锤形优化加入了专家算法，可按有经验的设计师的设计方法来处理系统结果。图 5-23 可以很好地说明全局优化和局部优化的关系。

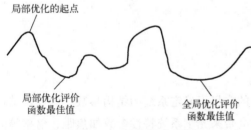

图 5-23　优化方式对比

对于简单系统，如单透镜系统或双胶合系统，由于它们的变量有限，评价函数求解曲线可能本身就只有一个单调区间，所以局部优化和全局优化都会找到同一个解决方案。这种系统中，全局优化的优势是无法体现出来的。

对于稍微复杂的光学结构，在进行全局优化时，可在相应的优化设置对话框内一次寻找多个起点，并始终显示最好的几个结构，比如 10 个结构。优化一段时间后，观察到显示的 10 个结构评价函数趋于一致，并且随时间没有明显变化时，说明系统寻找到了最佳组合。

ZEMAX 自动设计软件采用的系统优化方法除了阻尼最小二乘法外，还有正交下降法。后者对评价函数非连续变化或评价函数平缓变化的情况有很好的运行优化能力，所以特别适用于非序列光学系统的优化。

5.3.2　在 ZEMAX 中处理光学材料

光学系统设计中使用的光学零件材料主要是无色光学玻璃，但光学塑料、光学晶体材料的使用也日渐普及，还有一些特殊的光学材料如微晶玻璃、光学纤维等也有应用。光学材料的主要类型和牌号参看本书附录 D。

　　无色光学玻璃由于其容易获得高均匀度的良好透过率，成为光学材料领域应用最为广泛的材料之一。其研磨和切削的加工工艺成熟，原材料容易获得，且加工成本低廉，容易制造，还可以通过掺杂其它物质，改变其结构性能，可以制备特种玻璃，其熔点较低，光谱透过范围主要集中在可见光和近红外波段范围内。

　　光学塑料是光学玻璃的重要补充材料，它在近紫外、可见光、近红外波段范围内均具有良好的透过率；其具有成本低、重量轻、成型容易和抗冲击能力强等优点，但因为其热膨胀系数较大，热稳定性差，复杂环境中使用受到限制。

　　光学晶体的透光波段范围是比较宽的，在可见、近红外甚至长波红外都有较好的透过率，可用于制作各类紫外、红外窗口以及透镜、棱镜等，成本相对较高。

　　使用最广的无色光学玻璃分为两个系列：一是 P 系列的普通无色光学玻璃，二是 N 系列的耐辐射无色光学玻璃。无色光学玻璃按化学组成和光学常数不同分成两大类：一类是冕牌玻璃，用 K 表示；另一类是火石玻璃，用 F 表示。冕牌玻璃与火石玻璃的性能差异如表 5-3 所示。

表 5-3　冕牌玻璃与火石玻璃的性能差异

冕牌玻璃	火石玻璃
折射率低（n_d 为 1.44～1.55）	折射率高（n_d 为 1.53～1.95）
色散系数大（ν_d 为 55～62）	色散系数小（ν_d 为 30～45）
性硬、质轻、透明度好	性较软、质较轻、稍带黄绿色

　　ZEMAX 拥有丰富的光学材料库数据，基本上世界各大光学材料制造厂商的所有牌号的材料都会出现在 ZEMAX 材料库中，并随 ZEMAX 版本升级而升级，如图 5-24 所示。还可以自行添加材料库文件，自定义一种光学材料加入材料库。

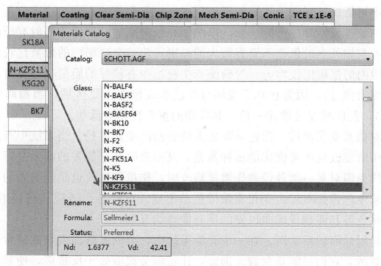

图 5-24　ZEMAX 光学材料库

　　在 "System Explorer"→"Material Catalogs"→"Catalogs Avaiable" 提供的材料目录列表中挑选一个或几个设计时使用的材料厂商，并移动到 "Catalogs To Use" 框中，那么这些厂商名下列出的全部材料牌号都能在设计中直接调用。

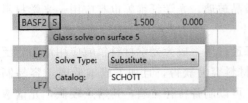

图 5-25 材料优化设置

在进行光学系统优化设计时，透镜的材料替换也是 ZEMAX 独有的、强大的自动优化特点。ZEMAX 可以使用指定厂商目录中的材料，自动地、非连续地迭代透镜数据编辑器（LD）中所有指定可替换透镜的材料，以减小像差，改善系统的光学性能，如图 5-25 所示。图中，在指定可替换透镜的材料旁小框，点击弹出"Glass solve"窗口，选择"Substitute"，填写要替换使用的材料厂商，如 SCHOTT、CDGM2023 等。

使用 ZEMAX 做自动材料优化时，由于每一次替换材料都会使优化函数的值产生一个非连续的跃变，因此材料替换优化不能使用普通的优化方法，而是要选择使用全局优化或锤形优化。

5.3.3 光学系统像差优化技巧

ZEMAX 光学设计软件虽然有强大的自动优化功能，但它只是一个辅助设计工具，使用中有很大的局限性。ZEMAX 不能教你如何设计光学系统，不能取代工程实践的经验，它只能在你的设计思路指引下帮你进行大量的光线计算，寻找和迭代更好的数据，生成各种图表供你分析和评测使用。

光学系统设计最主要的过程是像差校正和平衡，我国的光学设计人员在长期的实践中，总结了一些实用的像差校正技巧，可以结合 ZEMAX 设计使用。

（1）相对孔径 h/r 或入射角很大的面一定要使其弯向光阑，以减小主光线的偏角，减少轴外像差。反之，背向光阑的面只能有较小的相对孔径。

（2）系统各透镜的光焦度分配、各个面的偏角负担要尽量合理，力求避免个别面产生的大像差要由很多面来抵消。

（3）像差不可能校正到完美无缺的理想程度，应有合理的匹配。这主要是指：轴上点像差与各个视场的轴外像差要尽可能一致，以便能在轴向离焦时使像质同时有所改善；轴上点或近轴点的像差与轴外点的像差不要有太大的差别，使整个视场内的像质比较均匀，至少应使 0.7 视场范围内的像质比较均匀。为确保 0.7 视场内有较好的质量，必要时放弃全视场的像质（让其有更大像差）。因为在 0.7 视场以外已非成像的主要区域，当画幅为矩形时（如 CMOS 传感器），此区域仅是像面一角，其像质的重要性相对低些。

（4）挑选对像差变化灵敏、像差贡献较大的表面改变其半径。当系统中有多个这样的面时，应挑选其中既能改良所要优化的那种像差，又能兼顾其它像差的面来进行修改。在像差校正的最后阶段尚需对某一两种像差作微量修改时，作单面修改也是能奏效的。

（5）若要求单色像差有较大变化而保持色差不变，可对某个透镜或透镜组作整体弯曲。这种做法对消除色差和匹兹伐场曲以外的所有像差均有效。

（6）利用折射球面的反常区。在一个光学系统中，负的发散面或负透镜常是为校正正透镜的像差而设置的，它们只能是少数。因此，让正的会聚面处于反常区，使其在对光起会聚作用的同时，产生与发散面同号的像差就显得特别有利。

（7）利用透镜或透镜组处于特殊位置时的像差性质。例如，处于光阑或与光阑位置接近的透镜或透镜组，主要用于改变球差和彗差（用整体弯曲的方法）；远离光阑位置的透镜或透镜组，主要用来改变像散、畸变和倍率色差；在像面或像面附近的场镜可以用来校正场曲。

(8) 对于对称型结构的光学系统，可以选择成对的对称参数进行修改。作对称性变化以改变垂轴像差，作非对称变化以改变轴向像差。

(9) 利用胶合面改变色差或其它像差，并在必要时调换玻璃。可以在原胶合透镜中更换等折射率、不等色散的玻璃，也可在适当的单块透镜中加入一个等折射率、不等色散的胶合面。胶合面还可用来校正高级像差。此时，胶合面二边应有适当的折射率差，可根据像差的校正需要，使它起会聚或发散作用，半径也可正可负，从而在像差校正方面得到很大的灵活性。同时，在需要改变胶合面二边的折射率差以改变像差的状态或微量控制某种高级像差，以及需要改变某透镜所承担的偏角等场合，都能通过调换玻璃而奏效。

(10) 合理拦截光束和选定光阑位置。孔径和视场都比较大的光学系统，轴外的宽光束常表现出很大的球差和彗差。原则上，应首先立足于把像差尽可能校正好，在确定无法把宽光束的像差校正好的情况下，可以把光束中 y' 值变化大的外围部分光线拦去，以消除其对像质的有害影响，并在设计的最后阶段，根据像差校正需要，最终确定光阑位置和零件口径。

最后值得指出，在像差校正过程中，首要的问题是能够判断各结构参数对像差影响的趋势。知道这种趋势，像差校正就不致盲目。因此，逐个改变结构参数，求出各参数对各种像差影响的变化量表是十分必要的。这也是光学自动设计过程的必经之路。另外，如果像差难以校正到预期的要求，或希望所设计系统的孔径或视场要扩大时，常采用复杂化的方法，如把某一透镜或透镜组分为二块或二组，或者在系统的适当位置加入透镜（例如在会聚度较大的光束中，加入齐明透镜）等。

5.4 ZEMAX 中评价函数的使用

5.4.1 构建评价函数操作数的意义

评价函数的引入：光学系统结构参数的改变将引起众多像差的改变，为了便于计算机在众多像差的变化中作出正确判断，需要设计者为计算机提供能够判断设计优劣的标准，这个标准必须是单一的，同时又是与像差校正要求一致的，这个标准就是评价函数。

评价函数的构成思想：评价函数必须能反映所有像差的大小，必须能提供单一的评价标准。"像差求和"能给出单一评价形式但不能反映所有像差的大小，"像差的均方根和"能反映所有像差的大小且能给出单一的评价形式。这是构成评价函数的最初思想。

评价函数的构成要考虑像差的广义性，凡是随结构参数改变而改变的参数都可以定义为像差，包括各种实际像差、焦距、放大率、像距、出瞳距等。评价函数是光学系统如何与指定的设计目标相符的数字代表。像差不可能完全校正到零，而是达到一个允许的目标值即可。像差之间的量纲的不一致在评价函数中要得到补偿，像差的重要程度要在评价函数中得到体现。

构建评价函数（Merit Function）和控制各种操作数因子的目的在于：把目标光学特性要求或结构参数或像差要求进行定义、约束和控制，然后 ZEMAX 将不断调整透镜数据编辑器中设置的各种变量（Variable），使光学系统设计达到局部或全局最优，评价函数值为零，表示当前光学系统完全满足设计目标要求。评价函数值愈小，表示愈接近目标。

5.4.2 ZEMAX 中默认评价函数的使用

评价函数的建立及构成元素的确定，是光学设计者参与的重要内容之一。首先涉及选择哪些像差元素构成评价函数（这里的像差是指广义的像差）；其次是每一个像差元素的权重因子选择为多少？ZEMAX 提供了便捷的评价函数建立方法，也提供了柔性的、由设计者自由发挥的建立方法。

打开 ZEMAX 主菜单："优化"→"评价函数编辑器"→"优化向导"，如图 5-26 所示。

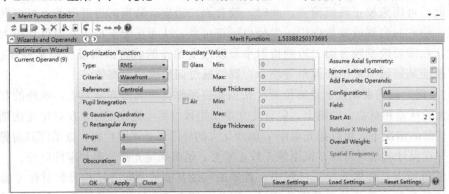

图 5-26 评价函数优化向导

优化向导中共包含四方面内容。

（1）Optimization Function：RMS 表示均方根偏差；PTV 表示峰谷值；Wavefront 代表波像差；Spot X＋Y 指像面上 X、Y 方向的最大弥散；Centroid 指某一视场的质心，尤其适用于波像差构成的评价函数；Chief Ray 指使用主波长主光线作为计算基准；Mean 指平均值，仅适用于选取 Wavefront 来构造评价函数的场合。

（2）Pupil Integration：为光瞳细分方法，需要对光瞳（一般指入瞳）进行细分。有 Gaussian Quadrature 方法与 Rectangular Array 方法。前者为高斯积分法，用 Rings×Arms 来定义光线数目，是 ZEMAX 中的首选方法。后者为矩形网格法，用 Grid（4×4，6×6，8×8……）形式确定光线数，计算速度慢且精度低。

（3）Boundary Values：用于定义光学系统中玻璃或空气的最小与最大中心厚度，以及最小边缘厚度。完成定义后，要注意查看评价函数编辑器中当前光学系统参数的边界条件有无越界。

（4）其余辅助选项：如果当前光学系统为旋转对称系统，则默认勾选 Assume Axial Symmetry，此时仅追迹一半光瞳的光线。Ignore Lateral Color 表示计算所有的 RMS 或 PTV 时，相同视场不同波长的光线选用同一计算标准；Start At 指评价函数编辑器中的操作数起始行序号。Relative X Weight 定义相对权重，仅当选用 Spot X＋Y 时才起作用。

完成以上选项，点击"OK"，则在评价函数编辑器（Merit Function Editor，MFE）中会出现多行控制内容，如图 5-27 所示。

	Type	Wave	Hx	Hy	Px	Py	Target	Weight	Value	% Contrib
1	DMFS ▾									
2	BLNK ▾									
3	BLNK ▾									
4	BLNK ▾									
5	OPDX ▾	2	0.000	0.000	0.707	0.000	0.000	0.155	0.029	0.154
6	OPDX ▾	2	0.000	0.000	0.942	0.000	0.000	0.097	-0.046	0.247
7	OPDX ▾	3	0.000	0.000	0.336	0.000	0.000	0.097	0.215	5.442
8	OPDX ▾	3	0.000	0.000	0.707	0.000	0.000	0.155	-0.058	0.636
9	OPDX ▾	3	0.000	0.000	0.942	0.000	0.000	0.097	-0.122	1.754

图 5-27 默认评价函数控制内容

默认评价函数建立方法的特点是较为便捷，无须搞清楚具体操作数的含义以及权重因子究竟选多少合适。之后，就可以在评价函数编辑器（MFE）中修改成自定义评价函数，用 Insert 或 Delete 键增删、编辑评价函数，然后，在设置好光学系统的变量后，就可以进行优化设计了。

5.4.3　自定义评价函数操作数要点

ZEMAX 提供的优化计算方法基于最小二乘法，对优化变量的设置并没有严格的控制，实际上，往往许多变量是一定程度相关的。关联多少还与权重有关。所以在自定义评价函数操作数时，尽可能地不把矛盾的相关量引入最小二乘法中，这样效率会更高些。

1. 边界条件控制操作数

边界条件控制操作数是光学设计中为保证工艺要求而给出的一组重要的约束或限制条件。优化光学系统时，要保证光学零件在生产实践中是可以制造出来的。例如，正透镜的边缘厚度和负透镜的中心厚度不能小于一定的极限数值，透镜之间的空气间隔不能为负值。这类限制被称为边界条件。通过控制各边界条件的目标值和权重因子来限制边界条件的违背量，以满足设计和生产的精度。

首先是镜面的几何形状，从工艺上必须保证镜面的最小曲率半径适合生产，并且在允许的情况下尽可能地选择较大的曲率半径，因为能否加工出来、加工误差如何、产生的高级像差等因素都有制约作用，因此镜面曲率半径是要控制的参数，尤其是小光学系统的某些镜面。其次，实际使用的镜头，还必须满足某些外部尺寸的要求，例如：像距、出瞳距、系统总长、镜筒的长度等，要小于或大于一定的长度；自动选玻璃时，折射率和色散的变化不得越出规定的玻璃三角形；等等。焦距等高斯光学参数控制也可以归类于边界条件。另外，无必要的无光焦度镜片的出现也要引起注意，看是否用它来仅仅校正场曲。这类边界条件的操作数都用四个英文字符代码来表示，经常使用的边界条件操作数都在本书附录 A 中汇总出。

2. 光线角度控制操作数

镜面入射和出射光线的角度在有的光学系统中需要控制，每一个镜组能够承受的相对孔径和偏折角是有限度的，大的入射高度和角度以及出射角度都是设计中要避免的，有时候在像差校正过程中需要加入 RAID/OPLT/RAED 这样的操作数，对光线进行控制。不加控制的光线，将可能因为某个面上的入射角或者高度太大而产生高级像差，而以后的优化工作将会陷入为了平衡这个高级像差而努力。对于通常的系统，选择初始结构的时候，高级像差产生的位置以及是如何产生的，都要重点评估。对于特殊的光学系统例如广角、大相对孔径系统尤其如此。光线控制操作数也在附录 A 汇总。

3. 像差控制操作数

对于像差，一般都能直接引入相对应的操作数来指定像差目标大小，但要优化高级像差数值时，就没有相应操作数，通常需要设计者自行分析和定义。像差的量纲差别很大，又有相关性，在设定目标值时，经验因素占比很大。

（1）球差（LONA/SPHA）：表示的是轴上物点指定波长的像差。归一化的光瞳尺寸在 0～1 之间，那么将追踪实际的光束汇交点计算轴向球差。SPHA 常用于指定面产生的球差数值。若不指定特殊面（取值为 0），则计算所有面产生的球差总和。注意这个总和不是像差计算公式中的经过各面逐个放大之后的加权和，而是代数和。

经验：当选择 LONA 而控制不了球差时，同时加入 SPHA 操作数，设置合理的权重，可以将球差进一步改善。

（2）轴向色差（AXCL）：定义为两个指定波长的近轴焦平面轴向距离。若归一化光瞳尺寸定义为 0，那么使用近轴焦平面进行色差计算，定义不为 0，则使用实际的光线与轴交点位置进行色差计算。

（3）倍率色差：在 ZEMAX 中没有直接定义倍率色差的操作数，但是从倍率色差的定义可以知道，它是指某视场、某指定光束尺寸的、两指定波长的光束在像面上所成理想像的垂向距离差。在 ZEMAX 中有 REAY（wav，Hy，Py）操作数，其定义为指定波长、指定视场、指定光束尺寸光在理想像面上的实际高度。那么在同一视场选择两个不同波长的光束，其操作数数值之差就表明了理想像面上的倍率色差大小。

> oprand #1　REAY（wav=1，Hy=a，Py=b）；
>
> oprand #2　REAY（wav，Hy，Py）；
>
> DIFF（oprand #1，oprand #2）；

DIFF 操作数指两个操作数结果的差值。

（4）彗差：描述的是光束对失对称的情况。彗差与视场和孔径均有关系，是两者的函数，因此全面描述系统的彗差情况需要选择若干个不同视场和不同孔径。在 ZEMAX 中提供了一个操作数 TRAY。TRAY 定义为在像平面上，光线与像面交点到主光线的垂轴距离。首先定义一个光线对：

> oprand #1　TRAY（wav=2，Hy=a，Py=b）；
>
> oprand #2　TRAY（wav=2，Hy=a，Py=−b）；
>
> SUMM（oprand #1，oprand #2）

其中 SUMM 描述的是上述两个操作数的代数和，表征彗差的大小。虽然这个定义和彗差的定义有一定的区别，但本质上是一样的。这也说明了在光线图上将某波长曲线首尾两端连线，其连线和纵轴的交点大小可以表征彗差大小是同一个道理。

（5）细光束场曲（FCGS 和 FCGT）：场曲是轴外细光束交点和焦平面之间的距离。FCGS 和 FCGT 可以用来描述任意视场、任意波长的弧矢和子午细光束场曲值。对于非对称系统也能够适用。给出的操作数不能够定义宽光束的场曲。

（6）像散 ASTI 和 FCGT−FCGS：像散是子午细光束场曲和弧矢细光束场曲之差。可以使用 ZEMAX 提供的操作数 ASTI 进行描述，也可以使用 FCGT−FCGS 进行描述。ASTI 可以用来计算指定镜片表面上的像散贡献量，若指定面为 0，那么计算各面的像散贡献量代数和。三级像散从赛德尔系数中求得。

而 DIFF（FCGT，FCGS）也能够计算出指定视场、波长的像散值。在很多情况下，同时采用两种方式进行像散控制，能够取得更好优化控制效果。

（7）畸变控制 DIMX 和 DISG：DIMX 定义了某视场的畸变上限，而 DISG 指定了该视场畸变的目标值。由于畸变一般不影响像质的清晰度，因此一般不做严格的校正，通常的系统只需要在一定范围即可。

很多时候，控制基本像差仍旧会遇到一些困难，那么在操作当中还会需要增加一些操作数以对综合成像质量进行控制。ZEMAX 虽然可以将 MTF 参数、光斑尺寸、波像差等作为操作数加入优化序列中，但计算量巨大，优化速度很慢，往往适用于在最后做像差平衡。一开始应先利用 RMS Wavefront 或 Spot 评价函数优化，使像质较好后，若需进一步提高成像质量，则再用传递函数进行优化；当 Wavefront 大于 2λ 以上时，衍射传递函数计算会出错，若像质稍好一些，可优化衍射传递函数；几何传递函数计算时间一般多于衍射传递函数。

4. 操作数权重

操作数权重，笼统地说，就是操作数控制的重要程度排序，权重大的优先控制，权重起到引导优化方向的作用。实际上，权重的修改和优化过程是同步进行的。一开始就选用全局优化进行设计，成功的例子几乎是没有的。因为，首先这个系统的极限在哪里是不清楚的，选用操作数描述整个系统会有困难；其次在优化的过程中，通过不断调整权重和增减、修改操作数，引导和建立一个更佳化的优化目标方向，已经证明是目前最为有效的方法了，这个方法值得推荐。另外，使用权重减弱负相关的两个操作数之间的矛盾要尽量避免。

综上所述，控制系统光束结构、像差的方法因习惯而有一定的差异，由于某些像差之间有一定相关性，而设置的优化权重又可以不同，因此常常都能够达到相同的效果，只是计算步骤不同而已。到底选择多少个操作数来描述一个项目，虽无统一规定，但是还是要因系统像差特性不同而区别选择。经验表明，最少最准确的操作数数量，能够最大可能地提高优化的效率，并且减少掉入效果较差的局部优化的次数，而且避免使一开始偏差就较大的初始结构的进一步优化变得更困难。

5.4.4　光学系统优化操作（案例）

仍以 5.2.1 节中双胶合望远物镜的优化设计为例。打开 5.2.2 节中已经输入的初始结构的 ZEMAX 文件。优化步骤如下。

（1）系统结构参数变量的设定：将第 2～5 面的曲率半径以及第 2～4 面的厚度值设为变量，第 1 面光阑不设变量。较多的变量设定意味着优化达成目标值的概率更大，但计算量也大。也可先设置少部分重要的参数为变量，一边优化，一边修改和添加。

（2）按 5.4.2 节优化向导操作，无须更改默认选项，在评价函数编辑器中自动生成默认的多行评价函数控制内容。

（3）自定义评价函数，各评价函数操作数代码及代表的项目可参看本书附录 A。

在默认的评价函数编辑窗口的第一行 BLNK 处点击小箭头，选择 EFFL 操作数，代表要控制焦距，目标值一列相应行位置处输入设计要求的 50，权重设为 1。

右键单击下一行的 BLNK，选择插入新行。在相应 BLNK 处点击小箭头，选择 MXCG，该操作数是控制第一块透镜的最大中心厚度，在该行相应各提示位置输入面数控制信息分别为 2、3，目标值设为 5，权重设为 1。

同样，在下一行选择 MXCG，该操作数是控制第二块透镜的最大中心厚度，在该行相应各提示位置输入面数控制信息分别为 3、4，目标值设为 2，权重设为 1。

同样，再在下一行选择 MNCG，该操作数是控制第二块透镜的最小中心厚度，在该行相应各提示位置输入面数控制信息分别为 3、4，目标值设为 1，权重设为 1。

以上自定义评价函数编辑内容如图 5-28 所示，其它光学约束条件可根据校正像差的需

	Type	Surf1	Surf2	Target	Weight	Value
1	DMFS ▾					
2	EFFL ▾		2	50.000	1.000	50.004
3	MXCG ▾	2	3	5.000	1.000	5.002
4	MXCG ▾	3	4	2.200	1.000	2.208
5	MNCG ▾	3	4	1.000	1.000	1.000

图 5-28　双胶合望远物镜自定义评价函数

要一步一步进行设定。例如,透镜材料、像散、色差和 MTF 值可不控制或随后控制,目前成像质量优化收缩是按默认的 RMS 弥散斑最小化方向进行。

(4)打开双胶合系统光线图、球差曲线、传递函数曲线等,选择"Optimization"菜单,在弹出的对话框中勾选"Auto update",其它默认,"开始"优化,系统执行在焦距控制下的像差自动优化,观察各种像差的变化以及透镜结构参数的变化。

(5)更改或添加新的评价函数操作数因子、目标值和权重等,如第二透镜的最大中心厚度目标值可改为 2.2。更改不同的变量设置,重复以上步骤,直到最好的像差结果出现。

(6)在最大视场添加渐晕因子。从 ZEMAX 选项区打开视场数据编辑器,在 VCY 一列第 3 个视场相应位置输入数据 0.3,代表子午面最大视场可以有上下共 30% 的对称光线被拦掉。第 2 个视场渐晕设置 0.15,稍小一点,弧矢面也可以合理设置。

经过优化设计,最终双胶合物镜的结构参数设计结果如图 5-29 所示。相应的 2D 光线追迹图如图 5-30 所示,从图中可以看出各透镜的加工工艺良好。

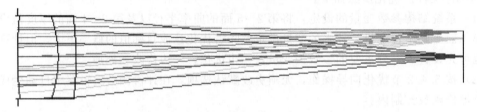

	Surf:Type		Cor	Radius	Thickness	Material	Coat	Clear Semi-Di
0	OBJECT	Standard ▾		Infinity	Infinity			Infinity
1	STOP	Standard ▾		Infinity	0.000			5.000
2		Standard ▾		45.612 V	5.002 V	H-BAK1		5.000
3		Standard ▾		-14.381 V	2.208 V	F3		4.852
4		Standard ▾		-42.048 V	47.615 V			4.804
5	IMAGE	Standard ▾		Infinity	-			3.086

图 5-29　双胶合物镜结构参数设计结果

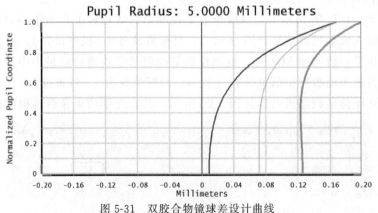

图 5-30　双胶合物镜 2D 光线追迹图

(7)双胶合望远物镜的像质设计结果分析评价。

本例在做像质分析时,首先可以对第 4 面的厚度(后截距)做手动微调,相当于调焦,找到最佳像平面位置,在最佳像平面上进行像质分析和评价。

图 5-31 所示为球差曲线,三条曲线的间隔代表了色差的大小。从球差曲线可以看出,

Pupil Radius: 5.0000 Millimeters

图 5-31　双胶合物镜球差设计曲线

系统没有高级球差，最大球差小于 0.15mm，近轴色差 0.1mm。图 5-32 为垂轴像差曲线，从第 3 个视场可以看出子午面设置了渐晕；第 2 个视场有少量彗差。系统的 MTF 曲线如图 5-33 所示，所有视场的子午和弧矢 MTF 数据都在 0.3 以上，说明系统各独立像差控制得较好，像差较为平衡，整体设计符合成像质量要求。

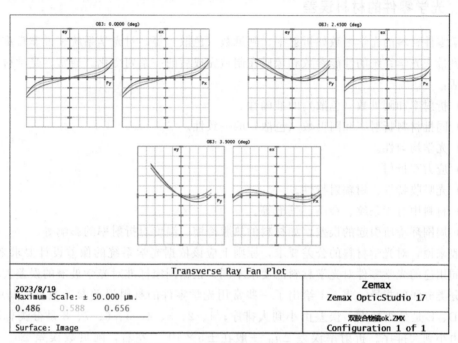

图 5-32　双胶合物镜垂轴像差设计曲线

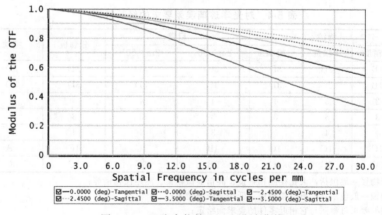

图 5-33　双胶合物镜 MTF 设计曲线

5.5　基于 ZEMAX 的光学系统公差分析

光学系统公差分析是指根据设计要求和实际制造条件，分析光学系统中各个零部件的材料误差、加工误差及空间结构的一些扰动对成像质量的影响，并通过优化公差分配策略，实现成像性能的最优化。公差分析的目的在于定义误差的类型及大小，并将之引入光学系统中，以此来量化估算它对系统性能的影响，分析系统设计在经过制造加工后是否最终能满足

ZEMAX 光学系统设计实战

需求。因此，公差分析是光学系统设计中非常重要的一部分。

在设置公差数值进行分析时，有三个设置原则：一是要考虑所有可能的误差来源；二是要定义最低的容忍极限；三是要选取合适的公差规格。

5.5.1　光学零件的材料误差

光学零件材料的光学参数如折射率、阿贝数（色散）等，对光学系统来说非常重要，材料误差将带来光学系统的性能参数和像质在制造完成后的一系列变化。通常，光学材料误差来源包括：

（1）折射率和阿贝数（色散）的准确性。

（2）同批材料折射率和阿贝数（色散）的一致性。

（3）光学均匀性。

（4）应力双折射。

（5）光吸收特性、耐辐射特性。

（6）材料中有无条纹、杂质、气泡等。

（7）周围环境所引起的误差，如材料的热胀冷缩、温度对折射率的影响等。

一般来说，对光学材料的公差要求，原则上应该依据光学系统的像差设计要求来确定。但是不同用途的光学零件对光学材料的要求不同，根据国家标准对光学玻璃的误差大小和数量进行分类分级的指导，表 5-4 给出了一些常用光学零件的材料误差参考数据。其中，A、B、C、D、E 是分级标准，误差由小到大排序；1、2、3、4、5、6、7、8 是分类标准，误差也是由小到大排序。折射率误差 Δn_d 一般在 $\pm 5 \times 10^{-4}$ 左右，阿贝数误差 Δv_d 一般在 $\pm 0.5\%$ 左右。

表 5-4　对光学玻璃误差要求的经验数据

技术指标	物镜			目镜		分划板	棱镜	非光路中零件
	高精度	中精度	一般精度	$2\omega > 50°$	$2\omega < 50°$			
Δn_d	1B	2C	3D	3C	3D	3D	3D	3D
Δv_d	1B	2C	3D	3C	3D	3D	3D	3D
均匀性	2	3	4	4	4	4	3	5
双折射	3	3	3	3	3	3	3	4
光吸收系数	4	4	5	3	4	4	3	5
条纹度	1C	1C	1C	1B	1C	1C	1A	2C
气泡度	3C	3C	4C	2B	3C	1C	3C	8E

注：1. 高精度物镜一般包括：大孔径照相物镜、高倍显微物镜、测距仪物镜等；

2. 中等精度物镜一般包括：一般照相物镜、低倍显微镜等；

3. 对保护玻璃的要求可参照与它相近零件的要求而给定；

4. 对鉴别率要求高的复杂光学系统中的零件，其光学均匀性按鉴别率分配而给定；

5. 对轴向通光口径大的零件的材料，其气泡度要求可适当降低。

5.5.2　光学零件的加工公差

对于设计完成的光学系统，在投入制造和组装之前，设计的成像质量都是满足使用要求的。但由于光学零件加工误差和光学系统组装误差的影响，在制造和组装出来之后，光学系统是否会有成像质量的下降，是否仍然满足使用要求，这是实际中面临的问题。

光学零件的制造公差主要有以下几个方面：一是不正确的球面曲率半径及表面局部误

差；二是零件或组件中心厚度偏差，或角度公差；三是镜片外径配合公差；四是曲率中心偏离机械中心；五是不正确的 Conic（圆锥系数）值或其它非球面参数；六是零件表面疵病及表面镀膜偏差等。

光学零件的组装公差包括（指整群的零组件）：组件偏离机构中心（X，Y）；组件在 Z 轴上的位置错误；组件与光轴有倾斜；组件定位错误等。

1. 光学零件的表面误差

光学零件的表面误差是指球面或平面半径偏差和表面局部误差。造成光学零件表面误差的原因有样板偏差和光学零件实际偏差。

光学样板主要是用来检验光学零件的面形偏差的。它的精度分为 A、B 两级。样板按用途可分为检验光学零件用的工作样板和复制工作样板用的标准样板。光学标准样板的半径允差如表 5-5 所示；标准样板的光圈允差如表 5-6 所示；光学工作样板的半径允差如表 5-7 所示。

表 5-5　光学标准样板的半径允差

精度等级	球面标准样板曲率半径 R/mm					
	0.5～5	5～10	10～35	35～350	350～1000	1000～4000
	允差(±)					
	μm			公称尺寸的百分比/%		
A	0.5	1.0	2.0	0.02	0.03	$\dfrac{0.03R}{1000}$
B	1.0	3.0	5.0	0.03	0.05	$\dfrac{0.05R}{1000}$

表 5-6　光学标准样板光圈的允差

曲率半径 R/mm	0.5～750		750～40000		—	
精度等级 N	A	B	A	B	A	B
ΔN	0.5	1.0	0.2	0.5	0.05	0.1
	0.1	0.1	0.1	0.1		

表 5-7　光学工作样板的半径允差

组别	I	II	III
精度等级 N	0.1	0.5	1.0
ΔN	0.1	0.1	0.1

光学零件的表面误差主要有三种类型，表示如下。

（1）半径偏差：被检光学表面的曲率半径相对于参考光学表面曲率半径的偏差，称半径偏差，用光圈数量"N"表示。

（2）像散偏差：被检光学表面在两个相互垂直方向上产生不相等的光圈数所对应的偏差，称像散偏差，用"$\Delta_1 N$"表示。

（3）被检光学表面与参考光学表面在任一方向上产生的干涉条纹的局部不规则程度，称局部偏差，用"$\Delta_2 N$"表示。

光圈的概念：是指在光学测量中，干涉仪标准表面或工作样板表面与实际零件加工表面之间产生的等厚干涉条纹。零件表面加工正常的情况下，光圈是一圈一圈的圆环形，如果存在大的偏差，则光圈表现为不规则形状，如图 5-34 所示。

光学零件表面误差精度等级分类情况如表 5-8 所示。

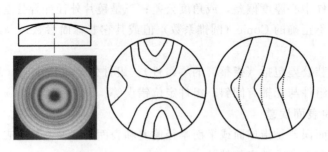

图 5-34　表面误差（光圈）示意图

表 5-8　光学零件表面误差精度等级

零件精度等级	精度性质	公差	
		N	ΔN
1	高精度	0.1~2.0	0.05~0.5
2	中精度	2.0~6.0	0.5~2.0
3	一般精度	6.0~15.0	2.0~5.0

光学零件表面误差参考数值如表 5-9 所示。

表 5-9　光学零件表面误差参考数值

仪器类型	零件性质	表面误差		仪器类型	零件性质		表面误差	
		N	ΔN				N	ΔN
显微镜和精密仪器	物镜	1~3	0.1~0.5	望远系统	棱镜	反射面	1~2	0.1~0.5
	目镜	3~5	0.5~1.0			折射面	2~4	0.3~0.5
照相系统投影系统	物镜	2~5	0.1~1.0			屋脊面	0.1~0.4	0.05~0.1
	滤光镜	1~5	0.1~1.0		反射镜		0.1~1.0	0.05~0.2
望远系统	物镜	3~5	0.5~1.0		场镜、滤光镜、分划板		5~15	0.5~5.0
	转像透镜	3~5	0.5~1.0					
	目镜	3~6	0.5~1.0					

2. 光学零件的外径余量

光学零件与镜框固定时，外径需要余量，才能保证有效通光口径内的光线不被隔圈或镜框边缘遮挡，需要预留的外径余量参考值如表 5-10 所示。另外，光学零件的外径加工公差一般需要保持减差，以免与镜筒组装时配合太紧或装不进去。

表 5-10　光学零件外径余量参考值

通光口径 D/mm	外径 φ/mm		通光口径 D/mm	外径 φ/mm	
	滚边法固定	压圈法固定		滚边法固定	压圈法固定
到 6	D+0.6		>30~50	D+2.0	D+2.5
>6~10	D+0.8	D+1.0	>50~80	D+2.5	D+3.0
>10~18	D+1.0	D+1.5	>80~120		D+3.5
>18~30	D+1.5	D+2.0	>120		D+4.5

3. 光学零件的中心厚度及边缘最小厚度

光学零件的中心最小厚度及边缘最小厚度的设定是保证光学零件的必要强度所需。一般正透镜需保证最小边缘厚度，负透镜需保证最小中心厚度，这样，在加工中使其不易变形或破损。透镜边缘及中心最小厚度边界条件参考表 5-11 所示数值。

表 5-11　透镜边缘及中心最小厚度边界条件

透镜直径 D/mm	正透镜边缘最小厚度 t/mm	负透镜中心最小厚度 d/mm
3～6	0.4	0.6
6～10	0.6	0.8
10～18	0.8～1.2	1.0～1.5
18～30	1.2～1.8	1.5～2.2
30～50	1.8～2.4	2.2～3.5
50～80	2.4～3.0	3.5～5.0
80～120	3.0～4.0	5.0～8.0
120～150	4.0～6.0	8.0～12.0

4. 光学零件的厚度公差

透镜中心厚度公差随透镜的不同而不同，透镜及分划板的厚度公差具体数值可参考表 5-12 给定，要求高的可按计算结果确定。

表 5-12　透镜边缘及中心最小厚度边界条件

透镜类别	仪器种类	厚度公差/mm
物镜	显微镜及实验室仪器	±(0.01～0.05)
	照相物镜及放映镜头	±(0.05～0.3)
	望远镜	±(0.1～0.3)
目镜	各种仪器	±(0.1～0.3)
聚光镜	各种仪器	±(0.1～0.5)
分划板(D<10mm)		1.5±0.3
分划板(D>10～18mm)		2.0±0.3
分划板(D>18～30mm)		3.0±0.3
分划板(D>30～50mm)		4.0±0.5
分划板(D>50～80mm)		5.0±0.5

5. 光学零件的角度公差

对于一块玻璃平板，两个表面不会绝对平行，不同用途的玻璃平板不平行度允差数值如表 5-13 所示。光楔则要求有精确的角度值，光楔的角度公差见表 5-14。

表 5-13　平行平板不平行度允差参考数值

玻璃平板性质		不平行度 θ	玻璃平板性质	不平行度 θ
滤光镜保护玻璃	高精度	3″～1′	表面涂层的平行反射镜	10′～15′
	一般精度	1′～10′		
分划板		10′～15′	背面涂层的平行反射镜	2″～30″

表 5-14　光楔的角度公差

光楔性质	高精度	中精度	一般精度
角度公差	±(0.2″～10″)	±(10″～30″)	±(30″～1′)

6. 透镜中心误差

透镜中心误差指的是透镜表面定心顶点处的法线对基准轴的偏离量。有面倾角 χ 与偏心差 c 两种描述方式。面倾角 χ 表示光学表面定心顶点处的法线与基准轴的夹角。透镜偏心差 c 指的是被检光学表面球心到基准轴的距离。如图 5-35 所示。

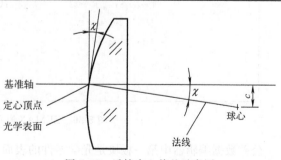

图 5-35　透镜中心偏差示意图

在实际生产时，测量的是 c 值大小，χ 可根据像差计算结果给定。c 值可根据和 χ 的关系换算得到。表 5-15 是偏心差允许值参考。

表 5-15　偏心差允许值

透镜性质	显微镜与精密仪器	照相投影系统	望远镜	聚光镜
偏心差 c/mm	0.002～0.01	0.005～0.1	0.01～0.1	0.05～0.1

5.5.3　光学系统的公差分析（案例）

前面讲过，光学系统公差分析的目的在于定义误差的类型及大小，并将之引入光学系统中，以此来量化估算定义的公差对系统性能的影响，分析光学系统设计在经过制造加工后是否最终能满足需求。好的设计应该能够被制造出来，制造出来还要能满足使用要求。因此，好的光学系统设计在完成公差分析之后才算真正完成，执行公差分析是非常重要的。

光学系统在加工制造过程中产生的误差主要有零件的材料误差、加工误差、组装误差等类别。在 ZEMAX 中，每一种公差都可以使用简单的操作数来定义，公差操作数由四个字母组成，如 TRAD 代表半径公差，TETX 代表元件与 X 轴的倾斜公差，等等。每个公差操作数都有一个最小值和最大值，提出了相比名义值的最大可接受变化范围。公差操作数汇总表见本书附录 C。

ZEMAX 包括一个广泛的、便利的、完整的公差分析算法，允许设计者自由完成任何光学设计的公差。使用 ZEMAX 进行公差分析通常需要以下步骤。

（1）定义所有可能的误差来源，规定公差起始值，让制造能轻易达到要求。ZEMAX 默认的公差通常是不错的起始点。

打开 ZEMAX 中的 "Setup" 菜单，选择编辑栏目中的公差数据编辑器（Tolerance Data Editor），从其弹出的公差数据编辑器界面中选择公差向导，出现如图 5-36 所示的默认公差数据编辑框。可编辑的内容板块主要有四个，包括光学零件的加工误差、材料误差和组装误差设置以及一些辅助选项处理。

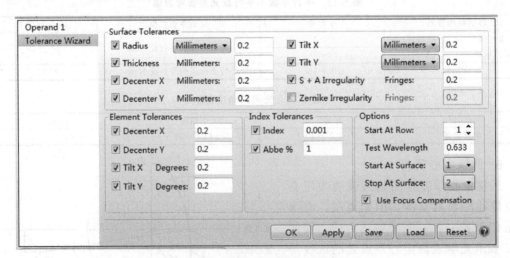

图 5-36　ZEMAX 默认的公差数据

公差数据编辑器中第一板块是光学零件的表面公差设置，包括半径公差、厚度公差、相对于 X 轴和 Y 轴的偏心公差、相对于 X 轴和 Y 轴的倾斜公差，其中半径偏差默认是用"毫米"

描述的偏差，根据 5.5.2 节所讲内容，半径偏差最好选择更容易生产测量的"光圈（Fringes）"描述。这一栏还包括"S+A 不规则"和"Zernike 不规则"，表示的是光圈的不规则程度。两者只用选择其一，前者是利用球差（Spherical）和像散（Astigmatism）来描述加工表面的不规则度，后者是利用 Zernike 多项式来描述的，对数学知识的运用要求比较高。

公差数据编辑器中第二板块是元件公差，主要是元件的偏心与倾斜，需要说明的是：并不是每个元件都需要设置这个公差，因为元件的倾斜和偏心总是需要有一个参考标准，所以定义其中的一个元件就可以。

公差数据编辑器中第三板块是折射率公差，主要就是材料的折射率偏差和阿贝数偏差的百分数。可以根据像差要求，与材料提供厂商联系商讨。

公差数据编辑器中第四板块，可以设置公差分析起始行和终止面；"测试波长（Test Wavelength）"为 0.633，通常不需要修改；如果勾选了"使用焦距补偿（Use Focus Compensation）"，则是定义了用默认的后焦距来补偿公差带来的评价函数的降低。光学系统公差分析一般至少有一个补偿项。

系统公差设置和修改以后，点击"OK"，则会出现各公差操作数控制行内容，可以对其进行自定义重新编辑或添加新的公差操作数。

（2）选取公差分析方法，如灵敏度分析法等；设置公差"评价函数"，如 RMS 光斑大小、RMS 波前误差、MTF 需求、使用者自定的评价函数、瞄准等。

打开主菜单"Tolerance"中的"Tolerancing"，弹出的公差分析工具设置框如图 5-37 所示。

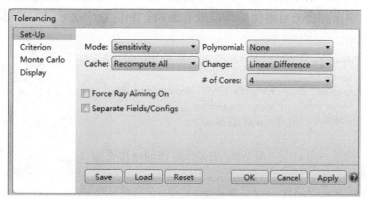

图 5-37　公差分析工具设置框

公差分析工具设置框共有四项设置，第一项"Set-Up"。其中"Mode"是公差分析方法选项，有灵敏度分析、反转灵敏度极限、反转灵敏度增量、跳动灵敏度。灵敏度分析法是指对于给定的一批公差，列出所有公差操作数取最大值和最小值时评价函数的计算值，以及这一值与标称值的差值。考虑每个公差对系统性能的影响，对于变化量计算，ZEMAX 用的是平方根和的平方（RSS）的假设。通常在所有可能的公差范围内，灵敏度的变化是非常大的。灵敏度分析帮助来识别哪个公差需要被加紧，哪个公差需要被放松。这对于寻找最佳（和最小）补偿的数量和调整的要求范围也是有利的。反转灵敏度分析是分别计算每个公差在给定一个性能影响值时所允许的公差极限或增量值。与灵敏度分析法比，区别在于灵敏度分析法是由用户在 Tolerance Data Editor 中指定的公差范围作为运算基础，求出各项在最小值及最大值的状况下其像质特性。反转灵敏度分析则依据用户在 MaxCriteria 中设定的最大

（像质）标准的前提下，求出各项的允许公差范围。简而言之，前者由公差推导出像质的变化，后者由从期望的像质变化范围得出公差范围。

第二项“Criterion”是选取像质评价的标准。众多选项中主要选用的项有均方根半径（RMS Spot Radius）、均方根波像差（RMS Wavefront）、几何 MTF 均值（Geom. MTF Avg）等。对于没有趋近衍射极限的系统应首选前两项。而对于趋近于衍射极限的系统或顺应设计要求查看 MTF 的系统，则最好选择 MTF 相关项。

第三项为蒙特卡罗（Monte Carlo）分析模拟，它是评估公差对系统的总体影响。在模拟过程中，会产生一系列满足指定公差的随机透镜，产生方法采用的是均匀分布（Normal）或正态分布（Uniform Parabolic）或抛物线分布（The Parabolic Distribution）的统计方法，然后再对这一定数量的透镜按像质标准进行评估。与在系统中指定了“最差状况”的灵敏度分析不同，蒙特卡罗分析提供的统计概率对于大批量生产是非常有用的，它可以模拟出生产装配过程的实际情况，所分析的结果具有很大指导意义。对于蒙特卡罗分析循环，所有已指定公差的参数都可以由其定义的参数范围和该参数对于整个指定范围的一个分布的统计模式来随机设定。系统默认是 20。假设所有公差都遵循相同的正态分布，它在最大和最小允许极值之间有一个 4 倍标准偏离大小的总宽度。

第四项“Display（显示）”。其中“Show Compensators”一般需要勾选，因为在公差分析过程中，需要一个补偿项目来调整最佳的评价函数状态。“Display”中重要的选项是“Show Worst”数目，如图 5-38 所示。它是指在公差分析结果报告中显示的“Worst offenders”数目。Worst offenders 为一顺序列表，它以“Change”值递减顺序排列。如果“Change”为 0，表示此公差对整体的像质没有影响，相应数字表示其对整体像质的影响状况，如图 5-39 所示。

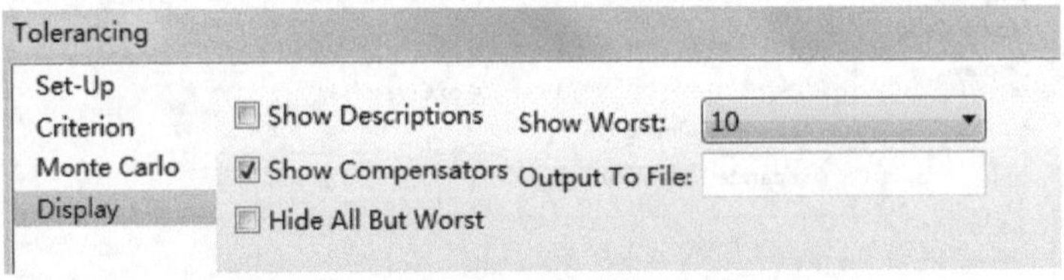

图 5-38　公差分析 Display 选项

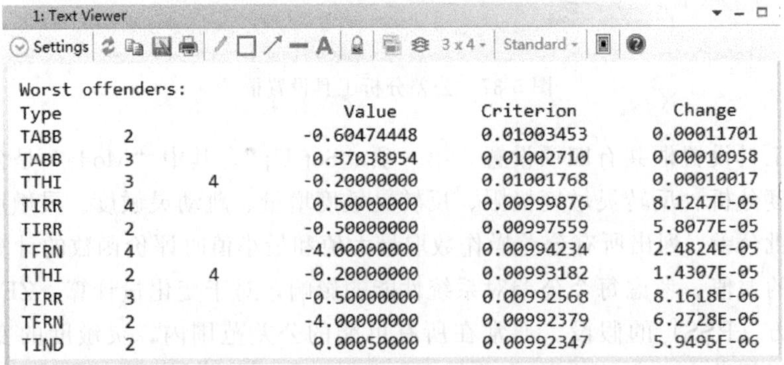
1: Text Viewer

Worst offenders:

Type			Value	Criterion	Change
TABB	2		-0.60474448	0.01003453	0.00011701
TABB	3		0.37038954	0.01002710	0.00010958
TTHI	3	4	-0.20000000	0.01001768	0.00010017
TIRR	4		0.50000000	0.00999876	8.1247E-05
TIRR	2		-0.50000000	0.00997559	5.8077E-05
TFRN	4		-4.00000000	0.00994234	2.4824E-05
TTHI	2	4	-0.20000000	0.00993182	1.4307E-05
TIRR	3		-0.50000000	0.00992568	8.1618E-06
TFRN	2		-4.00000000	0.00992379	6.2728E-06
TIND	2		0.00050000	0.00992347	5.9495E-06

图 5-39　Worst offenders 排序列表

（3）执行公差分析，查看公差分析报告，评估公差对系统的影响情况。

在公差分析工具设置框中各个选项选取完成后，点击“OK”就可进行公差运算，完成后立即生成一个文本阅读窗口，详细报告了公差分析的结果。图 5-39 所示数据即是公差分析报告的内容之一。

报告的第一部分描述了所有的公差操作数，紧接着描述了所选用分析方法的公差标准值、公差最大值和最小值引起的评价函数值的改变量，焦点补偿的改变量，蒙特卡罗公差正态分布分析，良品率分析，等等。图 5-40 所示是公差分析报告的另外一部分内容示例。

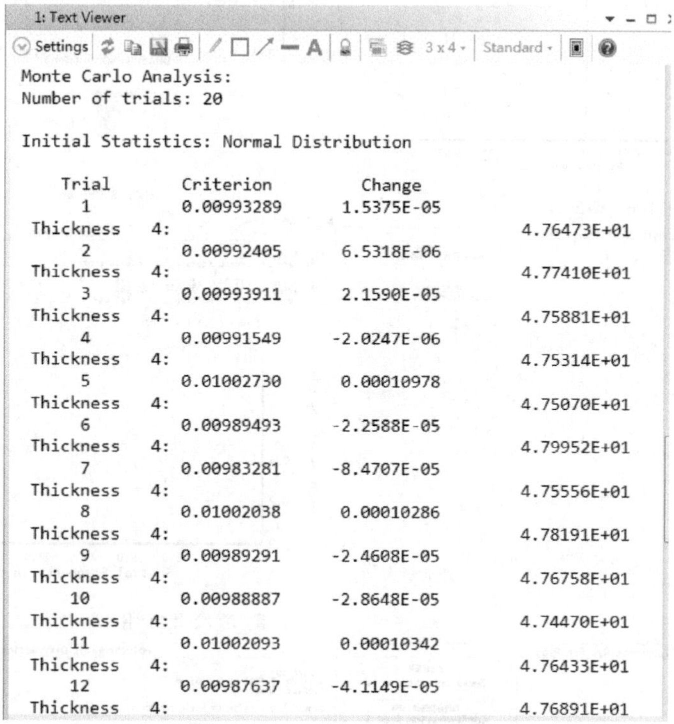


```
Monte Carlo Analysis:
Number of trials: 20

Initial Statistics: Normal Distribution

    Trial          Criterion          Change
      1            0.00993289         1.5375E-05
   Thickness    4:                                        4.76473E+01
      2            0.00992405         6.5318E-06
   Thickness    4:                                        4.77410E+01
      3            0.00993911         2.1590E-05
   Thickness    4:                                        4.75881E+01
      4            0.00991549        -2.0247E-06
   Thickness    4:                                        4.75314E+01
      5            0.01002730         0.00010978
   Thickness    4:                                        4.75070E+01
      6            0.00989493        -2.2588E-05
   Thickness    4:                                        4.79952E+01
      7            0.00983281        -8.4707E-05
   Thickness    4:                                        4.75556E+01
      8            0.01002038         0.00010286
   Thickness    4:                                        4.78191E+01
      9            0.00989291        -2.4608E-05
   Thickness    4:                                        4.76758E+01
     10            0.00988887        -2.8648E-05
   Thickness    4:                                        4.74470E+01
     11            0.01002093         0.00010342
   Thickness    4:                                        4.76433E+01
     12            0.00987637        -4.1149E-05
   Thickness    4:                                        4.76891E+01
```

图 5-40　公差统计分析报告示例

评估由公差分析产生的各个数据，考虑公差平衡。如果需要，修订公差值，并重复进行分析，直到公差设置合理，对设计结果的影响满足加工良率要求为止。

下面就对 5.4.5 节中双胶合望远物镜的设计结果进行公差分析，促进理解光学系统公差分析的原理、公差分析的过程和分析结果说明。

在 5.4.5 节中，已经详细描述了双胶合望远物镜的设计过程和设计结果。在对此望远物镜系统进行公差分析之前，首先要将透镜数据编辑器中所有的变量设置改为固定值，但不需要改动数值；把其中每个面的半口径自动适应值也固定下来。另外，把视场数据编辑器中所有的渐晕设置也去掉。图 5-41 所示为设计和处理完成的物镜结构数据表。

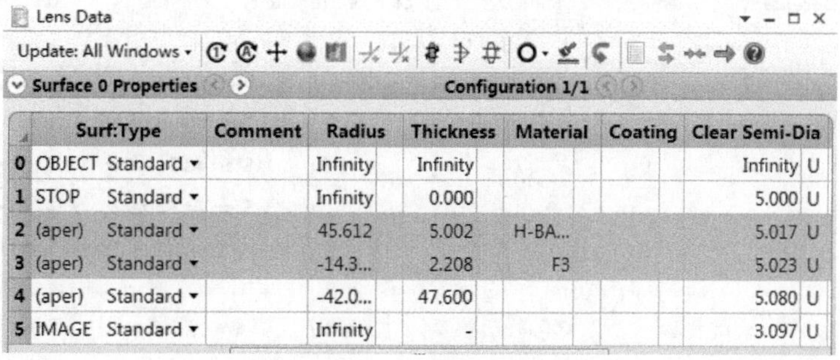

	Surf:Type		Comment	Radius	Thickness	Material	Coating	Clear Semi-Dia	
0	OBJECT	Standard		Infinity	Infinity			Infinity	U
1	STOP	Standard		Infinity	0.000			5.000	U
2	(aper)	Standard		45.612	5.002	H-BA...		5.017	U
3	(aper)	Standard		-14.3...	2.208	F3		5.023	U
4	(aper)	Standard		-42.0...	47.600			5.080	U
5	IMAGE	Standard		Infinity	-			3.097	U

图 5-41　双胶合物镜结构设计数据

双胶合物镜设计结果像差情况如图 5-42 所示。

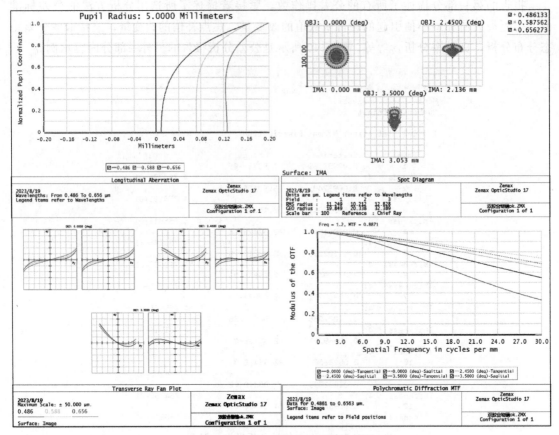

图 5-42　双胶合物镜设计结果像差图

打开 ZEMAX 中的 "Setup" 菜单，选择公差数据编辑器（Tolerance Data Editor），从公差数据编辑器中选择公差向导，弹出默认的各公差数据。根据本章 5.5.1 节和 5.5.2 节内容中关于普通望远物镜的材料误差和加工误差推荐和参考数据，来合理设置双胶合物镜系统的各公差值，初步设置结果如图 5-43 所示。

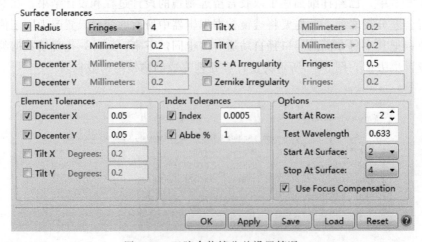

图 5-43　双胶合物镜公差设置情况

其中，半径误差选用了光圈设置，表面偏心和倾斜误差没有使用，因为是胶合透镜，这部分误差最终体现在元件的偏心误差中。公差分析终止面为第 4 面；第 4 面以后为 BFL，用于补偿公差计算统计过程中的残差。

现在可以来查看一下各公差操作数情况了，共有 17 行，如图 5-44 所示。

	Type			Nominal	Wave		Comment
1	TOFF ▾						
2	COMI ▾	4	0	47.600	-2.000	2.000	Default compensator on back focus.
3	TWA\ ▾				0.633		Default test wavelength.
4	TFRN ▾	2		0.000	-3.000	3.000	Default radius tolerances.
5	TFRN ▾	3		0.000	-3.000	3.000	
6	TFRN ▾	4		0.000	-3.000	3.000	
7	TTHI ▾	2	4	5.002	-0.100	0.100	Default thickness tolerances.
8	TTHI ▾	3	4	2.208	-0.100	0.100	
9	TEDX ▾	2	4	0.000	-0.050	0.050	Default element dec/tilt tolerances 2-4.
10	TEDY ▾	2	4	0.000	-0.050	0.050	
11	TIRR ▾	2		0.000	-0.500	0.500	Default irregularity tolerances.
12	TIRR ▾	3		0.000	-0.500	0.500	
13	TIRR ▾	4		0.000	-0.500	0.500	
14	TIND ▾	2		1.530	-2.000E-04	2.000E-04	Default index tolerances.
15	TIND ▾	3		1.613	-2.000E-04	2.000E-04	
16	TABB ▾	2		60.474	-0.605	0.605	Default Abbe tolerances.
17	TABB ▾	3		37.039	-0.370	0.370	

图 5-44　双胶合物镜公差操作数

打开 ZEMAX 主菜单"Tolerance"中的"Tolerancing"，在弹出的公差分析工具框中进行设置。"模式（Mode）"选项选择"灵敏度分析（Sensitivity)"；"标准（Criterion）"选项选择"Geom. MTF Avg"，因为此双胶合物镜像质采用的是 MTF 评价方法；同时将"补偿器（Comp）"选择为"Optimize All（DLS)"；"Fields"选择"XY-Symmetric"，将"Monte Carlo"的选项设为 0。在"Display"选项中确认"Show Compensators"已勾选。其它参数选择默认，所有设置情况如图 5-45 所示。

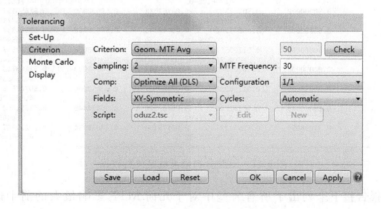

图 5-45　双胶合物镜公差分析工具设置

点击"OK"就可以进行公差分析了。运算完成后，文本报告将会列出公差分析的详细结果。第一部分描述所有的公差操作数和公差评估的基本标准值，如图 5-46 所示。图中，Nominal Criterion 为 0.5096，这个值是像面上的几何 MTF 均值。

```
1: Text Viewer
Settings  3 x 4 ▾  Standard ▾

Criterion             : Geometric MTF average S&T at 30.0000 cycles per mm
Mode                  : Sensitivities
Sampling              : 2
Optimization Cycles   : Automatic mode
Nominal Criterion     : 0.50954628
Test Wavelength       : 0.6328

Fields: XY Symmetric Angle in degrees
 #      X-Field         Y-Field          Weight        VDX     VDY     VCX     VCY
 1     0.000E+00       0.000E+00       4.000E+00      0.000   0.000   0.000   0.000
 2     0.000E+00       2.450E+00       1.000E+00      0.000   0.000   0.000   0.000
```

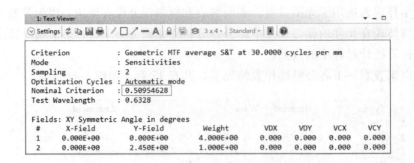

图 5-46　双胶合物镜公差评估标准值

公差分析报告还列出了灵敏度分析具体数据，显示了最小公差和最大公差所带来的几何 MTF 的变化情况；判据标准（Criterion）列出的是变化后的值；变化量（Change）是在极限偏差时的改变量，如图 5-47 所示。从列表中可以看出，各公差在最大和最小值时，评价函数的改变量都很小，所有的评价值都没有超出可以容忍的像质水平。说明前面对公差的设置较为合理。

```
1: Text Viewer
Settings  3 x 4 ▾  Standard ▾

Sensitivity Analysis:

                                |----------- ---- Minimum ----   ----------|  |------------ ---- Maximum ----   ----------|
Type                               Value        Criterion        Change         Value        Criterion        Change
TFRN        2                   -4.00000000    0.50826089    -0.00128538     4.00000000    0.51079654     0.00125026
 Thickness     4:                                  4.77968E+01                                  4.75258E+01
TFRN        3                   -4.00000000    0.50821638    -0.00132990     4.00000000    0.51081173     0.00126545
 Thickness     4:                                  4.76833E+01                                  4.76387E+01
TFRN        4                   -4.00000000    0.51089511     0.00134883     4.00000000    0.50801733    -0.00152895
 Thickness     4:                                  4.75186E+01                                  4.78042E+01
TTHI        2         4         -0.20000000    0.50880628    -0.00074000     0.20000000    0.51028462     0.00073835
 Thickness     4:                                  4.77061E+01                                  4.76158E+01
TTHI        3         4         -0.20000000    0.50605067    -0.00349561     0.20000000    0.51299327     0.00344699
 Thickness     4:                                  4.76708E+01                                  4.76512E+01
TEDX        2         4         -0.05000000    0.50938594    -0.00016034     0.05000000    0.50938594    -0.00016034
 Thickness     4:                                  4.76610E+01                                  4.76610E+01
TEDY        2         4         -0.05000000    0.50938594    -0.00016034     0.05000000    0.50938594    -0.00016034
 Thickness     4:                                  4.76610E+01                                  4.76610E+01
TIRR        2                   -0.50000000    0.50187590    -0.00767038     0.50000000    0.51650157     0.00695529
 Thickness     4:                                  4.76746E+01                                  4.76473E+01
TIRR        3                   -0.50000000    0.50843280    -0.00111348     0.50000000    0.51064337     0.00109709
 Thickness     4:                                  4.76630E+01                                  4.76590E+01
TIRR        4                   -0.50000000    0.51769507     0.00814879     0.50000000    0.50062597    -0.00892031
 Thickness     4:                                  4.76475E+01                                  4.76744E+01
TIND        2                   -0.00050000    0.50709086    -0.00245542     0.00050000    0.51188713     0.00234085
 Thickness     4:                                  4.77740E+01                                  4.75485E+01
TIND        3                   -0.00050000    0.51154238     0.00199611     0.00050000    0.50747528    -0.00207099
 Thickness     4:                                  4.76033E+01                                  4.77187E+01
TABB        2                   -0.60474448    0.50161728    -0.00792900     0.60474448    0.51551468     0.00596841
 Thickness     4:                                  4.76578E+01                                  4.76640E+01
TABB        3                   -0.37038954    0.51533727     0.00579100     0.37038954    0.50220389    -0.00734239
 Thickness     4:                                  4.76640E+01                                  4.76580E+01
```

图 5-47　双胶合物镜灵敏度分析数据

公差分析报告接下来列出了所有公差中对于几何 MTF 影响最大的前十位公差因子排列，如图 5-48 所示。针对影响较大的公差因子，下一步可以考虑收敛公差，但本例分析则不需要，影响率都比较低，甚至还可以再放松一些公差要求。

公差分析报告最后列出了蒙特卡罗分析（Monte Carlo Analysis）的结果，是抽取 20 个综合公差条件下的判据标准的分析结果并列表，同时找出最佳值（Best）和最差值（Worst），如图 5-49 所示。报告最下面给出了 MTF 值达到各个水平时对应的良品率。MTF

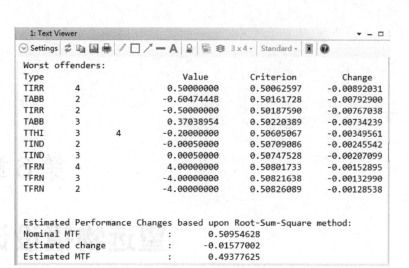

图 5-48　双胶合物镜公差分析中最坏因子排序

超过 0.498 的良品率为 90％，而 0.498 也符合物镜系统的像质要求；有 10％的产品 MTF 值甚至超过了 0.518。因此，双胶合望远物镜批量制造时的良品率完全达到了预期要求。

　　从以上公差分析数据和描述可以看出，公差分析是一个很复杂的过程，是在设定公差的条件下，通过计算相对于评价标准的变化量来判断公差设置的合理性和敏感性。在允许公差的范围内，评价标准（Criterion）的变化越大，则说明该公差参数的敏感性越高，越需要严格控制。公差分析能提高系统设计的有效性。如果在生产制造中对公差做不到严格控制，那就需要改进设计了。

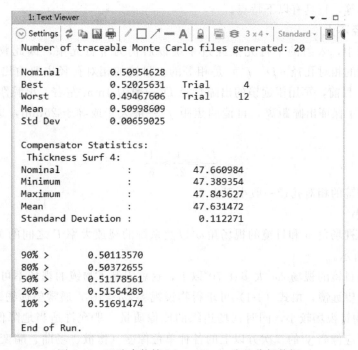

图 5-49　双胶合物镜 Monte Carlo 公差分析数据

第6章

望远物镜设计

6.1 望远物镜设计的特点

望远物镜是望远镜光学系统中最重要的一个组成部分，它的光学特性主要包括视场、相对孔径、分辨率等，且具有以下特点。

1. 相对孔径不大

在望远系统中，入射的平行光束经过系统以后仍为平行光束，因此物镜的相对孔径（D/f_o'）和目镜的相对孔径（D'/f_e'）是相等的。目镜的相对孔径主要由出瞳直径 D' 和出瞳距离 l_z' 决定。目前，军用望远镜的出瞳直径 D' 一般为 4mm 左右，出瞳距离 l_z' 一般要求 20mm 左右。为了保证出瞳距离，目镜的焦距 f_e' 一般大于或等于 25mm，这样，目镜的相对孔径约为

$$\frac{D'}{f_e'} = \frac{4}{25} \approx \frac{1}{6}$$

所以望远物镜的相对孔径一般小于 1/5。

2. 视场较小

望远物镜的视场角 ω 和目镜的视场角 ω' 以及系统的视放大率 Γ 之间的关系如前述章节中的式（4-1）所示。

目前，常用目镜的视场 $2\omega'$ 大多在 70° 以下，这就限制了物镜的视场不可能太大。例如，对于一个 8 倍的望远镜，由式（4-1）可求得物镜视场 $2\omega \approx 10°$，通常望远物镜的视场不大于 10°。由于望远物镜视场较小，同时视场边缘的成像质量一般允许适当地降低，因此望远物镜中都不校正对应像高 y' 的二次方以上的各种单色像差（像散、场曲、畸变）和垂轴色差，只校正球差、彗差和轴向色差。校正色差时一般对 F 光和 C 光进行校正，对 D 光或 e 光校正单色像差。

由于望远物镜要和目镜、棱镜或透镜式转像系统配合使用，因此在设计物镜时应当考虑

和其它部分的像差补偿。在物镜光路中有棱镜的情况下，物镜的像差应当和棱镜的像差互相补偿。棱镜中的反射面不产生像差，棱镜的像差等于展开以后玻璃平板的像差。由于玻璃平板的像差和它的位置无关，因此不论物镜光路中有几块棱镜，也不论它的相对位置如何，只要它们所用的材料相同，都可以合成一块玻璃平板来计算像差。

另外，目镜中通常有少量剩余球差和轴向色差，需要物镜给予补偿，所以物镜的像差常常不是真正校正到零，而是要求它等于指定的数值。在望远系统中装有分划镜的情况下，由于要求通过系统能够同时看清目标和分划镜上的分划线，这时候，物镜应当尽可能单独消像差。

6.2　望远物镜的像差公差

光学系统的像差公差随系统的使用条件、使用要求、接收器性能等的不同而不同，还与像质的评价方法有关。以最大波像差作为评价依据的瑞利判据，适用于望远物镜、显微物镜这样的小像差系统。

由于望远物镜和显微物镜普遍视场小、孔径较大，所以，应保证轴上物点和近轴物点有很好的成像质量，必须校正好球差、轴向色差和正弦差，并使之符合瑞利判据的要求。

1. 球差公差

对于球差，可直接应用波像差理论中推导的最大波像差公式以及瑞利判据，从而导出球差公差计算式。

当光学系统仅有初级球差时，经离焦后的最大波像差为

$$W'_{\max} = \frac{n'}{16} u'^2_{\mathrm{m}} \delta L'_{\mathrm{m}} \leqslant \frac{\lambda}{4} \tag{6-1}$$

所以

$$\delta L'_{\mathrm{m}} = \frac{4\lambda}{n' \sin^2 u'_{\mathrm{m}}} = 4 \text{ 倍焦深} \tag{6-2}$$

当光学系统既有初级球差，又有二级球差时，当边缘孔径处球差得到校正后，在带孔径处仍有最大剩余球差。做轴向离焦后，其系统的最大波像差为

$$W_{\max} = \frac{n' u'^2_{\mathrm{m}} \delta L'_{0.707}}{24} \leqslant \frac{\lambda}{4} \tag{6-3}$$

所以

$$\delta L'_{0.707} \leqslant \frac{4\lambda}{n' \sin^2 u'_{\mathrm{m}}} = 6 \text{ 倍焦深} \tag{6-4}$$

$$\delta L'_{\mathrm{m}} \leqslant \frac{\lambda}{n' \sin^2 u'_{\mathrm{m}}} = 1 \text{ 倍焦深} \tag{6-5}$$

即边缘孔径处的球差未必正好校正到零，可以控制在焦深以内。

2. 彗差公差

根据第 2 章中所述，小视场光学系统的彗差常用正弦差 SC' 来表示，其公差值根据经验可取

$$\mathrm{SC}' \leqslant 0.0025 \tag{6-6}$$

3. 轴向色差公差

按照波色差计算公式和瑞利判据

$$W'_{\mathrm{FC}} = \sum (D-d) \delta n_{\mathrm{FC}} \leqslant \frac{\lambda}{4} \sim \frac{\lambda}{2} \tag{6-7}$$

可得
$$\Delta L'_{FC} \leqslant \frac{\lambda}{n'\sin^2 u'_m} = 1 \text{ 倍焦深}$$
(6-8)

在设计望远镜物镜时，虽然各独立像差都有公差容限，但也可以根据仪器的不同使用要求采用综合像差评价的方式，一般不低于目视仪器的分辨率标准。

6.3 望远物镜结构类型

望远物镜的相对孔径和视场都不大，要求校正的像差也比较少，所以它们的结构一般比较简单，多数采用薄透镜组或薄透镜系统。它们的设计方法大多建在薄透镜系统初级像差理论的基础上，因此其设计理论比较完整。

望远物镜的结构类型有折射式、反射式、折反射式三种。

1. 折射式物镜

（1）双胶合物镜：望远物镜要求校正的像差主要是轴向色差、球差和彗差。而一个薄透镜组除了能校正色差外，还能校正两种单色像差，因此望远物镜一般由薄透镜组构成。最简单的薄透镜组就是双胶合透镜，如图 6-1 所示。如果恰当地选择玻璃组合，则双胶合物镜可以校正三种像差，所以双胶合物镜是最常用的望远物镜。

由于双胶合物镜无法校正像散、场曲，因此它的可用视场受到限制，一般不超过 10°。如果物镜后面有较长光路的棱镜，则棱镜的色差可以抵消一部分物镜的色差，视场可达 15°～20°。双胶合物镜无法控制孔径高级球差，因此它的相对孔径受到限制。不同焦距时，双胶合物镜可能得到满意成像质量的相对孔径如表 6-1 所示。

表 6-1 双胶合物镜的焦距与相对孔径对应关系表

f'	50	100	150	200	300	500	1000
D/f'	1:3	1:3.5	1:4	1:5	1:6	1:8	1:10

当双胶合物镜的直径过大时，透镜过重会使胶合不牢固，同时当温度改变时，胶合面上容易产生应力，使成像质量变坏，严重时可能脱胶。所以，双胶合物镜的最大口径不能超过 100mm。

（2）双分离物镜：双胶合物镜由于受孔径高级球差的限制，它的相对孔径只能达到 1/4 左右。如果采用双分离物镜，如图 6-2 所示，则有可能减小孔径高级球差，使相对孔径可以增加到 1/3 左右。

双分离物镜一般采用折射率差和色散差都较大的材料，但这样又会带来比双胶合透镜更大一点的色球差。空气间隔的存在也会使物镜装调复杂一点。

图 6-1 双胶合物镜

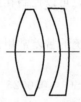
图 6-2 双分离物镜

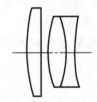
图 6-3 三片型物镜

（3）三片型物镜：如果物镜的相对孔径大于 1/3，则一般需要采用三片透镜，由一个双胶合和一个单透镜组合，如图 6-3 所示，或者三片透镜分离。这样的结构都能够很好地控制孔径高级球差和色球差，特别是三分离物镜，相对孔径可做到 1/2。

（4）摄远物镜：在某些高倍率的望远镜中，由于物镜的焦距比较长，为了减小仪器的体积和质量，希望减小物镜系统的长度，这种物镜一般由一个正透镜组和一个负透镜组构成，称为摄远物镜，如图 6-4 所示。

摄远物镜可使系统的长度 L 小于物镜的焦距，一般可做到焦距的 2/3～3/4。另外，由于整个系统有两个透镜组，因此有可能校正四种单色像差，即除了球差、彗差外，还可能校正场曲和像散。因此它的视场角能够做大，还有能力去补偿目镜的像差，提高整个系统的成像质量。

摄远物镜的缺点就是系统的相对孔径比较小，因为前组的相对孔径一般都要比整个系统的相对孔径大 1 倍以上。如果前组采用双胶合，相对孔径大约为 1/4，整个系统的相对孔径一般在 1/8 左右。要增大整个系统的相对孔径，就必须使前组复杂化，如采用双分离或者双单、单双的结构。

（5）对称式物镜：对于焦距比较短而视场角比较大的望远物镜（$2\omega > 20°$），一般采用两个双胶合组构成，如图 6-5 所示。这种物镜视场可以达到 30° 左右。

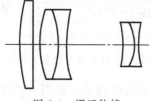

图 6-4　摄远物镜

图 6-5　对称式物镜

（6）内调焦物镜：对于测量用的望远物镜在其焦平面上安装有分划板，要求无限远物体的像平面与分划板的刻线平面重合，这样通过目镜可以同时看清分划板刻线和无限远物体的像。如果物体的位置变化，像平面就不再和分划板的刻线面重合，这就需要调节分划板的刻线平面和像平面重合，这个过程就是调焦。能实现调焦的光学系统有两种调焦方式，即外调焦和内调焦。

外调焦是通过目镜和分划板的整体移动而使望远物镜对不同距离物体的像与分划板刻线重合，完成调焦。这种调焦的结构比较简单。

内调焦望远物镜由正、负光组组合而使主面前移，缩短了望远镜的筒长。在调焦过程中，前组正光组与分划板的相对位置不变，仅通过移动调节中间负光组，使不同位置的远方物体聚焦在分划板的刻线面上。其结构型式如图 6-6 所示，当物在无限远时，望远物镜正、负光组间隔为 d_0，此时无限远物体的像落在分划板刻线平面上。当物体在有限距离时，调焦镜需要移动 Δd 使 A_1 物体的像落在分划板刻线平面上。

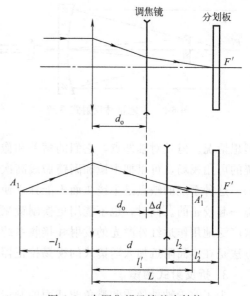

图 6-6　内调焦望远镜基本结构

2. 反射式物镜

除了用透镜成像外，反射镜也能用于成像。绝大部分天文望远镜都是用反射镜构成，某些特殊领域中使用的光学仪器也必须用反射镜。反射式物镜成像和透镜式物镜成像相比，其优点主要如下：

（1）完全没有色差，各种波长光线所成的像是严格一致、完全重合的。

（2）可以在紫外到红外的很大波长范围内工作。

（3）反射镜的镜面材料比透镜的材料容易制造，特别对大口径零件更是如此。

反射式物镜主要有以下三种型式。

（1）牛顿系统：它由一个抛物面主镜和一块与光轴成 45° 的平面反射镜构成，如图 6-7 所示。抛物面能把无限远的轴上点在它的焦点 F' 处成一个理想的像点。第二个平面反射镜同样能理想成像。

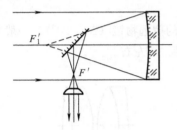

图 6-7 牛顿反射式物镜

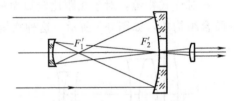

图 6-8 格里高利反射式物镜

（2）格里高利系统：是由一个抛物面主镜和一个椭球面副镜构成，如图 6-8 所示。抛物面的焦点和椭球面的一个焦点 F'_1 重合。无限远轴上点经抛物面理想成像于 F'_1，F'_1 又经椭球面理想成像于另一个焦点 F'_2。

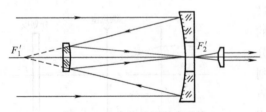

图 6-9 卡塞格林反射式系统

（3）卡塞格林系统：它是由一个抛物面主镜和一个双曲面副镜构成，如图 6-9 所示，抛物面的焦点和双曲面的虚焦点 F'_1 重合，再经双曲面理想成像于实焦点 F'_2。由于卡塞格林系统的长度短，同时主镜和副镜的场曲符号相反，有利于扩大视场。

上述反射系统对轴上点来说，成像符合理想情况。但是对轴外点，它们的彗差和像散很大，因此可用的视场十分有限。为了扩大系统的可用视场，可以把主镜和副镜做成高次曲面，代替原来的二次曲面。

这种系统的缺点是主镜焦面不能独立使用，因为主镜焦点的像差没单独校正，而是和副镜一起校正的。同时，也不能用更换副镜来改变系统的组合焦距。这种高次非球面系统目前被广泛地用作远红外激光的发射和接收系统，可以获得较大的视场。另一种扩大系统视场的方法是在像面附近加入透镜式的视场校正器，用以校正反射系统的彗差和像散。

3. 折反射式物镜

为了改善轴外像质和避免非球面的制造困难，采用球面反射镜作主镜，然后用透镜来校正球面镜的像差，这样就形成了折反射系统。最早的校正透镜是施密特校正板，如图 6-10 所示。在球面反射镜的球心上放置一块非球面校正板，校正板的近轴光焦度近似等于零，用它来校正球面反射镜的球差，并作为整个系统的入瞳，因此，球面则不产生彗差和像散，校正板也没有轴向色差和垂轴色差，只有少量色球差。这种系统的相对孔径可达 $D/f'=1/2$，甚至达到 1。它的缺点是系统长度比较大，等于主反射镜焦距的 2 倍。

马克苏托夫发现，利用一块由两个球面构成的弯月形透镜，也能校正球面反射镜的球差和彗差。这种透镜称为马克苏托夫弯月镜，如图 6-11 所示。这种系统不能校正全部孔径的球差，轴外彗差可以得到校正，但不能校正像散，它的相对孔径一般不大于 1/4。

如果用和主反射镜同心的球面构成的同心透镜作为校正透镜，既能校正反射面的球差，也不产生轴外像差，而且便于使用一些特殊的光学材料，如石英玻璃。该系统还可以用于紫外和远红外，保持了反射系统工作波段宽的优点。

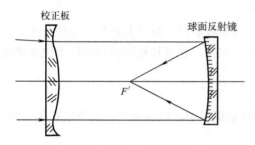
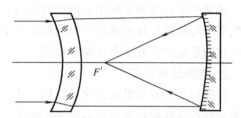

图 6-10　带施密特校正板的物镜　　　　　图 6-11　马克苏托夫物镜

某些小型望远镜的物镜也采用折反射系统，应用在一些相对孔径比较大或焦距特别长的系统中。由于系统的实际口径不是很大，因此有可能采用一些结构更复杂的校正透镜组，以使系统的像差校正得更好。例如用一个双透镜组作为校正透镜，如图 6-12 所示，如果这两块透镜的材料相同，则系统中没有二级光谱色差。

还有一些系统中，把负透镜和主反射面结合成一个内反射镜，如图 6-13 所示。

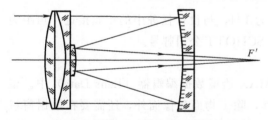
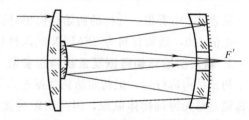

图 6-12　带校正透镜的折反射系统　　　　图 6-13　内反射式的折反射望远物镜

多数望远物镜都建立在薄透镜初级像差理论基础上，而且多数望远物镜的相对孔径和视场都不大，高级像差比较小，所以望远物镜的结构都相对简单，容易设计。

6.4　折射式望远物镜的设计（案例）

折射式望远物镜设计任务：

设计规格：物镜焦距 $f'=150$，相对孔径 $D/f'=1/5$，视场角 $2\omega=5°$，物镜系统包含一个直角屋脊反射棱镜，使光轴转折 90°，棱镜材质为 BK7。

成像要求：整个物镜系统的球差、色差满足望远物镜像差公差要求，综合成像质量满足所有视场的 MTF 值都大于 0.3（在空间频率为 50lp/mm 时）。

1. 设计思路

多数望远物镜都建立在薄透镜初级像差理论基础上，而且相对孔径和视场不大，结构简单。本例物镜为了减少高级孔径像差，选择三片型结构类型。

物镜的入瞳直径计算：$D=150/5=30$（mm）。

物镜的焦深 Δ 计算：

$$\Delta=\frac{\lambda}{n'\sin u_m'^2}=\frac{0.58\times10^{-3}}{(1/10)^2}=0.058（mm）$$

反射棱镜在物镜系统中可以等价为一个玻璃平板，光轴垂直于平板入射。因为物镜是会聚光路，棱镜要放置在离像面尽可能近的位置，以减小棱镜的通光口径，从而减小棱镜体积。当棱镜入射面的通光口径为 $2a$ 时，直角屋脊棱镜内的光轴长度 $d=1.7071\times2a$，此值相当于玻璃平板的厚度。

玻璃平板在物镜系统中对像差的影响有限，因为厚度较厚，所以只产生一定的色差，这个色差要与物镜的球面透镜产生的色差来平衡校正，因此，包括棱镜的共轴球面系统要把棱镜和球面透镜结合起来考虑像差校正。

2. 初始结构选取

根据视场角和相对孔径接近原则，从 ZEBASE 数据库中选取一个三片型物镜初始结构，其光学特性参数和结构参数如表 6-2 所示。

表 6-2　望远物镜的初始结构参数

主要特性参数	面号	半径	厚度	材料
$f'=100$ $D/f'=1/4$ $2\omega=5°$	STOP	130.09	4	N-PSK53
	2	-54.26	3.8	
	3	-18.908	1.62	KZFS12
	4	109.71	4.18	TIF3
	5	-18.6	99.7	

从表 6-2 中看出，选择的初始结构相对孔径为 1/4，与设计任务中的 1/5 接近，焦距为归一化值 100，透镜材料为 ZEMAX 默认材料库 SCHOTT 公司牌号。

3. 输入初始结构数据及系统特性参数

初始结构选好后，把初始结构数据输入 ZEMAX 透镜数据编辑器（Lens Data）中。望远物镜是对无穷远物体成像，因此物距为无穷远，除了物面和像面外，还需要在数据窗口 STOP 面后插入四个表面，依次在半径、厚度、材料栏中输入表 6-2 中的相应数据。

从 ZEMAX 状态栏可以看到，初始结构的焦距为 100，本例设计要求是 150，所以要对初始系统焦距进行缩放。点击 LD 窗口菜单项"Make Focal"，在弹出的对话框中输入 150 即可。缩放后的各透镜半径和厚度数据按比例增加至 150/100 倍；但透镜材料没有发生变化。

接下来输入物镜的视场、孔径和波长。在 ZEMAX 主界面的系统选项区，分别展开 Aperture（孔径）、Fields（视场）和 Wavelengths（波长）选项。孔径类型选择"入瞳直径"，孔径数值填入"30"。视场类型选择"角度"，视场个数设置 3 个：零视场、0.7 视场和全视场，权重都为 1，其对应的 Y 视场数值（子午面内）分别为：0、1.75、2.5。波长设置，选择"F，d，C（Visible）"，其余为默认值。系统总体设置情况如图 6-14 所示。

接下来选择棱镜放置位置，在距透镜最后一面 115 的位置连续插入两个面，从 LD 数据表中可以看到插入的第一面的通光半口径为 8.7，直径 $2a=17.4$，则在此位置添加玻璃平板（棱镜），两个面之间的厚度 $d=29.7$，材料为 BK7。

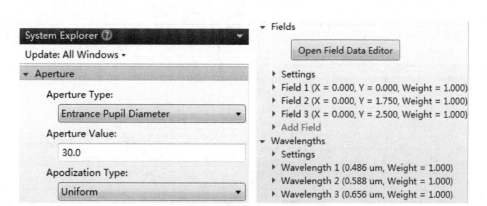

图 6-14　物镜系统参数设置

全部数据确认并输入完成后的望远物镜系统数据如图 6-15 所示。

Lens Data

Update: All Windows

Surface 7 Properties　　Configuration 1/1

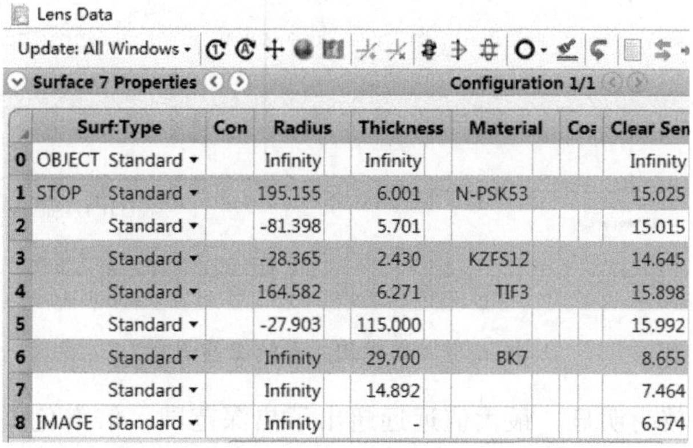

	Surf:Type		Con	Radius	Thickness	Material	Co:	Clear Sem
0	OBJECT	Standard		Infinity	Infinity			Infinity
1	STOP	Standard		195.155	6.001	N-PSK53		15.025
2		Standard		-81.398	5.701			15.015
3		Standard		-28.365	2.430	KZFS12		14.645
4		Standard		164.582	6.271	TIF3		15.898
5		Standard		-27.903	115.000			15.992
6		Standard		Infinity	29.700	BK7		8.655
7		Standard		Infinity	14.892			7.464
8	IMAGE	Standard		Infinity	-			6.574

图 6-15　望远物镜初始系统数据

这时可同时生成物镜初始系统光线图，如图 6-16 所示。从图中可以看出，第三块透镜的边缘厚度太小，下一步需要加大控制。棱镜位于比较靠近像面的位置，比较合理，通光孔径小，平板厚度小，后面还有足够的空间在像面上安排分划板、场镜等元件。另外，从各视场光线会聚情况看，初始结构选择也是比较理想的。

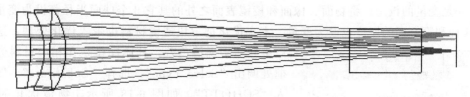

图 6-16　双胶合望远物镜初始 2D 光线图

4. 物镜初始系统像差评估

初始结构经过焦距缩放和系统特性赋值后，ZEMAX 会自动计算并生成各种像差数据、曲线或图形。对于望远物镜，由于视场角小，轴外像差不用太多理会，重点要考虑的像差就是球差、色差和正弦差。

初始系统的主要像差情况如图 6-17 所示。

从图 6-17 可以看出，中心视场波像差最大等于 2.1λ，超出 0.25λ 的瑞利标准；球差存

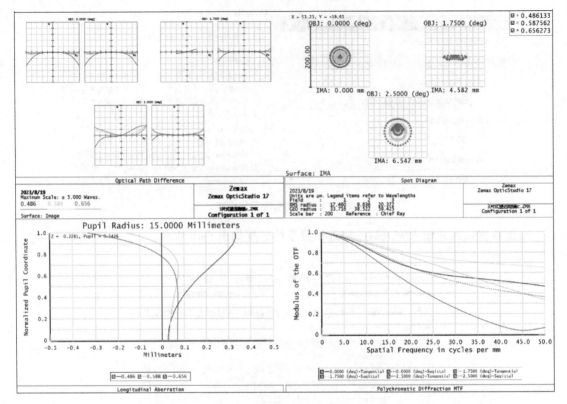

图 6-17 物镜初始系统像差图

在少量高级项，色差较为明显，最大值远远超出了焦深范围；倍率色差也超出艾里斑界限；综合成像质量点列图中的 RMS 半径最大值为 $20\mu m$，弥散斑比较大，有优化下调空间；MTF 值在最大视场不能满足要求。

综合分析初始结构，各种像差都与设计任务要求不相符合，需要进一步优化校正。但三片式物镜有比较大的潜力能实现设计指标。

5. 物镜优化设计

经过对初始结构的评估，像差还远没达到设计要求，需进行优化工作。系统优化设计之前，首先是变量的设定。将物面、像面和棱镜表面之外的其它 5 个球面半径都设为变量，把第 1~4 面和第 7 面的厚度也设为变量。本次优化把三块透镜材料也带入优化处理，这样可

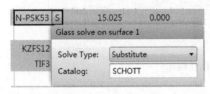

图 6-18 材料优化设置

以更好地实现消色差。具体操作是在相应材料旁的小框处调出"Solve Type"，选择"Substitute"，然后输入"SCHOTT"，如图 6-18 所示。物镜优化时将从 SCHOTT 库中寻找替代材料。

其次是评价函数操作数的设定。打开"Optimize"下的"Optimization Wizard"菜单，按优化向导，点击确定进入默认的评价函数多行控制内容。在默认的评价函数编辑窗口进行自定义操作数。

第一行 BLNK 处选择 EFFL 焦距操作数码，目标值输入 150，权重设为 1。然后插入多行 BLNK，分别在每行选取一种操作数对物镜各边界条件进行约束控制，已设为变量的透镜厚度都要进行约束，如控制负透镜的最小中心厚度、正透镜的最小边缘厚度，控制目标值可

参考 5.5.2 节中讲述的光学零件加工要求，结合实际零件加工酌情给定，当然，经验值也比较重要。

望远物镜是小像差系统，ZEMAX 自动优化默认向 RMS 更小的方向进行。除了边界条件约束，还可以根据透镜的变化和像差校正的需要来设定色差、MTF 值等控制条件。物镜初步自定义评价函数操作数情况如图 6-19 所示。

	Type	Wav	Wa	Zone			Target	Weight
1	EFFL ▾		2				150.000	1.000
2	MNEG ▾	1	2	0.000	0		2.200	1.000
3	MXCG ▾	1	2				9.000	1.000
4	MNEA ▾	2	3	0.000	0		2.000	1.000
5	MXCA ▾	2	3				7.000	1.000
6	MNCG ▾	3	4				2.500	1.000
7	MXCG ▾	3	4				9.000	1.000
8	MNEG ▾	4	5	0.000	0		2.500	1.000
9	MNCA ▾	7	0				5.000	1.000
10	AXCL ▾	0	0	0.000			0.100	5.000
11	MTFT ▾	1	0	1	50.000	0	0	0.600	2.000
12	MTFT ▾	1	0	2	50.000	0	0	0.500	1.000
13	MTFT ▾	1	0	3	50.000	0	0	0.400	1.000

图 6-19　初步自定义评价函数操作数

接下来进入像差优化校正阶段。因为材料做了变量替换设置，所以优化时需选择"Optimize"菜单下的"锤形优化"，在弹出的对话框中勾选"Auto Update"，点击"开始"后，系统执行在各操作数约束下的像差自动优化，观察各种像差的变化以及透镜结构参数的变化。

经过多轮优化后，像差基本达到标准，成像弥散斑尺寸也已缩小，MTF 值达到了设计目标要求，初始结构中的透镜材料已完全被替换。

6. 设计结果及像质评价

经过优化设计，三片式望远物镜的结构参数设计结果如图 6-20 所示。系统焦距为 150，入瞳直径 30，透镜材料相比于初始结构已换为 SK18A、N-KZFS11 和 K5G20。系统中对棱镜的位置做了一点调整，这时棱镜的通光口径变为 7.379，因此对棱镜的厚度和第 7 面的厚度也随着做了调整，但不影响像差设计结果。其它详细性能参数可从"分析"菜单下的"Reports"项中导出查看。

	Surf:Type		Co	Radius		Thickness		Material	Co	Clear Sen
0	OBJEC	Standard ▾		Infinity		Infinity				Infinity
1	STOP	Standard		89.599	V	7.370	V	SK18A	S	15.000
2		Standard ▾		-389....	V	4.507	V			14.617
3		Standard ▾		-67.425	V	9.008	V	N-KZF...	S	14.183
4		Standard ▾		50.325	V	9.000	V	K5G20	S	14.236
5		Standard ▾		-55.725	V	100.000				14.370
6		Standard ▾		Infinity		25.000		BK7		7.379
7		Standard ▾		Infinity		24.658	V			7.043
8	IMAG	Standard ▾		Infinity		-				6.557

图 6-20　三片式望远物镜结构参数结果

物镜系统设计结果之 2D 光线图如图 6-21 所示，从图中可以看出各零件的加工工艺良好。

图 6-21 物镜设计结果 2D 光线图

物镜的球差和轴向色差设计结果如图 6-22 所示，最大球差 0.15mm，小于 4 倍焦深；F 光和 C 光的球差曲线相交于 0.7 孔径处，代表系统的优化达到了消色差目标。

物镜的倍率色差设计结果如图 6-23 所示，倍率色差整体在艾里斑尺寸范围内（图中虚线所示范围），因此倍率色差也满足了系统消色差要求。

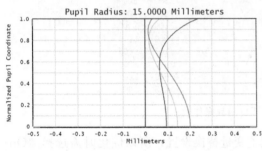
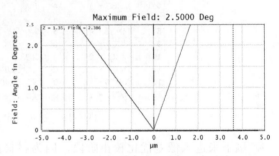

图 6-22 物镜球差和轴向色差设计结果   图 6-23 物镜倍率色差设计结果

物镜的光学传递函数 MTF 设计结果如图 6-24 所示，横坐标代表空间频率，纵坐标代表 MTF 值，从图中可以看到，各视场最低 MTF 值在空间频率为 50lp/mm 时都超过了 0.3，符合设计要求的成像质量标准。

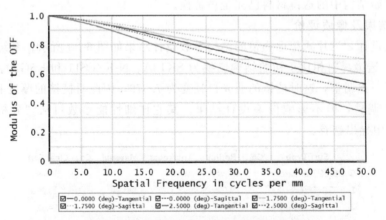

图 6-24 物镜光学传递函数 MTF 设计结果

物镜的点列图设计结果如图 6-25 所示，从图中可以看到，各视场的 RMS 弥散斑半径都在 $8\mu m$ 以下，相比于初始结构的 $20\mu m$，像质得到较大的改善，系统的综合成像质量较为理想。

最后，还可以在 ZEMAX 中建立物镜系统（含屋脊棱镜）的转轴 3D 模型。棱镜入射面的通光半口径为 $a=7.38$。如果把光轴入射棱镜的点作为坐标原点，则光轴出射棱镜点 K 的坐标为 $(1.7071a，1.7071a)=(12.6，12.6)$。将等效平板所在的第 6 面改为"非序列元件（Non-Sequential Component）"，设置"Exit Loc Y"和"Exit Loc Z"分别为 K 点坐标；

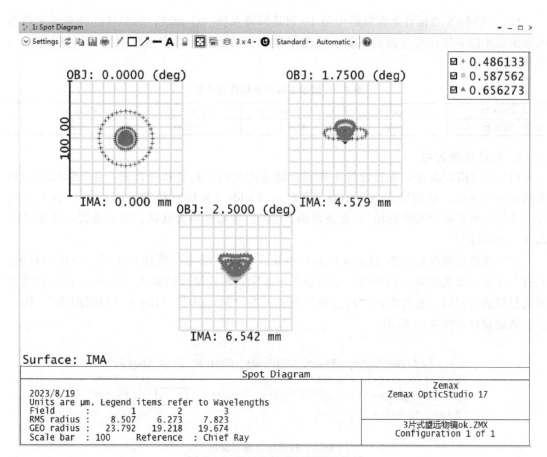

图 6-25 望远物镜点列图设计结果

"Exit Tilt X"设置为 −90°。然后打开"NSC Editor",设置"Object Type"为"PolygonObject(多边形物体)",并选择"Amici_roof.POB",材料栏输入"BK7","Scale"值为 7.38,这样就可以得到物镜转轴 3D 模型,这里不再详示。

6.5 反射式望远物镜的设计(案例)

本节将设计一款反射型牛顿望远物镜系统,设计任务如下:

设计规格:物镜焦距 $f' = 1000$mm,相对孔径 $D/f' = 1/5$,视场角 $2\omega = 0°$。

成像要求:可见光成像,消色差,弥散斑均方根半径(RMS Radius)为零。

1. 设计思路

(1)牛顿望远物镜系统的基本构成是由抛物面主反射镜和一个与光轴成 45° 的平面反射镜,它是一种全反射式的望远物镜系统。对于全反射型光学系统,不会产生任何色差,又因本例视场角为 0°(观察天体之用),也不产生轴外像差。所以,本例望远物镜系统只需校正球差。牛顿望远物镜的典型结构如前图 6-7 所示。

(2)对于球面镜成像,有 $f' = r/2$,其中 r 为球面镜的半径。所以,本例设计要求焦距 $f' = 1000$,可计算得出主镜顶点曲率半径为 $r = 2000$;另外,由相对孔径 1/5,可得系统入瞳直径为 200。

（3）ZEMAX 透镜数据编辑器中第 10 列是圆锥系数（Conic），它是描述各表面所代表的面函数中的非球面二次曲面系数，决定了该表面的形状，典型值代表的面形状如表 6-3 所示。

表 6-3　圆锥系数和面形状的关系

Conic 值	Conic＝0	−1＜Conic＜0	Conic＝−1	Conic＜−1
面形状	球面	椭球面	抛物面	双曲面

2. 设计建模过程

（1）在 ZEMAX 中，先行设置牛顿望远物镜的视场、孔径和波长值。在 ZEMAX 主界面的系统选项区，分别展开 Aperture（孔径）、Fields（视场）和 Wavelengths（波长）选项。孔径类型选择"入瞳直径"，孔径值输入 200。视场选项为默认。波长设置，选择"F，d，C（Visible）"。

（2）在透镜数据编辑器（Lens Data）中输入牛顿系统主镜的曲率半径、厚度和材料。共有一个面，即光阑面（STOP），半径输入−2000，相应厚度值输入−1000，这里负号表示通过镜面反射后，光线将向"反方向"传递；在"Material"列输入"MIRROR"。输入后的数据窗口如图 6-26 所示。

	Surf:Type	Co	Radius	Thickness	Material	Coati	Clear Semi-Di
0	OBJEC Standard ▼		Infinity	Infinity			0.000
1	STOP Standard ▼		−2000...	−1000....	MIRROR		100.000
2	IMAGI Standard ▼		Infinity	−			0.126

图 6-26　初始数据编辑窗口

此时，ZEMAX 自动生成 3D 光线图、点列图等，图 6-27 为初始系统点列图，在点列图的设置中勾选"Show Airy Disk"，然后，从图中可以看出，RMS 为 77.6μm，比艾里斑半径（3.589μm）大很多，像质还未达到最好。

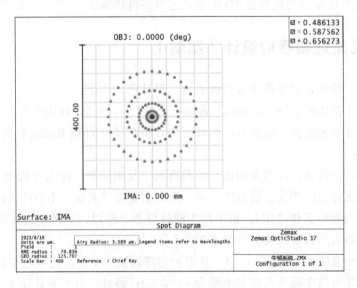

图 6-27　物镜初始点列图

（3）在主反射镜所在面第 10 列中，设置圆锥系数为－1，使主反射镜的球面变为抛物面。此时点列图刷新，如图 6-28 所示。从变化后的点列图中可以看出，RMS 值为 0，表示抛物面使得无限远轴上物体理想成像。

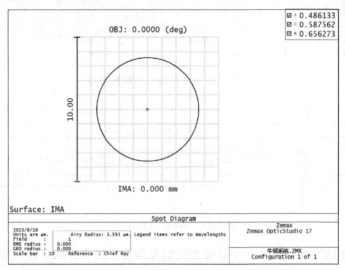

图 6-28　物镜设计结果点列图

（4）平面反射镜设置。通过前三步设计出的抛物面物镜虽然成像理想，但像点混入到入射光束中，需把像点转折一个角度从侧面引出，利于观察和放置其它元件。

在物平面后插入一个参考距离为 1000 的平面（未来放置挡光板备用）；再在像平面前插入一个新的虚构面（未来放置反射镜之用），合理设置中断坐标以获得挡光板位置厚度 1000 和虚构面的厚度－150（此值是把焦距－1000 分开成两段以保证焦点位置正确），将这两个厚度输入透镜数据编辑器中的相应位置，如图 6-29 所示。

	Surf:Type	Co	Radius	Thickness	Material	Co	Clear Semi-I	Chi	Mec	Conic
0	OBJEC Standard ▾		Infinity	Infinity			0.000	0.0.	0.0...	0.000
1	Standard ▾		Infinity	1000....			100.000	0.0.	10...	0.000
2	STOP Standard ▾		-2000...	-850.0...	MIRROR		100.000	0.0.	10...	-1.000
3	Standard ▾		Infinity	-150.0...			15.038	0.0.	15...	0.000
4	IMAGI Standard ▾		Infinity	-			2.487E-14	0.0.	2.4...	0.000

图 6-29　挡板和平面反射镜位置设置

在透镜数据编辑器的第 3 面的表面类型处，点击快捷菜单"增加反光镜"，在弹出的对话框中，选择"X Tilt"，反射角度输入 90°，如图 6-30 所示（平面反光镜的放置角度也可以是其它），确认后数据窗口发生了变化，如图 6-31 所示。

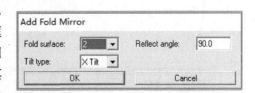

图 6-30　添加反射镜设置

此时，打开 3D 光线图，可观察到像点位置的折转变化，如图 6-32 所示。

（5）增加光阑。在成像光学系统中，有一些非设计的杂散光线最终沿着非期望的路径达到像面后，会形成鬼像，影响成像质量。为了尽可能消除这些光线的影响，对于那些位于光路范围内的中间器件，尤其是口径小于主光路口径的器件，如本例中的平面反射镜，一般需

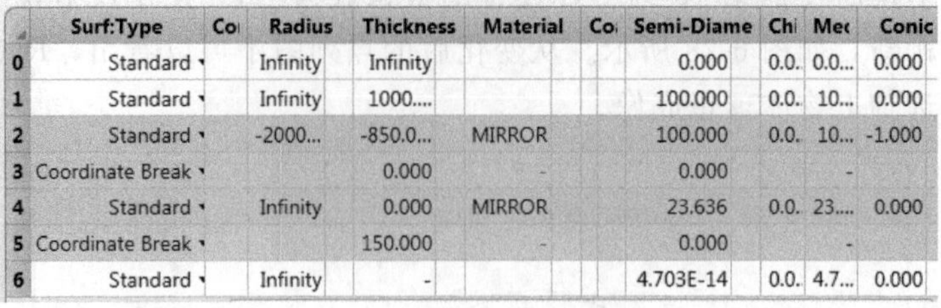

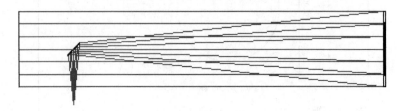

	Surf:Type	Co	Radius	Thickness	Material	Co	Semi-Diame	Chi	Me	Conic
0	Standard		Infinity	Infinity			0.000	0.0.	0.0.	0.000
1	Standard		Infinity	1000....			100.000	0.0.	10.	0.000
2	Standard		-2000...	-850.0...	MIRROR		100.000	0.0.	10.	-1.000
3	Coordinate Break			0.000	-		0.000			
4	Standard		Infinity	0.000	MIRROR		23.636	0.0.	23..	0.000
5	Coordinate Break			150.000	-		0.000			
6	Standard		Infinity	-			4.703E-14	0.0.	4.7.	0.000

图 6-31　添加反射镜后的数据窗口

图 6-32　3D 折转光线图

要在其前面加一块挡光板，消除对不需要光线的反射等，挡光板的口径通常要比被挡元件的口径稍大。

在第 4 步中已经确定了挡板的位置，就是第一面。现在双击第 1 面"Standard"，在弹出的对话框中，点击"孔径"选项，选择孔径类型为"圆形遮拦（Circular Obscuration）"，这时就在光束中安放了一个遮光光阑，其"最大半径（Max Radius）"输入 20，比反射镜口径稍大点，如图 6-33 所示，单击"OK"。

（6）更新后重新观察 3D 光线图。在 3D Layout 窗口"设置"中，可以多设置一些光线数量，如设为 40，这样遮光光阑的效果会更清晰一些。增加光线数量后的 3D 系统图如图 6-34 所示，典型牛顿望远物镜设计完成。

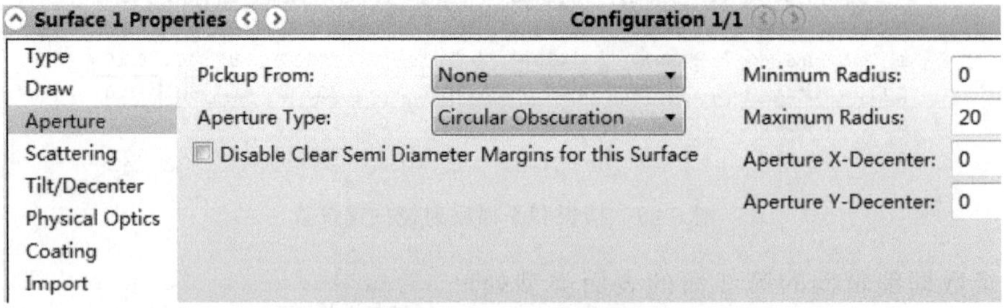

图 6-33　遮光光阑设置

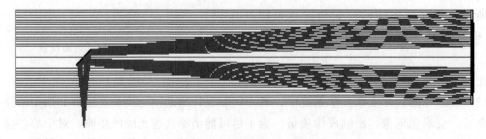

图 6-34　设计结果 3D 光线图

最后还可以观察本例物镜系统所有的像差曲线，可知牛顿望远物镜对轴上点理想成像。但如果把系统的视场角设为一定的值（一般小于 1°），则会发现系统产生了彗差和像散，需要特别的装置才能校正消除。

6.6　折反射式望远物镜的设计（案例）

本节将设计一个卡塞格林式的折反射式望远物镜系统，设计任务如下：

设计规格：物镜焦距 $f'=3750\text{mm}$，入瞳直径 750mm，视场角 $2\omega=0.2°$。

成像要求：可见光成像，消色差，弥散斑 RMS 半径小于 $2\mu\text{m}$（一般是探测器像元尺寸），MTF 在空间频率为 250lp/mm 时大于 0.03，接近衍射极限分辨率。

1. 设计思路

折反射式望远物镜可以解决折射式物镜透镜口径大难以加工制造和透射率低等问题，也可以解决反射式物镜轴外像差不容易校正的问题。本案例是在卡塞格林反射式系统基础上，添加球面校正镜组，可获得长焦距、大口径、大视场、小像差的设计效果。

根据前面所讲，卡塞格林系统是由一个抛物面主镜和一个双曲面副镜构成，两个反射面是产生像差的主要因素。根据像差理论，在越接近像差产生的位置添加校正透镜组，越有利于整体像差的校正。所以，本例系统设计时，可在两次反射后的光路中添加一组校正透镜，来补偿反射面产生的像差。

系统具体优化时，可以选择两个反射面、反射面间距、圆锥系数以及校正透镜各参数作为自由变量，这样消像差的能力就会很强。

2. 初始结构选取

根据以上分析，在知网数据库中找到一款类似结构型式的折反射系统。主镜使用了抛物面反射镜，副镜使用的是球面反射镜，校正镜采用两片透镜，校正镜材料使用耐高温、透光性好、化学稳定性好的石英硅材料。初始结构参数如表 6-4 所示。

表 6-4　折反射物镜初始结构参数

主要特性参数	面号	半径 r	厚度 d	材料	圆锥系数
$f'=796$ $D=200$ $2\omega=1°$	1	∞	300		0
	2	-942.9	-279.37	MIRROR	-1
	STOP	-942.9	177.2	MIRROR	0
	4	175.9	3.5	SILICA	0
	5	87	4.91		0
	6	-641.5	6	SILICA	0
	7	-134.1	136.7		0

3. 在 ZEMAX 中建立初始结构数据

初始结构选好后，接下来把初始结构数据输入 ZEMAX 透镜数据编辑器（Lens Data）中。望远物镜是对无穷远物体成像，因此物距为无穷远，除了物面和像面外，还需要在STOP 面的前后分别插入 2 个面和 4 个面，依次在半径、厚度、材料栏中输入表 6-4 中的相应数据和材料牌号。

系统主镜的中心区域要开一个圆形通光孔，因为要让成像光束通过这个圆形通光孔聚焦在主镜后方的焦平面上，所以需要对第 2 面的面属性进行设置。双击第 2 面的"Standard"，从弹出的对话框中点击"Aperture"选项，选择孔径类型为"圆形通光孔径（Circular Aperture)"，在最小值和最大值处分别输入 20 和 100，设置界面如图 6-35 所示。

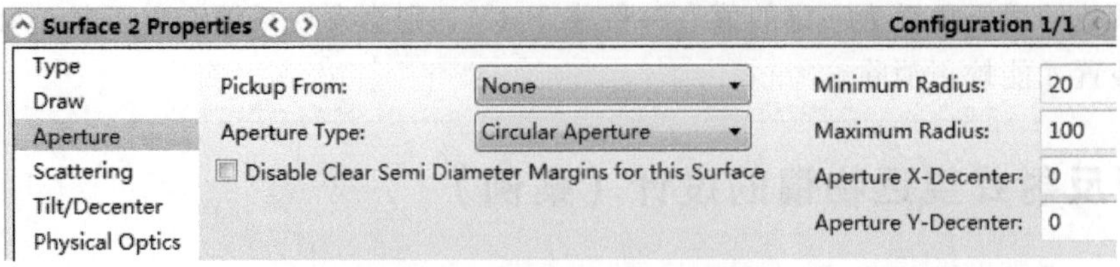

Surface 2 Properties		Configuration 1/1
Type	Pickup From: None	Minimum Radius: 20
Draw		Maximum Radius: 100
Aperture	Aperture Type: Circular Aperture	Aperture X-Decenter: 0
Scattering	☐ Disable Clear Semi Diameter Margins for this Surface	Aperture Y-Decenter: 0
Tilt/Decenter		
Physical Optics		

图 6-35　主镜中心通光孔设置

图 6-36 为输入完成的物镜初始系统数据编辑窗口。另外，从主界面的从状态栏可以看到初始系统的焦距为 796，表明输入的数据正确。

	Surface Type	Comment	Radius	Thickness	Material
0	OBJECT Standard ▾		Infinity	Infinity	
1	Standard ▾		Infinity	300.000	
2	(aper) Standard ▾		-942.900	-279.370	MIRROR
3	STOP Standard ▾		-942.900	177.200	MIRROR
4	Standard ▾		175.900	3.500	SILICA
5	Standard ▾		87.000	4.910	
6	Standard ▾		-641.500	6.000	SILICA
7	Standard ▾		-134.100	136.700	
8	IMAGE Standard ▾		Infinity	-	

EFFL: 796.543　　　　　WFNO: 3.98301

图 6-36　折反式物镜初始结构数据

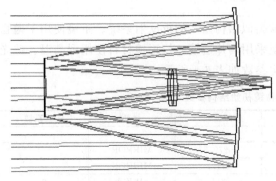

图 6-37　折反式物镜初始结构 2D 光线图

图 6-37 为折反式望远物镜系统自动生成的初始结构 2D 光线图。

4. 焦距缩放及初始系统像差评估

折反射物镜初始结构的焦距为 796，本次设计要求是 3750，所以要对初始系统焦距进行缩放。点击 LD 窗口菜单项 "Make Focal"，在弹出的对话框中输入 3750 即可。缩放后的各表面半径和厚度数据按比例增加至 3750/796 倍。

接下来输入物镜的视场、孔径和波长。在 ZEMAX 主界面的系统选项区，分别展开 Aperture（孔径）、Fields（视场）和 Wavelengths（波长）选项。孔径类型选择 "入瞳直径"，孔径数值为 750。视场类型选择 "角度"，视场个数设置 3 个：零视场、0.7 视场和全视场，权重都为 1，其对应的 Y 视场数值（子午面内）分别为：0、0.07、0.1。波长设置选择 "F，d，C（Visible）"，其余为默认值。

初始结构经过焦距缩放和系统特性赋值后，点击优化菜单中的 "Quick Focus" 进行调焦，这时，ZEMAX 会自动计算并生成最佳像面位置时的各种像差数据、曲线、图形。对于折反射物镜系统，虽然视场角小，但焦距长，绝对通光孔径很大，所以一些像差像球差、色差、彗差和像散等要重点关注，特别是轴上物点高级像差。初始系统的主要像差情况如图 6-38 所示。

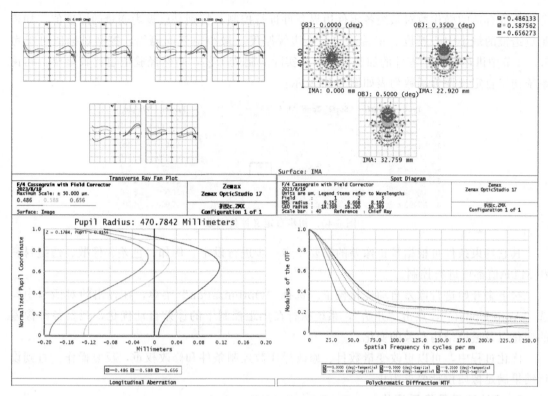

图 6-38　物镜初始系统像差图

从图 6-38 可以看出，球差存在高级项，色差较为明显，点列图中的 RMS 半径最大值为 $8\mu m$，弥散斑超出了设计要求值，有少量彗差。波像差最大值为 2λ，超出瑞利衍射标准；像质 MTF 曲线整体不够单调，且存在一定像散。综合以上对初始结构的分析，各种像差并不符合设计要求，需要进一步优化校正。

5. 物镜优化设计

首先是变量的设定。把第 2 面至第 7 面半径和厚度全设为变量，把第 3 面（次镜）的圆锥系数也设为变量，当这些参数都设为变量时，单元格边上的小框中出现字母"V"，如图 6-39 所示。

	Surf:Type	Co	Radius	Thickness	Material	Co	Clear Semi	Ch	Mech	Conic
0	OBJECT Standard ▾		Infinity	Infinity			Infinity	0.0.	Infi...	0.000
1	Standard ▾		Infinity	1600.000			538.565	0.0.	53...	0.000
2	(aper) Standard ▾		-4439.025 V	-1315.230 V	MIRROR		524.161	0.0.	47...	-1.000
3	STOP Standard ▾		-4439.025 V	834.230 V	MIRROR		193.156	0.0.	19...	0.000 V
4	Standard ▾		828.109 V	16.477 V	SILICA		110.914	0.0.	11...	0.000
5	Standard ▾		409.582 V	23.116 V			108.240	0.0.	11...	0.000
6	Standard ▾		-3020.081 V	28.247 V	SILICA		107.863	0.0.	11...	0.000
7	Standard ▾		-631.322 V	652.416 V			107.432	0.0.	10...	0.000
8	IMAGE Standard ▾		Infinity	-			32.782	0.0.	32...	0.000

图 6-39　物镜系统变量初步设定

其次是评价函数操作数的设定。打开"Optimize"→"Merit Function Editor"，按优化向导，确定进入默认的评价函数多行控制内容。在默认的评价函数编辑窗口的第一行 BLNK 处选择 EFFL 焦距操作数码，目标值输入 20，权重设为 1。然后插入多行自定义评价函数，分别选取合适的操作数对系统各零件边界条件进行控制,特别是已设为变量的厚度值,如控制负透镜的最小中心厚度、正透镜的最小边缘厚度、最小空气间隔等,控制目标值可参考 5.5.2 节中讲述的光学零件的加工要求以及实际的制造工艺,当然经验值也比较重要。物镜系统初步自定义评价函数列表如图 6-40 所示。

	Type	Surf1	Surf2	Zone	Mode		Target	Weight
1	EFFL ▾		2				3750.000	1.000E-02
2	COLT ▾	3					-3.000	1.000
3	MNCA ▾	3	7				1.000	1.000
4	MXCA ▾	3	7				3000.000	1.000
5	MNEA ▾	3	7	0.000	0		1.000	1.000
6	MNCG ▾	3	7				10.000	1.000
7	MXCG ▾	3	7				30.000	1.000
8	MNEG ▾	3	7	0.000	0		10.000	1.000

图 6-40　初步自定义评价函数

其它约束条件可根据校正像差的需要一步一步进行设定。例如,色差、像散、透镜材料和 MTF 值都可进行控制。

接下来开始进行像差自动优化校正。选择"Optimization"菜单,在弹出的对话框中勾选"Auto Update",点击"开始",系统执行在焦距控制下的像差自动优化,观察各种像差的变化以及透镜结构参数的变化。

优化过程中,可以更改变量数目、修改操作数控制条件和修改权重,反复操作。直到设计结果满足像质设计要求为止。

6. 设计结果及像质评价

经过优化设计,最终折反射望远物镜的结构参数设计结果如图 6-41 所示。焦距为 3750,入瞳直径为 750,系统主反射镜为抛物面,副反射镜变为了双曲面,校正镜为双分离薄透镜,满足设计规格要求。系统详细参数可从"Reports"菜单中查看。

	Surf:Type		Co	Radius		Thickness		Material	Co	Clear Sem	Chip Zor	Mech Semi	Conic
0	OBJEC	Standard ▾		Infinity		Infinity				Infinity	0.000	Infinity	0.000
1		Standard ▾		Infinity		1600.000				402.918	0.000	402.918	0.000
2	(aper)	Standard ▾		-4313.119	V	-1320.002	V	MIRROR		400.017	0.000	400.000	-1.000
3	STOP	Standard ▾		-3888.227	V	880.004	V	MIRROR		146.104	0.000	146.104	-4.804 V
4		Standard ▾		969.908	V	17.611	V	SILICA		65.753	0.000	65.753	0.000
5		Standard ▾		397.553	V	12.440	V			63.944	0.000	65.753	0.000
6		Standard ▾		Infinity		13.051	V	SILICA		63.515	0.000	63.515	0.000
7		Standard ▾		-654.543	V	554.596	V			63.127	0.000	63.515	0.000
8	IMAGE	Standard ▾		Infinity		-				6.548	0.000	6.548	0.000

图 6-41　折反射望远物镜结构参数设计结果

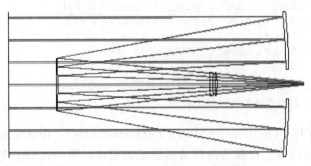

图 6-42　折反射望远物镜 2D 光线图结果

相应的系统 2D 光线图如图 6-42 所示,从图中可以看出本次设计的物镜为典型的卡塞格林式折反射系统,且各光学零件加工工艺良好。

物镜的球差和轴向色差设计结果如图 6-43 所示,最大球差为 0.07mm,非常小,虽然存在高级项,但总体数值较小。从图 6-43 中还可以看出,F 光、D 光和 C 光的球差曲线都相交于 0.8 孔径处, 代表设计的系统不仅实现了消色差的目标, 还实现了复消色差, 说明折反射系统有极大的消色差优势。

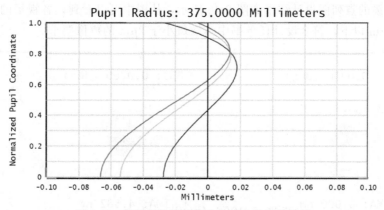

图 6-43 折反射物镜球差和轴向色差设计结果

物镜的倍率色差设计结果如图 6-44 所示, 因为系统的视场角小, 倍率色差一般也不大, 从设计结果看, 倍率色差整体在艾里斑尺寸范围内 (图中虚线所示范围)。

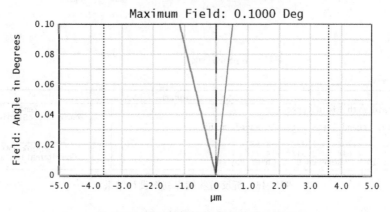

图 6-44 折反射物镜倍率色差设计结果

物镜的光学传递函数 MTF 设计结果如图 6-45 所示, 横坐标代表空间频率, 纵坐标代表 MTF 值, 从图中可以看到, 在截止空间频率 250lp/mm 时, 各视场的 MTF 值都达到了

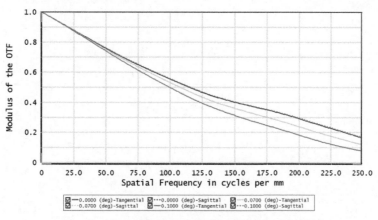

图 6-45 折反射物镜光学传递函数 MTF 设计结果

0.03 以上，满足衍射极限分辨率标准，且 MTF 曲线光滑单调，曲线集中，像散很小，完全达到了设计要求的成像质量。

折反射物镜的点列图设计结果如图 6-46 所示，从图中可以看到，各视场的 RMS 弥散斑半径都在 1.6μm 以下，符合设计任务书中弥散斑小于 2μm 的成像要求。

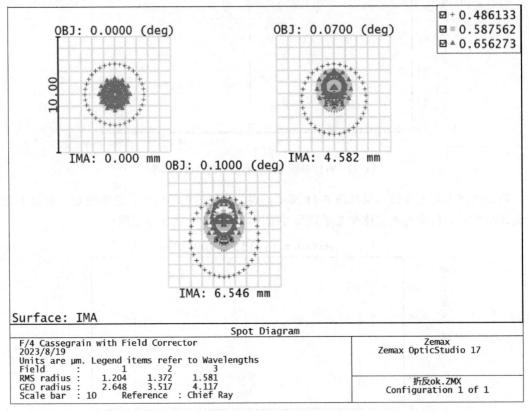

图 6-46 折反射物镜点列图设计结果

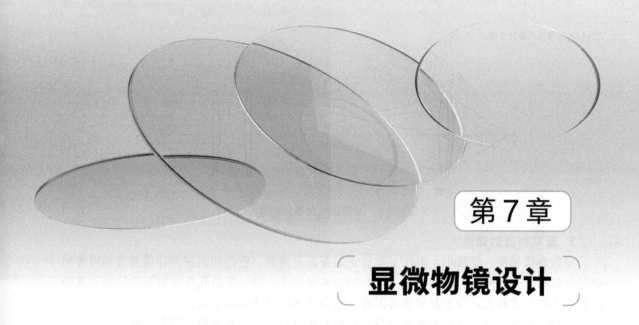

第 7 章

显微物镜设计

7.1 显微物镜设计的特点

　　显微镜是用于帮助人眼观察近距离物体微小细节的一种光学仪器，主要由物镜和目镜组合而成。物体经显微物镜放大成像后，其像再经目镜放大供人眼观察。显微镜总体放大倍率 Γ 等于物镜和目镜的放大率之积，如式（4-6）所示。

　　显微镜系统中，显微物镜的光学特性决定了整个系统的光学特性，显微物镜的主要光学特性包括放大倍率（β）、数值孔径（NA 值）、视场（$2y$）以及衍射极限分辨率（σ）等。

1. 显微物镜的放大率和数值孔径

　　显微物镜的放大率 β 大约在 $2.5\times\sim100\times$ 范围内，数值孔径 NA 随放大率 β 增大而增大。借助于目镜的放大率（$5\times\sim25\times$）来满足有效放大率 Γ 的要求。对于非浸液系统（物镜前是空气），高倍显微物镜的数值孔径上限是 0.95；对于浸液物镜（在物镜前面的浸液折射率和玻璃盖板折射率大约相同），数值孔径可以达到 1.40。

　　一般情况下，显微物镜的放大率和数值孔径以及显微镜的筒长都需要标记在物镜的镜筒上。

2. 显微物镜的视场

　　显微物镜的视场是以在物平面上所能看到的圆的直径来表示的，也就是线视场 $2y$。该范围内物体的像应该充满位于物镜像平面上的视场光阑，实际上显微物镜的视场受到视场光阑所限制，如图 7-1 所示。

　　显微物镜的视场一般很小。通常，当线视场 $2y$ 不超过物镜焦距的 1/20 时，成像质量是满意的，即

$$2y \leqslant \frac{f_1'}{20} = \frac{\Delta}{20\beta} \tag{7-1}$$

　　可见，显微镜的视场特别是在高倍物镜时，是很小的。

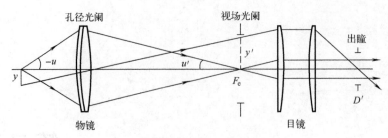

图 7-1　显微镜的视场和光阑

3. 显微物镜的像差

显微物镜视场一般较小，因此主要校正的像差是球差、色差和正弦差，像差公差可参照望远物镜的像差公差。因为景深很小，有时需考虑场曲。对于数值孔径大的显微物镜，高级球差和高级色差较大，校正起来非常困难，这会使物镜的结构复杂化。

显微物镜按照色差校正程度可以分为消色差物镜和复消色差物镜。消色差物镜只能校正红光和蓝光的轴向色差，比较常见，结构也较简单，常用于中、低级显微镜中。复消色差物镜是为了避免二级光谱产生的彩色边缘，它不仅能校正红绿蓝三色光的色差，而且能消除剩余色差和二级光谱，图 7-2 所示为一消色差物镜和复消色差物镜的球差和色差曲线。这种物镜结构中含有萤石制造的透镜，结构复杂，适用于高级研究成像和显微观察。复消色差物镜的镜筒上会标记 "APO" 字样。

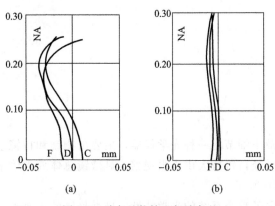

图 7-2　消色差物镜和复消色差物镜的球差和色差曲线

显微物镜按照场曲校正的程度也可分为平场消色差物镜和平场复消色差物镜。主要应用于视场较大、对像面弯曲要求比较严格的显微照相和显微投影系统中，同时也要校正像散和倍率色差。平场消色差物镜镜筒上标有 "PLAN" 字样，平场复消色差物镜镜筒上标有 "PLAN APO" 字样。

显微物镜的基本参数系列如表 7-1 所示。

表 7-1　显微物镜的基本参数系列

分类	放大率									
	1.6×	2.5×	4×	6.3×	10×	16×	25×	40×	63×	100×油浸
	最小数值孔径									
消色差物镜			0.1		0.22		0.4	0.65	0.85	1.25
平场消色差物镜	0.04	0.07	0.1	0.15	0.22	0.32	0.4	0.65	0.85	1.25
平场半复消色差物镜				0.2	0.3	0.4	0.6	0.75	0.9	1.3
平场复消色差物镜			0.16	0.2	0.3	0.4	0.65	0.8	0.95	1.3

综上，显微物镜的光学性能和使用要求有很多变化，有常规的物镜，还有特殊的荧光成像物镜等。因此，在设计时应该具体问题具体分析，使设计结果符合规格指标和使用要求。

7.2 显微物镜的结构类型

显微物镜根据它们的性能及用途不同可分为消色差显微物镜、复消色差显微物镜、平场显微物镜、反射式和折反射式显微物镜。下面分别进行介绍。

1. 消色差显微物镜

这是一类结构相对简单、应用最多的显微物镜。这类物镜只校正球差、正弦差以及初级色差，不校正二级光谱色差，所以称为消色差物镜。这类物镜根据其倍率和数值孔径不同又分为低倍、中倍和高倍以及浸液物镜四类。

低倍消色差物镜的倍率为 $3\times\sim4\times$，数值孔径为 $0.1\sim0.15$。由于孔径不大，视场又比较小，这些物镜一般都采用最简单的双胶合组，如图 7-3（a）所示。其设计方法和一般的双胶合望远镜物镜十分相似，不同的只是物体位于有限距离。

中倍消色差物镜的倍率为 $8\times\sim12\times$，数值孔径为 $0.2\sim0.3$。由于物镜的孔径加大，孔径高级球差也大大增加，这类物镜一般采用两个双胶合组构成，如图 7-3（b）所示。每个双胶合组分别消色差，两个透镜组之间通常有较大的空气间隔，相当于由两个分离薄透镜组构成的薄透镜系统，能校正四种单色像差，还有可能校正像散。这种物镜也称为李斯特型显微物镜。

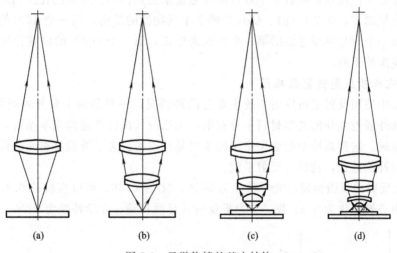

图 7-3　显微物镜的基本结构

高倍消色差物镜的倍率为 $40\times\sim60\times$，数值孔径为 $0.6\sim0.8$，这类物镜的结构可以看作是在李斯特型物镜的基础上加一半球透镜，半球透镜使李斯特镜的孔径角也增加了，如图 7-3（c）所示。图中，半球透镜前片是由一个齐明面和一个平面构成的。齐明面不产生球差和彗差，如果把物平面和前片的第一面重合，则相当于物平面位于球面顶点，将不产生球差和彗差。但实际物镜和物平面之间一般需要留有一定间隙，由此产生的少量球差和彗差可由后面的两个胶合组进行补偿。这种结构的物镜也称为阿米西型显微物镜。

在前面的几种物镜中，成像物体都位于空气中，物空间介质的折射率 $n=1$，因此它们的数值孔径（$NA=n\sin U$）显然不可能大于 1，目前这种物镜的数值孔径最大约为 0.9，为了进一步增大数值孔径，可把被观察物体浸在液体中，这时物空间介质的折射率等于液体的折射率，因而可以大大地提高物镜的数值孔径，这样的物镜称为浸液物镜。其结构是在阿米西物镜中再加一个同心齐明透镜，所以又称作阿贝物镜，如图 7-3（d）所示。采用浸液方式的这类物镜光能损失较小，数值孔径可达 1.25～1.4，最大倍率可达 100×。

2. 复消色差显微物镜

复消色差物镜的结构一般比相同数值孔径的消色差物镜要复杂，因为它要求孔径高级球差和色球差也应该得到很好的校正。图 7-4 为不同倍率和数值孔径的复消色差物镜的结构，图中画有斜线的透镜就是萤石做成的。图 7-4（a）中的物镜的倍率为 90×，数值孔径为 1.3，图 7-4（b）中的物镜的倍率为 40×，数值孔径为 0.85。

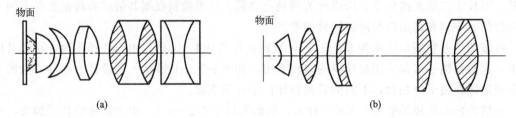

图 7-4　复消色差物镜结构

3. 平场显微物镜

平场物镜适用于一些特殊用途的显微系统中。这种物镜虽然能使场曲和像散得到校正，但是结构非常复杂，往往依靠若干个弯月形厚透镜来达到目的。物镜的孔径角越大，需要加入的凹透镜数量越多，图 7-5（a）、（b）为两个平场物镜的结构，第一个 40× 的物镜中，场曲主要依靠第一个弯月形厚透镜的第一个凹面来校正，第二个 160× 的浸液物镜是依靠中间的两个厚透镜来校正的。

4. 反射式和折反射式显微物镜

在显微镜中使用反射或折反射系统主要有两种情况，一种是用于紫外或近红外的系统。由于能够透紫外或近红外的光学材料十分有限，无法设计出高性能的光学系统，只能使用反射或折反射系统。这些系统中起会聚作用的主要是反射镜。为了补偿反射面的像差，往往加入一定数量的补偿透镜，构成折反射系统。

图 7-6 为反射式显微物镜，光学特性为 50×，NA＝0.56，可以在波长 0.15～10μm 范围内工作，中心遮光比为 0.5。图 7-7 为折反射式显微物镜，光学特性为 53×，NA＝0.72，

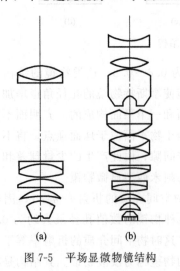

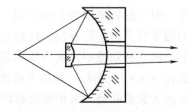

图 7-5　平场显微物镜结构　　　　图 7-6　反射式显微物镜

该系统中只使用了透紫外光的石英玻璃和萤石，因此可在 $0.25\mu m$ 到整个可见光波段范围内工作，它的中心遮光比为 0.3。图 7-8 中是浸水紫外物镜，整个透镜材质都是石英，它的光学特性为 $172\times$，NA＝0.9。

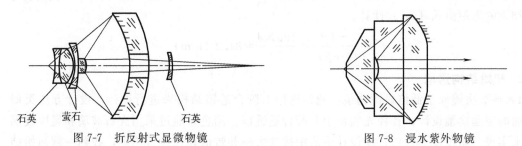

图 7-7　折反射式显微物镜　　　　　　　图 7-8　浸水紫外物镜

使用折反射系统的另一种情况是为了增加显微镜的工作距离。由于反射镜能折叠光路，因此能构成一种工作距离长、倍率高、筒长和一般显微物镜相同的系统。

图 7-9 是一个附加系统物镜，光学特性为 NA＝0.57，工作距离可达 12.8mm，它的第一个反射面镀半透膜，光在该面透过一次，再反射一次。图 7-10 所示为长工作距离的反射式物镜，光学特性为 $40\times$，NA＝0.52。

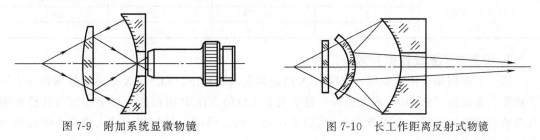

图 7-9　附加系统显微物镜　　　　　　　图 7-10　长工作距离反射式物镜

7.3　低倍消色差显微物镜的设计（案例）

低倍消色差显微物镜设计任务：

设计规格：放大倍率 $\beta=-4\times$；NA＝0.1，物像共轭距满足 $L=195mm$（国家标准），物方线视场 $2y=4mm$。工作距大于 30mm。

成像要求：可见光范围成像；在 0.7 孔径左右消色差；球差小于 4 倍焦深，轴向色差小于 1 倍焦深；倍率色差小于艾里斑；中心视场波像差小于 $\lambda/4$。

1. 设计思路

设计显微物镜时，通常按反向光路进行设计。因为显微物镜的 $|\beta|>1$，若按正向光路计算像差时，轴向放大率 α 则更大（$\alpha=\beta^2$），那么，共轭距和物镜倍率随着透镜结构的优化将产生大的改变，可能会偏离物镜的光学特性要求。如果按反向光路计算，对应的垂轴放大率 $|\beta|<1$，轴向放大率更小，这样就能使共轭距和倍率变化很小。

反向光路对物镜系统的光学特性要求可以转化为：

放大倍率 $\beta=-0.25\times$；NA＝0.025，物像共轭距 $L=195mm$，物方视场 $2y=16mm$，像高 $2y'=4mm$，后截距大于 30mm。

物镜的焦深 Δ 计算：

$$\Delta = \frac{\lambda}{n' \sin u_m'^2} = \frac{0.58 \times 10^{-3}}{0.1^2} = 0.058 \ (\text{mm})$$

物镜的衍射分辨率 σ（艾里斑半径）计算：$\sigma = 0.61\lambda / \text{NA} = 3.6 \mu m$。

物镜的焦距由式（4-7）计算：

$$f_o' = \frac{-L\beta}{(1-\beta)^2} = \frac{195 \times 4}{5^2} = 31.2 \ (\text{mm})$$

2. 初始结构选取

4×显微物镜属于低倍显微物镜，通常选用双胶合透镜结构来进行设计，设计方法类似于普通的望远物镜设计，孔径光阑位于双胶合透镜框。消色差通过采用火石玻璃和冕牌玻璃组合来实现。通过以上分析，在设计手册中按放大率和数值孔径接近原则，找到一款初始结构，初始结构参数如表 7-2 所示，表中数据已按反向光路的表面排序。透镜材料为中国牌号的玻璃。

表 7-2　物镜初始结构参数

主要特性参数	面号	半径 r	厚度 d	材料（玻璃）
$\beta = -4\times$	OBJ	∞		
NA=0.1	1	32.605	4	H-K9L
$S=36$（工作距）	2	-16.476	3.5	ZF1
$L=202.5$	STOP	-25.432	36	

3. 设置物镜系统性能参数

接下来将初始结构数据输入 ZEMAX 透镜数据编辑器中。ZEMAX 透镜数据编辑器中除了物面、光阑面（STOP）和像面外，还需要在 LD 的 STOP 面前插入 2 个表面（孔径光阑与双胶合透镜的最后一个面重合），然后依次在半径、厚度、材料栏中输入表 7-2 中的相应数据和玻璃牌号。

反向光路的显微物镜设计时，物面在有限距离处，物距值可以根据共轭距和系统长度 TOTR（透镜第一面至像面）相减而得，经计算为 159，输入到 LD 的"OBJ"后相应厚度栏。

接下来，在 ZEMAX 中分别输入物镜的视场、孔径和波长。分别展开系统选项区中的 Aperture、Fields 和 Wavelengths 选项。孔径类型选择"Object Space NA（数值孔径）"，孔径数值输入反向光路规格要求的"0.025"；视场类型选择"物面高度"，视场数量勾选 3 个分别设置 0 视场、0.7 视场和全视场，权重都为 1，其对应的 Y 视场物高数值分别为 0、5.6、8。波长设置，选择"F，d，C（Visible）"，主波长为第 2 个，其余为默认值。以上设置情况如图 7-11 所示。

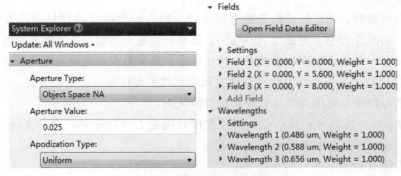

图 7-11　显微物镜性能值输入

各性能参数输入完成后的透镜数据编辑窗口如图 7-12 所示。可以看出，初始系统的物面高度是 8，像面高度为 2，物镜的放大率基本等于 4，说明系统初始数据的输入是正确的。最后一个透镜的厚值为 36，就是工作距。

Update: All Windows ·
Surface 3 Properties　Configu

	Surf:Type	Co	Radius	Thickness	Material	Coat	Clear Semi-Dia
0	OBJECT Standard		Infinity	159.000			8.000
1	Standard		32.605	4.000	H-K9L		4.219
2	Standard		-16.476	3.500	ZF1		4.026
3	STOP Standard		-25.432	36.000			3.899
4	IMAGE Standard		Infinity	-			2.007

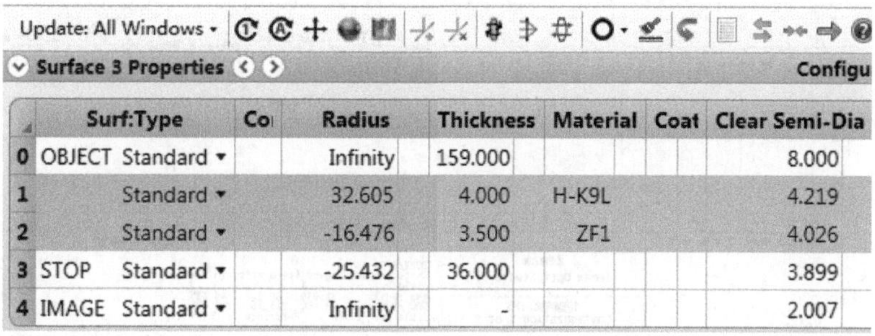

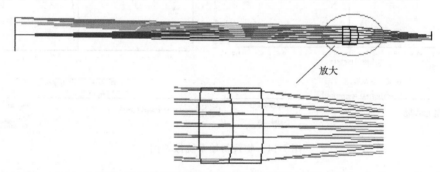

图 7-12　显微物镜初始结构数据

这时，ZEMAX 可同时生成物镜的初始结构光线图，如图 7-13 所示。因为像距和物距之比等于放大倍数，物距比较长，所以在此图中展示了初始结构的局部放大图。

图 7-13　显微物镜初始结构光线图及局部放大图

4. 初始系统像差评估

初始结构经过系统特性赋值后，ZEMAX 会自动计算并生成各种像差数据、曲线或图形。对于低倍消色差显微物镜来说，要观察和校正的主要像差有球差、色差和彗差。彗差可以在点列图中查看。点列图下方的均方根 RMS 数值代表成像弥散斑的大小，也就是系统的综合像差情况。当然，对于小视场的光学系统来说，波像差也是重点要看的。初始系统的像差情况如图 7-14 所示。

从图 7-14 可以看出，中心视场波像差最大等于 1λ，超出 0.25λ 的设计要求；各色光的球差没有高级项，但都比较大，最大值都超出了设计要求；另外，F 光和 C 光的球差曲线没有相交，代表系统没有实现消色差要求；倍率色差相对较好。综合成像质量可以从点列图中查看，可以看出，彗差不大，但点列图中的 RMS 半径最大值为 45μm，弥散斑比较大，有很大的下调空间。因此，需要进一步优化系统。

5. 显微物镜优化设计

经过对初始结构的评估，像差还远没达到设计要求，需进行大量优化工作。

系统优化设计之前，首先是变量的设定。将物面和像面之外的其它球面半径都设为变量，包括物距和后截距在内的全部厚度也都设为变量。本次物镜优化把玻璃材料也带入优化处理，具体操作是在材料牌号小框内调出“Solve Type”，选择“Substitute”，然后输入

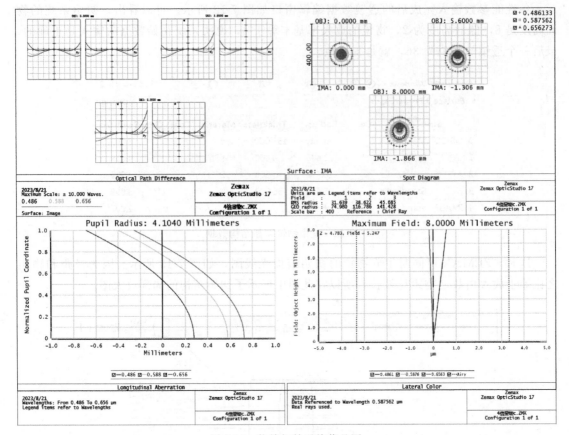

图 7-14　物镜初始系统像差图

"CDGH2023"，如图 7-15 所示。CDGH2023 是中国成都光明的最新材料库，物镜优化时将从 CDGH2023 库中寻找替代材料。

其次是评价函数操作数的设定。打开"Optimize"下的"Optimization Wizard"菜单，按优化向导，点击确定进入默认的评价函数多行控制内容。在默认的评价函数编辑窗口进行自定义操作数。

图 7-15　材料优化设置

第一行 BLNK 处选择 EFFL 焦距操作数码，目标值输入 31.2，权重设为 1。然后插入多行 BLNK，分别在每行选取一种操作数对物镜各边界条件进行约束控制，已设为变量的透镜厚度都要进行约束，如控制负透镜的最小中心厚度、正透镜的最小边缘厚度，控制目标值可参考 5.5.2 节中讲述的光学零件的加工要求，结合实际零件加工酌情给定，当然，经验值也比较重要。

对于显微物镜，焦距、倍率和共轭距需要控制其中的任意两个值，那么第三个值就可以保证了。前面已控制了焦距，可以再增加一个操作数 PMAG 来控制物镜的近轴放大倍率，目标值设为 −0.25，权重设为 1。或者，对共轭距进行控制，利用操作数 TTHI 控制第 0 面到第 3 面的长度目标值为 195，这样可以让物距和像距自由变化。另外，工作距是一个重要参数，需添加 CTGT，控制第 3 面后的工作距大于设计要求的 30。其它光学约束条件可根据透镜的变化和像差校正需要一步一步进行设定。例如，色差、MTF 值等都可进行控制。

物镜自定义评价函数情况参照图 7-16 所示。

接下来进入像差自动优化校正阶段。因为材料做了变量替换设置，所以优化时需选择 "Optimize" 菜单下的 "锤形优化"，在

	Type	Wav	Wave	Zone			Target	Weight
1	EFFL ▼		2				31.200	1.000
2	TTHI ▼	0	3				195.000	1.000
3	MNEG ▼	1	2	0.000	0		2.100	1.000
4	MXCG ▼	2	3				8.000	1.000
5	MXCG ▼	1	2				8.000	1.000
6	AXCL ▼	0	0	0.000			0.050	2.000
7	LACL ▼	0	0				0.030	4.000
8	MTFT ▼	1	0	2	280.0...	0	0	0.080	1.000
9	MTFT ▼	1	0	1	280.0...	0	0	0.100	2.000
10	MTFT ▼	1	2	3	280.0...	0	0	0.070	1.000

图 7-16　初步自定义评价函数

弹出的对话框中勾选 "Auto Update"，点击 "开始"，系统执行在焦距、共轭距控制下的像差自动优化，观察各种像差的变化以及透镜结构参数的变化。

经过多轮优化后，波像差基本达到标准，成像弥散斑尺寸也下降到可接受的范围，初始结构中的透镜材料已完全被替换。

6. 设计结果及像质评价

经过优化，4 倍显微物镜的结构参数设计结果如图 7-17 所示。物距 152.2，系统总长

	Surf:Type		Cor	Radius	Thickness	Material	Co	Clear Sen
0	OBJE(Standard ▼			Infinity	152.252 V			8.000
1	Standard ▼			15.505 V	8.000 V	QF1 S		3.819
2	Standard ▼			-13.9... V	1.795 V	H-ZF52 S		3.299
3	STOP Standard ▼			-47.6... V	32.953 V			3.254
4	IMAG Standard ▼			Infinity	-			2.049

图 7-17　消色差物镜设计结构参数

42.8，二者之和为共轭距 195，符合要求。从图 7-17 中还可以看出，后截距为 32.95，符合大于 30 的工作距要求。像面高度 2.0，相对于物高 8 来说，物镜放大倍率正好是 4 倍。透镜的材料已换为成都光明的 QF1 和 H-ZF52，也是常规玻璃材料。其它详细性能参数可从 "分析" 菜单下的 "Reports" 项中导出查看。

消色差物镜设计结果相应的 2D 光线及其局部放大图如图 7-18 所示，从图中可以看出各透镜的加工工艺良好。

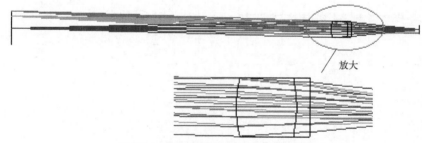

放大

图 7-18　物镜设计结果 2D 光线放大图

物镜的球差和轴向色差设计结果如图 7-19 所示，最大球差 0.07mm，远远小于 4 倍焦深。F 光和 C 光的球差曲线相交于 0.8 孔径处，代表系统的优化达到了消色差的目标。

物镜的倍率色差设计结果如图 7-20 所示，倍率色差整体在艾里斑尺寸范围内（图中虚线所示范围），因此倍率色差也满足了系统消色差要求。

低倍消色差物镜的波像差（OPD Fan）设计结果如图 7-21 所示，横坐标代表不同孔径，纵坐标代表光程差，从图中可以看到，纵坐标最大值为 1λ，物镜优化后在中心视场的波像差小于 0.25λ，符合瑞利判据下的设计要求。

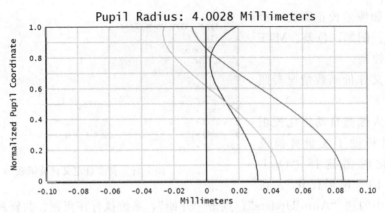

图 7-19　物镜球差和轴向色差设计结果

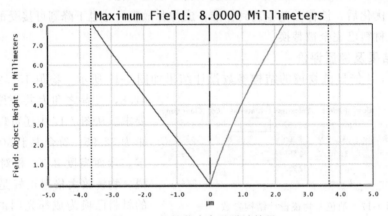

图 7-20　物镜倍率色差设计结果

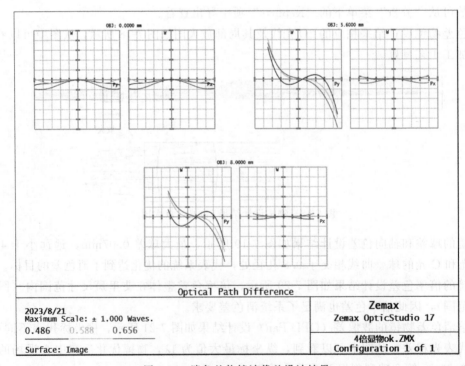

图 7-21　消色差物镜波像差设计结果

物镜的点列图设计结果如图 7-22 所示，从图中可以看到，各视场的 RMS 弥散斑半径都在 $10\mu m$ 以下，相比于初始结构的 $48\mu m$，像质得到很大的改善，系统的像差校正和平衡较为理想。

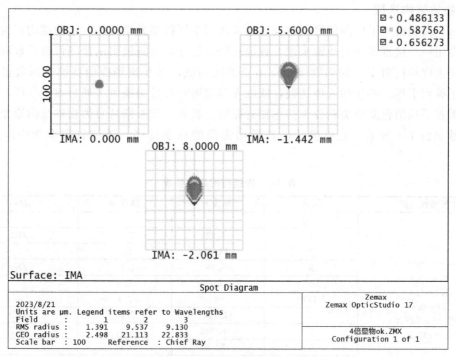

图 7-22 低倍消色差物镜点列图结果

7.4 平场消色差显微物镜的设计（案例）

平场消色差显微物镜设计任务：

设计规格：放大倍率 $\beta = -25\times$；NA=0.4，物像共轭距满足 $L=195mm$（国家标准），物方线视场 $2y=1mm$，工作距大于 1.2mm。

成像要求：可见光波长范围成像；最大色差在艾里斑范围内；场曲小于 0.01mm，综合像质达到衍射极限分辨率标准，即 MTF 值在截止空间频率时需大于 0.03。

1. 设计思路

设计显微物镜时，通常按反向光路进行设计。因为显微物镜的 $|\beta| > 1$，若按正向光路计算像差时，轴向放大率 α 则更大（$\alpha = \beta^2$），那么，共轭距和物镜倍率随着透镜结构的优化将产生大的改变，可能会偏离物镜的光学特性要求。如果按反向光路计算，对应的垂轴放大率 $|\beta| < 1$，轴向放大率更小，这样就能使共轭距和倍率变化很小。

反向光路对物镜系统的光学特性要求可以转化为：

放大倍率 $\beta = -0.04\times$；NA=0.016，物像共轭距 $L=195mm$，物方视场 $2y=25mm$，像高 $2y' = 1mm$，后截距大于 1.2mm。

物镜的衍射极限分辨率（艾里斑半径）：$\sigma = 0.61\lambda / NA = 0.9\mu m$。

截止空间频率：$N = 1/\sigma = 1100lp/mm$。

物镜的焦距由式（4-7）计算得到

$$f'_0 = \frac{-L\beta}{(1-\beta)^2} = \frac{195 \times 25}{26^2} = 7.2 \text{ (mm)}$$

2. 初始结构选取

25×显微物镜属于中高倍显微物镜，通常选用李斯特型光学结构，这种结构在接近物面的位置使用一个接近半球的透镜来增大数值孔径。另外，薄透镜组的像场弯曲系数取决于薄透镜的光焦度和折射率，如果物镜全部由正透镜构成，则系统场曲的赛德尔和数很大，所以，为了做到平场，必须加入负透镜，或加入厚透镜和弯月透镜等。通过以上分析，在技术手册中根据平场消色差分类和放大倍率接近原则，找到一款李斯特显微物镜结构原型，初始结构参数如表 7-3 所示，表中参数已按反向光路的球面排序，透镜材料全为中国牌号的玻璃。

表 7-3　物镜初始结构参数

主要特性参数	面号	半径 r	厚度 d	材料
	OBJ	∞		
	1	−6.823	0.95	ZK7
	2	−11.015	2.7	
	3	25.29	1.96	ZK3
$\beta = -25\times$	4	−17.022	7.5	
$f' = 10.1$	STOP	∞	7.4	
NA = 0.4	6	11.722	2.38	ZK9
$2y = 0.6$	7	−6.546	1.19	ZF7
$S = 1.42$（工作距）	8	−22.91	0.32	
$L = 195.3$	9	3.597	4.08	ZBAF3
	10	2.63	1.42	

3. 设置物镜系统性能参数

初始结构选好后，接下来要将初始结构数据输入 ZEMAX 透镜数据编辑器（LD）中。ZEMAX 透镜数据编辑器中除了物面、光阑面（STOP）和像面外，还需要在 LD 的 STOP 面前后分别插入 4 个和 5 个表面，然后依次在半径、厚度、材料栏中输入表 7-3 中的相应数据和玻璃材料。

反向光路的显微物镜设计时，物面在有限距离处，物距值可以根据共轭距和系统长度相减而得，计算出来为 165.4，输入在 LD 的 "OBJ" 后相应厚度栏。

接下来，在 ZEMAX 中分别输入物镜的视场、孔径和波长。分别展开系统选项区中的 Aperture、Fields 和 Wavelengths 选项。孔径类型选择 "Object Space NA（数值孔径）"，孔径数值输入反向光路规格要求的 "0.016"；视场类型选择 "物面高度"，视场数量勾选 4 个：分别设置零视场、0.5 视场、0.7 视场和全视场，权重都为 1，其对应的 Y 视场数值（子午面内物高）分别为：0、6.25、8.75、12.5。波长设置，选择 "F，d，C（Visible）"，主波长为第 2 个，其余为默认值。以上设置情况如图 7-23 所示。

各种性能参数输入完成后的透镜数据编辑窗口如图 7-24 所示。可以看出，初始系统的物面高度是 12.5，像面高度为 0.51，系统的放大率基本等于 25，说明系统初始数据的输入是正确的。最后一个透镜的厚度值为 1.42，就是工作距。

这时，ZEMAX 可同时生成物镜的初始结构光线图，如图 7-25 所示。因为像距和物距之比等于放大倍数，物距比较长，所以在图中展示了初始结构的局部放大图。这是一个李斯

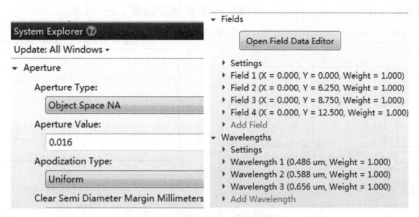

图 7-23　显微物镜性能值输入

Lens Data

Update: All Windows

Surface 10 Properties　　Configuration 1/1

	Surf:Type	Co	Radius	Thickness	Material	Co	Clear Sem	Chip Zone
0	OBJE(Standard		Infinity	165.4...			12.500	0.000
1	Standard		-6.823	0.950	ZF7		3.411	0.000
2	Standard		-11.015	2.700			3.685	0.000
3	Standard		25.290	1.960	ZK3		4.120	0.000
4	Standard		-17.022	7.500			4.133	0.000
5	STOP Standard		Infinity	7.400			3.056	0.000
6	Standard		11.722	2.380	ZK9		2.795	0.000
7	Standard		-6.546	1.190	ZF7		2.661	0.000
8	Standard		-22.910	0.320			2.614	0.000
9	Standard		3.597	4.080	ZBAF3		2.402	0.000
10	Standard		2.630	1.420			0.999	0.000
11	IMAG Standard		Infinity	-			0.516	0.000

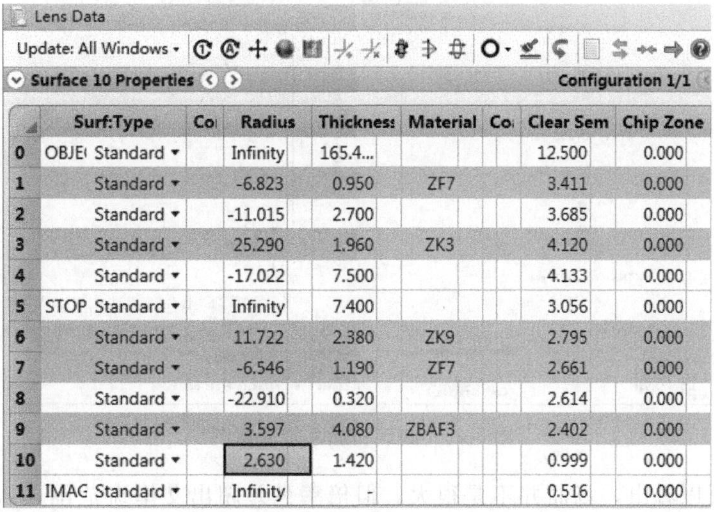

图 7-24　显微物镜初始结构数据

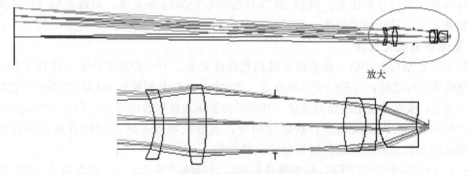

图 7-25　物镜初始结构光线图及局部放大图

特变异结构，前组双胶合透镜拆分为双分离透镜，更利于像差的校正。

4. 初始系统像差评估

初始结构经过系统特性赋值后，ZEMAX 会自动计算并生成各种像差数据、曲线或图形。对于 25 倍平场消色差显微物镜来说，要观察和校正的主要像差有球差、色差、场曲、彗差等，这些像差都会对 MTF 造成比较大的影响。注意，查看 MTF 曲线时，空间频率要设置为衍射极限 1100lp/mm。初始显微物镜的像差情况如图 7-26 所示。

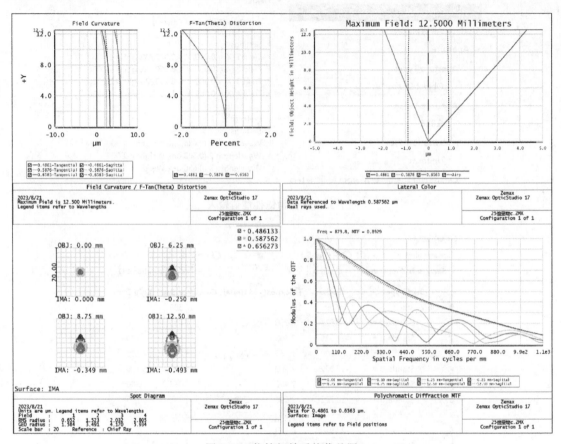

图 7-26　物镜初始系统像差图

从图 7-26 可以看出，场曲并不是很大，但倍率色差超出艾里斑范围；从图 7-26 左下的点列图中可以看到 RMS 值最大为 $2.8\mu m$，也超出了艾里斑半径；且轴上点存在球差，轴外视场存在彗差。综合分析像差：MTF 曲线只在中心视场达到要求，边缘视场 MTF 在截止频率时很低，主要是受到了场曲、彗差和色差的影响。

5. 显微物镜优化设计

经过对初始结构的评估，像差还远没达到设计要求，下一步需进行大量优化工作。

系统优化设计之前，首先是变量的设定。将物面、STOP 和像面 IMAG 之外的其它球面半径都设为变量，全部厚度也都设为变量。其次是评价函数操作数的设定。打开 "Setup"→"Editors"→"Merit Function Editor"，按优化向导，点击确定进入默认的评价函数多行控制内容。在默认的评价函数编辑窗口进行自定义操作数。

第一行 BLNK 处选择 EFFL 焦距操作数码，目标值输入 7.2，权重设为 1。然后插入多行 BLNK，分别在每行选取一种操作数对物镜各边界条件进行约束控制，已设为变量的所有厚度值都要进行约束，如控制负透镜的最小中心厚度、正透镜的最小边缘厚度和空气间隔等，控制目标值可参考 5.5.2 节中讲述的光学零件的加工要求，结合实际零件加工酌情给定，当然，经验值也比较重要。

对于显微物镜，焦距、倍率和共轭距需要控制其中的任意两个值，那么第三个值就可以保证了。前面已控制了焦距，现在再增加一个操作数 PMAG 来控制物镜的近轴放大倍率，目标值设为－0.04，权重设为1。

添加控制系统长度的操作数 TOTR，当把物距固定时，TOTR 目标值就可以用共轭距195 算出，这样可以使优化速度加快。另外，工作距是一个重要参数，初始结构 1.42 要尽量保持，添加 CTGT，控制第 10 面后的工作距大于设计要求的 1.2。

物镜初步自定义评价函数情况如图 7-27 所示。

其它光学约束条件可根据透镜的变化和像差校正需要一步一步进行设定。例如，透镜材料、场曲、色差和MTF 值都可进行控制，但最好一开始不控制。系统开始自动优化是按默认的 RMS 弥散斑最小化方向进行。

接下来进入像差自动优化校正阶段。选择"Optimization"菜单，在弹出的对话框中勾选"Auto Update"，点击"开始"，系统执行在焦距和倍率控制下的像差自动优化，观察各种像差的变化以及透镜结构参数的变化。

	Type	Surf1	Surf				Target	Weight
1	DMFS ▾							
2	EFFL ▾		2				7.212	1.000
3	PMAG ▾		2				-0.040	1.000
4	MNCG ▾	1	2				1.500	1.000
5	MNEG ▾	3	4	0.0...	0		1.000	1.000
6	MNEA ▾	5	6	0.0...	0		0.500	1.000
7	MNCG ▾	6	7				2.000	1.000
8	MNCA ▾	2	3				0.200	1.000
9	MNCG ▾	7	8				0.500	1.000
10	MNCA ▾	8	9				0.200	1.000
11	MNEG ▾	9	10	0.0...	0		2.000	1.000
12	CTGT ▾	10					1.200	1.000
13	TOTR ▾						23.000	1.000

图 7-27 初步自定义评价函数

多轮优化后，像质变好，MTF 基本达到设计要求，因此，不需要再添加像差控制因子，也不需要设置渐晕，这样可保证像面有较好照度。

6. 设计结果及像质评价

经过最后修正，25 倍显微物镜的结构参数设计结果如图 7-28 所示。物距 172，系统总长 23，二者之和为共轭距 195，符合要求。从图 7-28 中还可以看出，后截距为 1.2，符合工作距设计要求。像面高度 0.501，相对于物高 12.5 来说，物镜放大倍率是满足要求的。其它详细性能参数可从"分析"菜单下的"Reports"项中导出查看。

	Surf:Type		Con	Radius	Thickness	Material	Coa	Clear Semi-Dia
0	OBJECT	Standard ▾		Infinity	172.000			12.500
1		Standard ▾		-5.888 V	1.507 V	ZF7		3.926
2		Standard ▾		-7.639 V	0.202 V			4.471
3		Standard ▾		8.746 V	2.094 V	ZK3		4.697
4		Standard ▾		37.254 V	9.913 V			4.512
5	STOP	Standard ▾		Infinity	0.257 V			2.389
6		Standard ▾		10.798 V	2.000 V	ZK9		2.279
7		Standard ▾		-4.409 V	2.000 V	ZF7		2.002
8		Standard ▾		-23.731 V	1.066 V			1.807
9		Standard ▾		2.632 V	2.762 V	ZBAF3		1.658
10		Standard ▾		2.372 V	1.200 V			0.843
11	IMAGE	Standard ▾		Infinity	-			0.501

图 7-28 物镜结构参数设计结果

平场消色差物镜设计结果相应的 2D 光线追迹局部放大图如图 7-29 所示，从图中可以看出各透镜的加工工艺良好。

物镜的场曲、畸变设计结果如图 7-30 所示，从图中可以看出场曲较小，为微米级别，畸变为－2.6％，满足平场物镜设计要求。

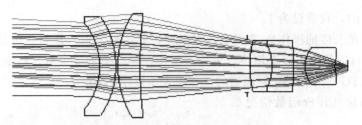

图 7-29　物镜设计结果 2D 光线放大图

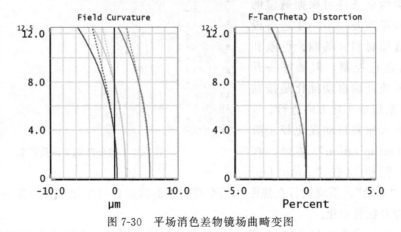

图 7-30　平场消色差物镜场曲畸变图

物镜的球差色差设计结果如图 7-31 所示，球差很小，F 光和 C 光球差曲线相交于 0.8 孔径处，表明系统做到了消色差目标。

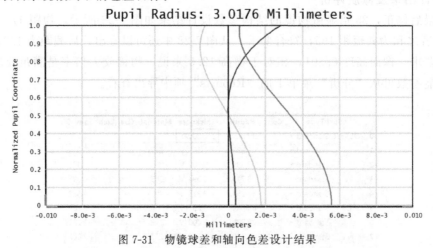

图 7-31　物镜球差和轴向色差设计结果

物镜的倍率色差设计结果如图 7-32 所示，倍率色差远远小于艾里斑半径（图中虚线所示范围），因此倍率色差也满足系统消色差要求。

平场消色差物镜的综合像质 MTF 设计结果如图 7-33 所示，从图中可以看到，在截止空间频率 1100lp/mm 时，各个视场的 MTF 曲线都超过 0.03，在 0.1 左右，满足设计要求的衍射级成像品质。

物镜的点列图设计结果如图 7-34 所示，从图中可以看到，各视场在没有渐晕设置的情况下，RMS 弥散斑半径都在 1μm 以下，同样达到了衍射极限分辨率要求。像差综合校正和平衡比较理想。

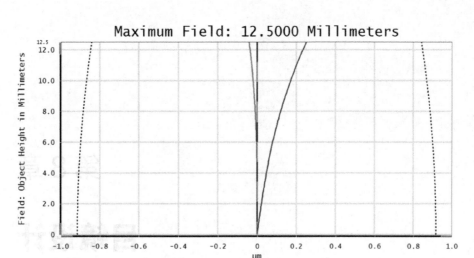

图 7-32　平场消色差物镜倍率色差设计结果

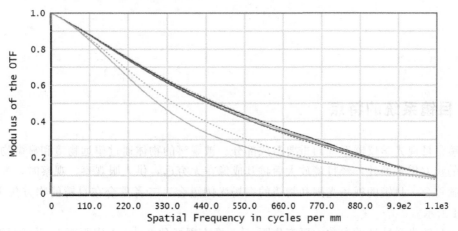

图 7-33　平场消色差物镜传递函数设计曲线

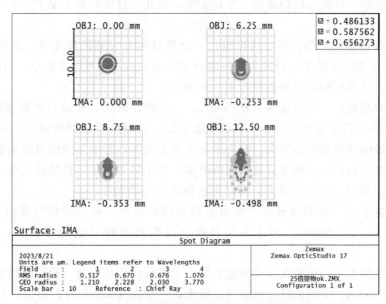

图 7-34　平场消色差物镜点列图结果

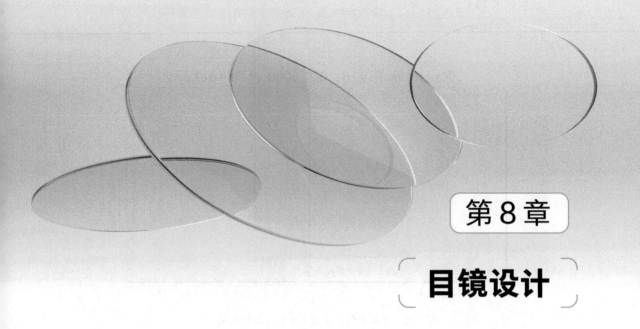

第8章

目镜设计

8.1 目镜系统的特点

目镜是目视光学仪器系统的重要组成部分。被观察的物体通过望远物镜和显微物镜成像在目镜的物方焦平面处，经目镜放大后将其成像在无穷远，供人眼观察。观察时，人眼与目镜的出瞳重合。目镜的视场光阑和物镜的视场光阑重合，二者重合在目镜的物方焦平面上，如图 4-1 所示。

表示目镜光学特性的参数主要有焦距 f'_e、像方视场角 $2\omega'$、工作距离 l_F 及镜目距 p'。

（1）目镜焦距：目镜可以看成是一个放大镜，因此，目镜的放大率 Γ_e 为

$$\Gamma_e = 250/f'_e \tag{8-1}$$

式中，f'_e 为目镜的焦距。从中可以看出，要使目镜有足够的放大率，必须缩小它的焦距 f'_e，所以，在望远系统中，目镜焦距一般为 $10\sim40\text{mm}$；在显微系统中，目镜焦距更短，甚至是几毫米。目镜焦距常用的范围为 $15\sim30\text{mm}$。

（2）目镜的视场：一般是指像方视场角 $2\omega'$。一般比较大，普通目镜的视场角为 $40°\sim50°$，广角目镜的视场角为 $60°\sim90°$。对于望远系统，当提高系统的视放大率和增大物镜的视场角时，目镜的视场角都会增大，轴外像差也势必增大，影响系统的成像质量，因此，望远系统的视放大率和物方视场受目镜视场的限制。对于显微系统，目镜的视场角取决于焦距 f'_e 的大小。焦距越短，视场角越大，同时可获得较大的放大率。

（3）镜目距 p'：是指目镜最后一面顶点到出瞳的距离，也是观察时眼睛瞳孔的位置。镜目距一般不小于 $6\sim8\text{mm}$。由于军用目视仪器需要加眼罩或防毒面具，通常镜目距 $p'\geqslant20\text{mm}$。

（4）目镜出瞳大小：出瞳大小受眼瞳限制，大多数仪器的出瞳直径与眼瞳直径相当，即出瞳直径为 $2\sim4\text{mm}$。军用仪器的出瞳直径较大，一般在 4mm 左右，所以，目镜的相对孔径比较小，在 $1/4\sim1/5$ 之间。

（5）目镜的工作距 l_F：是指物方焦平面到目镜第一面顶点到的距离。一般物镜的像在目镜的物方焦平面附近。如果显微镜和望远镜不带分划板和棱镜，则可以允许工作距小一点；反之，必须有一定的分划板等安置空间。

（6）目镜的视度调节：为了适应于近视眼和远视眼的需要，目镜应该具有视度调节能力。视度调节的目的是让目镜成的像位于非正常眼的远点上。如图 8-1 所示，将分划板相对目镜的物方焦点向右移动 x 距离，这样 A 点所成的像 A' 就位于眼睛前方为 r 的地方，它是非正常眼的远点。

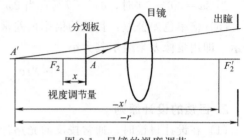

图 8-1　目镜的视度调节

目镜的视度调节是目镜结构设计的重要参数。视度调节量 x 与目镜的焦距 f'_e 有关。一般光学仪器的视度调节量最小为 $SD = \pm5D$（屈光度）。根据计算推导，可得出目镜相对于视场光阑（分划板）的移动量 x 为

$$x = \frac{SD \times f'^2_e}{1000} \tag{8-2}$$

8.2　目镜的像差公差及设计思路

1. 目镜的像差公差

由 8.1 节内容可知，目镜系统的光学特点是焦距短、视场大、相对孔径小，此特点决定了目镜的像差校正特点。

由于目镜的视场比较大，出瞳又远离透镜组，所以轴外像差都很大，目镜要重点校正的轴外像差有三种，即彗差、像散和倍率色差。受目镜结构限制，目镜的场曲不易校正，但可用像散来对场曲做适当补偿，再加上人眼有自动调节能力，所以对场曲要求可以降低。畸变由于不影响成像清晰，一般不做完全校正。

目镜轴上点的像差公差可参考望远物镜和显微物镜的像差公差，目镜的轴外像差公差一般要求如下。

（1）子午彗差公差

$$K'_t \leqslant \frac{1.5\lambda}{n'\sin^2 u'_m} \tag{8-3}$$

（2）弧矢彗差公差

$$K'_s \leqslant \frac{\lambda}{2n'\sin^2 u'_m} \tag{8-4}$$

（3）像散公差

$$x'_{ts} \leqslant \frac{\lambda}{n'\sin^2 u'_m} \tag{8-5}$$

（4）场曲公差：因为场曲应在眼睛的调节范围之内，可允许有 2～4 屈光度，因此，场曲公差为

$$x'_t \leqslant \frac{4f'^2}{1000}, \ x'_s \leqslant \frac{4f'^2}{1000} \tag{8-6}$$

当视场角 $2\omega < 30°$ 时，公差应缩小一半。

（5）畸变公差

$$\delta y'_z = \frac{y'_z - y'}{y'} \times 100\% \leqslant 5\% \tag{8-7}$$

当 $2\omega = 30° \sim 60°$ 时，$\delta y'_z \leqslant 7\%$；当 $2\omega > 60°$ 时，$\delta y'_z \leqslant 12\%$。

（6）倍率色差公差：目镜的倍率色差常用目镜焦平面上的倍率色差与目镜的焦距之比来表示，即用角像差来表示其大小

$$\frac{\Delta y'_{FC}}{f'} \times 3440' \leqslant 2' \sim 4' \tag{8-8}$$

2. 目镜的设计原则

（1）在设计目镜时，通常按反向光路计算像差，即假定物平面位于无限远，目镜对无限远目标成像，在目镜的焦平面上衡量系统的像差，如图 8-2 所示。

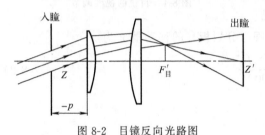

图 8-2　目镜反向光路图

（2）光谱选择：由于目镜是目视光学仪器的组成部分，因此也采用 F 光和 C 光消色差，对 D 光或 e 光校正单色像差。

（3）像差补偿问题：为了提高整个系统的成像质量，在校正目镜系统像差的同时，还要考虑与物镜之间的像差补偿问题。

在多组物镜、目镜互换使用或在目镜前焦平面上安装分划板的望远、显微系统中，物镜和目镜的像差应分别独立校正，然后再对整个系统进行像差平衡，难以考虑像差补偿。

若系统不带分划板，在初始计算时，就要考虑物镜和目镜的像差的补偿。通常是先校正目镜像差，然后根据目镜像差的校正结果，把剩余像差作为物镜像差的一部分，再对物镜进行像差校正。需要注意的是，目镜通常是按反光路计算的，所以在像差补偿时一定要考虑像差符号。

物镜结构一般简单，无法校正像散和倍率色差，残留的部分可由目镜来补偿。而目镜的球差和轴向色差一般也不能完全校正，可由物镜来补偿。彗差尽可能独立校正，在优先校正像散和倍率色差后，彗差若有少量残留，也可用物镜进行补偿。

8.3　目镜的基本结构类型

在望远镜和显微镜中，常用的目镜结构类型有惠更斯目镜、冉斯登目镜、凯涅尔目镜、对称式目镜、无畸变目镜和广角目镜等。

1. 惠更斯目镜

惠更斯目镜是由两块间隔为 d 的平凸透镜组成。其中口径较大靠近物镜一方的透镜为场镜，另一透镜靠近目方，称为接目镜，如图 8-3 所示。通常用于观察显微镜和天文望远镜中。

惠更斯目镜的物方焦点 F 在两透镜之间。所以物体经物镜所成的像也位于两透镜之间，这对于场镜来说是一虚物 y，它被场镜成一实像 y' 位于接目镜的物方焦平面处，此像再由接目镜成像在无穷远。场镜的作用还能使经过物镜的轴外光束不至于过高而入射到后面的接

目镜，从而减小接目镜的尺寸。

　　惠更斯目镜的视场光阑安置在接目镜的物方焦平面上，出射窗在无穷远处。场镜和接目镜通常选用同一种光学材料，场镜和接目镜的像差互相补偿，因此，惠更斯目镜在视场光阑处不宜安置分划板，测试仪器也不能选用这种结构。惠更斯目镜的视场在 $2\omega = 40° \sim 50°$，相对镜目距 $p'/f'_e \approx 1/3$，焦距不小于 15mm。

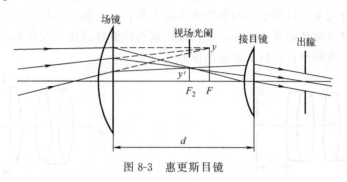

图 8-3　惠更斯目镜

2. 冉斯登目镜

　　冉斯登目镜的结构是由两块凸面相对并具有一定间隔的平凸透镜组成，其结构示意图如图 8-4 所示。冉斯登目镜的特点是物方焦点 F 在场镜之前，视场光阑位于目镜的物方焦平面处。物体经物镜所成的实像 y 位于目镜的焦平面上，再经场镜成虚像 y'，经接目镜成像在无穷远。

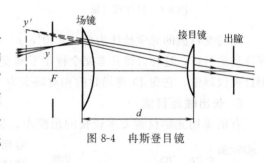

图 8-4　冉斯登目镜

　　冉斯登目镜的视场可做到 $30° \sim 40°$，相对镜目距 $p'/f'_e \approx 1/3$。由于这种目镜有实像面，在视场光阑处可以安置分划板，所以冉斯登目镜能够用于测量仪器中。

3. 凯涅尔目镜

　　凯涅尔目镜可以看作冉斯登目镜的演变型式，其结构型式如图 8-5 所示。它是用双胶合透镜替换冉斯登目镜中的接目镜，目的是弥补冉斯登目镜不能很好校正的垂轴色差。这样，凯涅尔目镜不仅可以校正彗差、像散以及垂轴色差，而且在场镜和接目镜间隔较小的情况下也能校正垂轴色差，并且可以使场曲进一步减小，目镜的结构也会相应缩短，目镜总长度近似为 $1.25f'_e$。

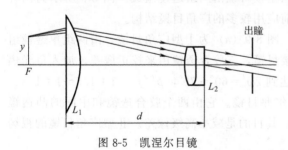

图 8-5　凯涅尔目镜

　　凯涅尔目镜的视场可以达到 $40° \sim 50°$，相对镜目距 $p'/f'_e \approx 1/2$，同时，出瞳距也比冉斯登目镜的出瞳距要大。

4. 对称式目镜

　　对称式目镜是目前应用比较多的一种中等视场目镜，如图 8-6 所示。它由两个双胶合透镜组成。如果这两个双胶合透镜组分别消色差，则整个系统可以同时消除轴向色差和垂轴色差。另外，这种目镜还能够校正彗差和像散，成像质量比较好。与前面介绍的目镜相比较，对称式目镜的结构更紧凑、场曲更小。它所能达到的视场为 $40°$ 左右，相对镜目距 $p'/f'_e \approx 1/1.3$。

对称式目镜的出瞳距离也比较大，有利于减小整个仪器的体积和重量，因此在一些中等倍率和出瞳距离要求较大的望远系统中使用非常广泛。

5. 无畸变目镜

无畸变目镜由一个平凸接目镜和一组三胶合透镜组构成，其结构如图 8-7 所示。三胶合透镜组的作用：一是可以补偿接目镜产生的一定量的像散和彗差；二是三胶合透镜组的第一个面与接目镜联合起来可以减小场曲和增大出瞳距离；三是利用三胶合透镜的两个胶合面可校正像散、彗差及垂轴色差等。另外，接目镜所成的像恰好落在三胶合透镜组第一个面的球心和齐明点之间，有利于校正整个系统的像差。

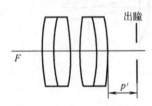

图 8-6 对称式目镜

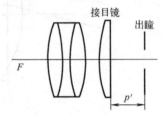

图 8-7 无畸变目镜

无畸变目镜的光学特性为 $2\omega'=40°$，$p'/f_e'\approx 1/0.8$。它是一种具有较大出瞳距离的中等视场的目镜，这种目镜并非完全校正了畸变，只是畸变小些，广泛用于大地测量仪器和军用目视仪器中。它在 40°视场时的相对畸变为 3%～4%。

6. 长出瞳距目镜

有的军用光学仪器要求较长的出瞳距，例如 22～30mm。这种目镜一般采用与摄远物镜相似的光学结构。图 8-8 所示为一长出瞳距目镜结构，它的视场 $2\omega'=50°$，截距 $l_F\approx 0.3f'$，$L_F'\approx f'$。

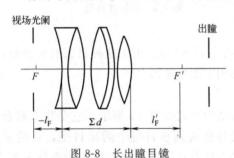

图 8-8 长出瞳目镜

7. 广角目镜

广角目镜的视场都在 60°以上，广角目镜的共同点是接目镜由两组透镜组成。图 8-9 所示为两种目前应用较多的广角目镜结构。

图 8-9（a）为 Ⅰ 型广角目镜，由两组单透镜组成接目镜，三胶合透镜用来校正像差。加入负光焦度是为了减小场曲。Ⅰ 型广角目视的视场可达到 $2\omega'=60°\sim 70°$，$p'/f'=1:1.5\sim 1:1.3$。

图 8-9（b）为 Ⅱ 型广角目镜，也称为埃尔弗目镜。它由两个胶合透镜和中间的凸透镜组成，相当于在对称目镜中多了一个单透镜，其目的是减小高级像差。Ⅱ 型广角目镜的视场可达到 $2\omega'=60°\sim 70°$，$p'/f'=1:1.5$。

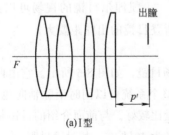

(a) Ⅰ 型

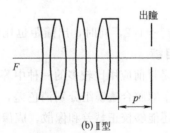

(b) Ⅱ 型

图 8-9 广角目镜

8.4　凯涅尔目镜的设计（案例）

凯涅尔目镜设计任务：

目镜的焦距 $f'=20\text{mm}$，出瞳直径 $D'=2.5\text{mm}$，出瞳距离 $p'\geqslant8\text{mm}$。目镜物方焦截距大于 4mm。像方视场角 $2\omega'=42°$，设计目镜时不考虑和物镜的像差补偿，系统渐晕最大不超过 50%。目镜设计像质要求：达到目镜各项像差公差要求，所有视场的 MTF 值都大于 0.3（在空间频率为 30lp/mm 时）。

1. 设计思路

根据目镜的设计原则，目镜系统的设计一般是按反向光路进行设计。把图 8-5 所示的凯涅尔目镜光路进行翻转后，得到如图 8-10 所示的反向光路图，则设计任务规格可转化为实际设计时的参数输入要求。

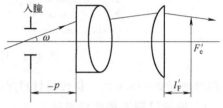

图 8-10　凯涅尔目镜反向光路图

转化后的设计规格如下：焦距 $f'=20\text{mm}$（放大倍率经计算为 12.5 倍）；视场角 $2\omega=42°$；入瞳直径 $D=2.5\text{mm}$；入瞳距离 $p\geqslant8\text{mm}$；后工作距 $l'_F>4\text{mm}$，孔径光阑和入瞳位置重合。

2. 初始结构选取

根据设计规格要求，在设计手册中查找到与该目镜视场和倍率相接近的初始结构，初始结构参数如表 8-1 所示。

表 8-1　凯涅尔目镜初始结构参数

主要特性参数	面号	半径 r	厚度 d	材料,玻璃
$\Gamma_e=15\times$ $f'=16.6$ $D=2.3$ $2\omega=45°$	1	83	2.3	ZF6
	2	13.1	5	H-ZK3
	3	−12.05	6	
	4	25.5	4.5	H-K9L
	5	∞		

3. 在 ZEMAX 中输入初始数据

初始结构选好后，接下来需将初始结构数据输入 ZEMAX 透镜数据编辑器（LD）中。反向光路的目镜系统设计时，物距为无穷远。孔径光阑在第一面，对于 $p\geqslant8\text{mm}$，可以先按 8mm 输入，后面的优化过程中可以用操作数来实际控制。

ZEMAX 透镜数据编辑器中除了物面、光阑面（STOP）和像面外，还需要在 LD 中的 "STOP" 面后新插入 5 个表面。依次在半径、厚度、材料栏中输入表 8-1 中的相应数据。最后第 6 个面的厚度可在旁边小框内选择 "Marginal Ray Height" 的解决方式，能自动生成后截距。

图 8-11 为输入完成的目镜数据编辑窗口。从 ZEMAX 状态栏可以看到此系统焦距（EFFL）为 16.6，表明输入的数据正确。

4. 缩放焦距

设计要求凯涅尔目镜的焦距为 20，需要对初始结构的焦距进行缩放，点击 LD 窗口菜单项 "Make Focal"，在弹出的对话框中输入 20 即可。缩放后的各透镜半径和厚度结构数据按

	Surf:Type		Comment	Radius	Thickness	Material	Coating
0	OBJECT	Standard ▾		Infinity	Infinity		
1	STOP	Standard ▾		Infinity	8.000		
2		Standard ▾		83.000	2.300	ZF6	
3		Standard ▾		13.100	5.000	H-ZK3	
4		Standard ▾		-12.050	6.000		
5		Standard ▾		25.500	4.500	H-K9L	
6		Standard ▾		Infinity	0.000		
7	IMAGE	Standard ▾		Infinity	-		

图 8-11　目镜初始结构数据编辑窗口

比例增加至 20/16.6 倍；但玻璃材料并不会变化。

5. 设置目镜系统性能参数

输入目镜的视场、孔径和波长。在 ZEMAX 主界面系统选项区，分别展开 Aperture、Fields 和 Wavelengths 选项。孔径类型选择"入瞳直径"，孔径数值填入设计规格要求的"2.5"；视场类型选择"角度"，视场个数勾选 3 个，分别为零视场、0.7 视场和全视场，权重都为 1，其对应的 Y 视场数值（子午面内 ω）分别为 0°、15°、21°。波长设置，选择"F，d，C（Visible）"，主波长为第 2 个，如图 8-12 所示。其余为默认值。这时可生成目镜的光线图，如图 8-13 所示，是典型的凯涅尔结构。

Wavelength Data

	Wavelength (μm)	Weight	Primary		Wavelength (μm)	Weight	Primary
☑ 1	0.486	1.000	○	☐ 13	0.550	1.000	○
☑ 2	0.588	1.000	◉	☐ 14	0.550	1.000	○
☑ 3	0.656	1.000	○	☐ 15	0.550	1.000	○
☐ 4	0.550	1.000	○	☐ 16	0.550	1.000	○
☐ 5	0.550	1.000	○	☐ 17	0.550	1.000	○
☐ 6	0.550	1.000	○	☐ 18	0.550	1.000	○
☐ 7	0.550	1.000	○	☐ 19	0.550	1.000	○
☐ 8	0.550	1.000	○	☐ 20	0.550	1.000	○
☐ 9	0.550	1.000	○	☐ 21	0.550	1.000	○
☐ 10	0.550	1.000	○	☐ 22	0.550	1.000	○
☐ 11	0.550	1.000	○	☐ 23	0.550	1.000	○
☐ 12	0.550	1.000	○	☐ 24	0.550	1.000	○

F, d, C (Visible) ▾ 　 Select Preset 　　　　　　 Decimals: Use Editor Preferenc ▾

Minimum Wave: 0.486　　Maximum Wave: 0.656　　Steps: 4 ▾　　Gaussian Quadrature

图 8-12　目镜波长设置

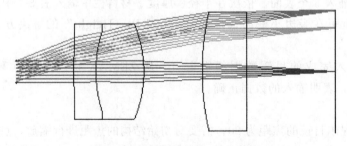

图 8-13　目镜初始结构 2D 光线图

6. 目镜像差初步评估

初始结构经过焦距缩放和系统特性赋值后，ZEMAX 会自动计算并生成各种像差数据、曲线或图形。对于目镜系统，重点要关注的像差是彗差、像散和倍率色差，其它像差则有一定的宽松度。设计要求的 MTF 值会受到除畸变外的各种像差的影响。初始系统的主要像差图形如图 8-14 所示。

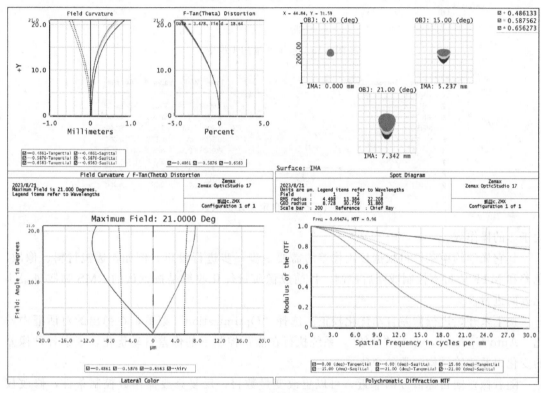

图 8-14   目镜初始系统像差图

从图 8-14 左上的场曲图中可以看出，子午和弧矢曲线分开严重，说明存在较大的像散，倍率色差范围大于艾里斑，点列图中出现彗差形状，MTF 曲线在空间频率为 30lp/mm 时轴外视场非常低，各种像差都比较大，需要进行优化校正。

7. 目镜系统优化设计

首先是变量的设定。将 STOP 和第 6 面之外的其它半径先设为变量，除第 1 个厚度外，其它的也全部设为变量。快捷方法是：在 LD 中将高亮条移动到要改变的参数上，按 Ctrl＋Z 设定变量，再按 Ctrl＋Z 撤消变量设定，当该参数为变量时，单元格边上的小框中出现字母 "V"，如图 8-15 所示。

其次是评价函数操作数的设定。打开 "Setup"→"Editors"→"Merit Function Editor"，按优化向导，确定进入默认的评价函数多行控制内容。在默认的评价函数编辑窗口的第一行 BLNK 处选择 EFFL 焦距操作数，目标值输入 20，权重设为 1。然后插入多行 BLNK，自定义评价函数，分别选取合适的操作数对目镜各边界条件进行约束，特别是已设为变量的厚度值，控制负透镜的最小中心厚度、正透镜的最小边缘厚度、最小空气间隔进行控制等，控制目标值可参考 5.5.2 节中讲述的光学零件的加工要求以及实际的制造工艺给定，当然，经验值也比较重要。目镜系统自定义评价函数列表如图 8-16 所示，其中 CTGT 是控制后工作距

Surf:Type		Comment	Radius	Thickness	Material	Coating	Clear Semi-D
0	OBJECT Standard ▾		Infinity	Infinity			Infinity
1	STOP Standard ▾		Infinity	8.000			1.250
2	Standard ▾		99.814 V	2.766 V	ZF6		4.357
3	Standard ▾		15.754 V	6.013 V	H-ZK3		5.016
4	Standard ▾		-14.4... V	7.215 V			5.989
5	Standard ▾		30.666 V	5.412 V	H-K9L		7.277
6	Standard ▾		Infinity	10.961 V			7.296
7	IMAGE Standard ▾		Infinity	-			7.372

图 8-15　系统变量初步设定

	Type	Sui	Sui	Zone	Mode	Targe	Wei	Value	% Contrib
1	DMFS ▾								
2	EFFL ▾	2				20.000	1.0...	20.000	5.281E-28
3	MNCG ▾	2	3			2.000	1.5...	2.000	0.000
4	MNEG ▾	3	4	0.000	0	1.500	1.0...	1.500	0.000
5	MNCA ▾	4	5			0.500	1.0...	0.500	0.000
6	MXCA ▾	4	5			8.000	1.0...	8.000	0.000
7	MXCG ▾	2	3			5.000	1.0...	6.013	42.926
8	MNEG ▾	5	6	0.000	0	1.500	1.0...	1.500	0.000
9	CTGT ▾	6				4.000	1.0...	0.000	0.000

图 8-16　初步自定义评价函数

大于 4 的操作数。

其它光学约束条件可根据校正像差的需要一步一步进行设定。例如，透镜材料、像散、色差和 MTF 值可不控制或随后控制，目前成像质量优化收缩是按默认的 RMS 弥散斑最小化方向进行。

接下来开始进行像差自动优化校正。选择"Optimization"菜单，在弹出的对话框中勾选"Auto Update"，点击"开始"，系统执行在焦距控制下的像差自动优化，观察各种像差的变化以及透镜结构参数的变化。

随着像差向目标值逐渐靠近，可以更改变量数目，反复修改操作数控制条件，修改权重，最后给轴外视场设置一些渐晕以减小轴外像差。打开视场数据编辑器，分别对子午和弧矢视场进行设置，如图 8-17 所示，设置的最大值不超过 50％的要求。

Field Data Editor

Field 2 Properties ◀ ▶　　　　　Field Type: Angle　　Normalization: Radial (21 °)

	Co	X Angle (	Y Angle (°)	Weight	VDX	VDY	VCX	VCY	TAN
1		0.000	0.000	1.000	0.000	0.000	0.000	0.000	0.000
2		0.000	15.000	1.000	0.000	0.000	0.100	0.200	0.000
3		0.000	21.000	1.000	0.000	0.000	0.200	0.300	0.000

图 8-17　系统渐晕设置

最后在评价函数编辑器中自定义加入 MTF 控制条件，权重可以大一点。继续反复优化操作，直到设计结果满足像质设计要求为止。修改和添加像质控制操作数的评价函数情况如图 8-18 所示。

8. 设计结果及像质评价

经过优化设计，最终凯涅尔目镜的结构参数设计结果如图 8-19 所示。焦距为 20，入瞳距为 8，工作距 19.8，满足各项设计要求值。详细参数可从"Reports"菜单中查看。相应的 2D 光线图如图 8-20 所示，从图中可以看出各透镜的加工工艺良好。

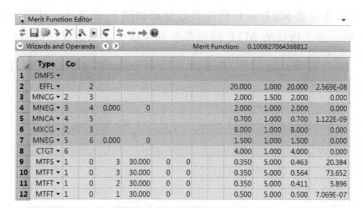

图 8-18　像差自定义操作数

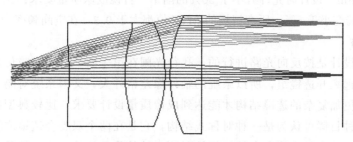

图 8-19　凯涅尔目镜结构参数设计结果

图 8-20　凯涅尔目镜 2D 光线图

凯涅尔目镜的场曲、像散、畸变设计结果如图 8-21 所示，从图中可以看出像散相对于初始结构来说，已经有了很大的改善，场曲和畸变不需要严格校正。

凯涅尔目镜的倍率色差设计结果如图 8-22 所示，倍率色差随视场增大而增大，最大值都在艾里斑范围内，已经非常小了，同时说明透镜材料的选用合理。

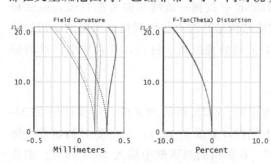

图 8-21　目镜设计结果场曲畸变图

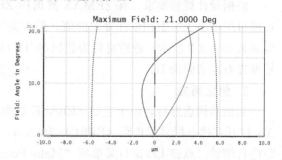

图 8-22　目镜设计结果倍率色差图

凯涅尔目镜的综合像质 MTF 评价曲线设计结果如图 8-23 所示，从图中可以看到，在空间频率 30lp/mm 时，各个视场的 MTF 曲线都在 0.4 以上，满足设计要求。

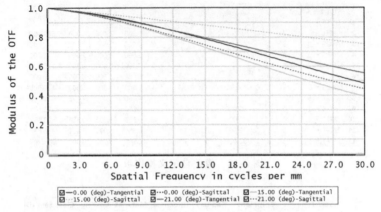

图 8-23　目镜设计结果传递函数曲线

8.5　长出瞳距目镜的设计（案例）

长出瞳目镜设计任务：

目镜倍率 15×；出瞳距 $p'=28$mm，出瞳直径 $D'=2.5$mm，像方视场角 $2\omega'=40°$，目镜工作距大于 5mm。设计时允许有小于 50% 的渐晕。目镜成像质量要求：主要像差符合目镜像差公差要求，畸变小于 5%，所有视场的 MTF 值都大于 0.3（在空间频率为 30lp/mm 时）。

1. 设计思路

目镜系统的设计是按反向光路进行的。孔径光阑在第一面，且与入瞳位置重合。长出瞳目镜由于光阑远远离开透镜组，所以系统的轴外像差格外大，又因系统对畸变要求也相对严格，所以，需要更加复杂的透镜结构才能达到成像质量设计要求。比较典型的长出瞳目镜是埃尔弗目镜，这种目镜可认为是一种对称式结构，它是在两个双胶合透镜之间插入一片双凸单透镜。埃尔弗目镜在长出瞳和中等视场情况下，轴外像差能校正到可接受的水平。

本案例目镜设计任务规格转化为实际设计时的参数输入要求如下。

放大倍率 $\Gamma_e=15×$；视场角 $2\omega=40°$；入瞳直径 $D=2.5$mm；入瞳距 $p=28$mm；后工作距 $l'_F>5$mm。目镜焦距 f'_e 可根据式（8-1）计算得到：$f'_e=250/15=16.7$。

2. 初始结构选取

根据设计规格要求，在 ZEMAX 数据库 ZEBASE 中找到一款埃尔弗类型目镜，虽然相对镜目距远小于本案例设计要求的值，但作为初始结构是有潜力优化到目标规格的。初始结构参数如表 8-2 所示。透镜材料为德国 SCHOTT 公司的普通光学材料，其对应中国玻璃牌号可查看本书附录 D。

3. 焦距缩放

初始结构选好后，由于它是 ZEBASE 数据库中的 .ZMX 格式的文件，可直接用 ZEMAX 打开，状态栏显示焦距（EFFL）为 25.4，本例设计要求是 16.7，所以要对初始系统焦距进行缩放。点击 LD 窗口菜单项 "Make Focal"，在弹出的对话框中输入 16.7 即可。缩放后的各透镜半径和厚度数据按比例减小（16.7/25.4），但透镜材料没有发生变化。

表 8-2 长出瞳目镜初始结构参数

主要特性参数	面号	半径 r	厚度 d	材料
$f'=25.4$ $D=5$ $l_z=17.9$ $2\omega=55°$	STOP	∞	17.9	
	2	−27.54	2.26	SF1
	3	79.27	11.45	SK14
	4	−22.66	0.53	
	5	72.85	10.74	LAK10
	6	−46.32	0.53	
	7	30.43	13.56	FK3
	8	−30.85	5.05	SF1
	9	48.88		

本目镜系统对无穷远物成像，第一面是孔径光阑，修改其对应厚度为入瞳距 28。修改初始系统中被固定的各光学表面半口径值，点击各表面“Semi-Diameter（半口径）”旁的小框，改选为“Automatic（自动适应）”，这时“U”标识将消失。

4. 设置目镜要求性能参数

输入目镜的视场、孔径和波长。在 ZEMAX 主界面系统选项区，分别展开 Aperture、Fields 和 Wavelengths 选项。孔径类型选择“入瞳直径”，孔径数值输入设计规格要求的直径“2.5”；视场类型选择“角度”，视场个数勾选 3 个，分别为零视场、0.7 视场和全视场，权重都为 1，其对应的 Y 视场数值（子午面内 ω）分别为 0°、14°、20°。波长设置，选择“F，d，C（Visible）”，主波长为第 2 个，其余为默认值。

焦距缩放和各种参数修改输入完成后的透镜数据编辑窗口如图 8-24 所示。

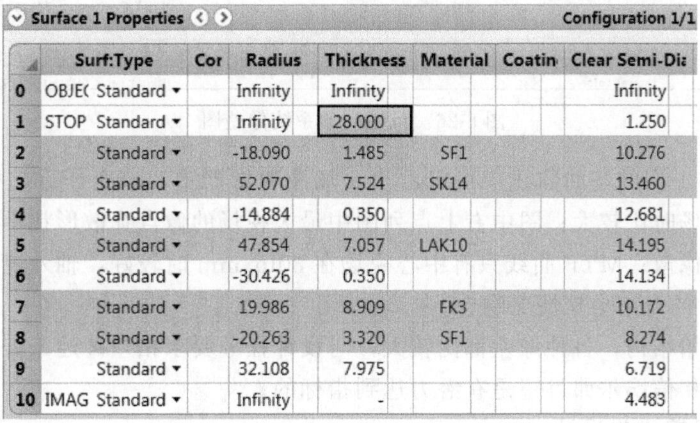

Surface 1 Properties　Configuration 1/1

	Surf:Type	Cor	Radius	Thickness	Material	Coatin	Clear Semi-Dia
0	OBJEC Standard		Infinity	Infinity			Infinity
1	STOP Standard		Infinity	28.000			1.250
2	Standard		-18.090	1.485	SF1		10.276
3	Standard		52.070	7.524	SK14		13.460
4	Standard		-14.884	0.350			12.681
5	Standard		47.854	7.057	LAK10		14.195
6	Standard		-30.426	0.350			14.134
7	Standard		19.986	8.909	FK3		10.172
8	Standard		-20.263	3.320	SF1		8.274
9	Standard		32.108	7.975			6.719
10	IMAG Standard		Infinity	-			4.483

图 8-24 长出瞳目镜初始结构数据

这时可同时生成目镜初始系统光线图，如图 8-25 所示，是典型的埃尔弗结构。从图中可看出，第二块透镜的厚度太小，导致透镜边缘光线交叉折射，边缘厚度为负值，下一步需要重点纠正。从各视场光线会聚情况看，只有轴上光束会聚较好，其它视场会聚较差。

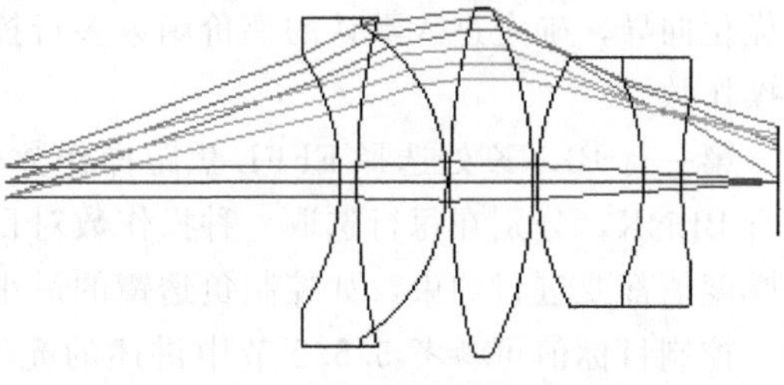

图 8-25 长出瞳目镜初始结构光线图

5. 目镜初始系统像差评估

初始结构经过焦距缩放和系统特性赋值后，ZEMAX 会自动计算并生成各种像差数据、曲线或图形。对于长出瞳目镜，彗差、像散和倍率色差等像差会更加严重，严重影响 MTF 值，场曲虽说要求相对宽松，但它对 MTF 影响也很大；畸变虽然不影响 MTF，但本例要求小于 5%，需要在选取初始结构时就认真考虑。

初始系统的主要像差情况如图 8-26 所示。

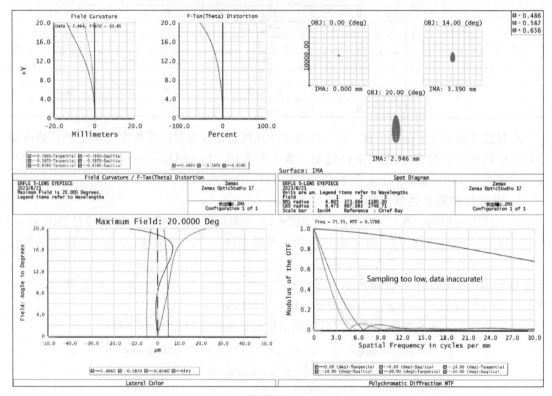

图 8-26　目镜初始系统像差图

从图 8-26 左上图的场曲曲线中可以看出，场曲非常严重，畸变严重超标；图左下的倍率色差在最大视场时比较大；图中右上点列图中最大视场的像点弥散形状是细长形状，代表系统存在严重的像散；MTF 曲线只有中心视场在 30lp/mm 时较好，轴外视场无法取样，这也与图 8-25 所示的光束会聚情况吻合。

综合分析初始结构，各种像差都比较大，与设计任务要求相差甚远，需要进行大量的优化校正工作，但相信埃尔弗目镜是有潜力达到指标的。

6. 长出瞳目镜优化设计

首先是变量的设定。将物面、STOP 和像面 IMAG 之外的其它球面半径都设为变量，除第 1 个厚度 28 不设变量外，其它的厚度也全部设为变量。

其次是评价函数操作数的设定。打开 "Setup"→"Editors"→"Merit Function Editor"，按优化向导，确定进入默认的评价函数多行控制内容。在默认的评价函数编辑窗口进行自定义操作数。

第一行 BLNK 处选择 EFFL 焦距操作数码，目标值输入 16.6，权重设为 1。然后插入多行 BLNK，分别在每行选取一种操作数对目镜各边界条件进行约束控制，已设为变量的所有厚度值都要进行约束，如控制负透镜的最小中心厚度、正透镜的最小边缘厚度和空气间隔等，控制目标值可参考 5.5.2 节中讲述的光学零件的加工要求，结合实际零件加工酌情给定，当然，经验值也比较重要。目镜初步自定义评价函数情况如图 8-27 所示，其中 ETGT

操作数是指规定面边缘厚度大于目标值，因为最后第 9 面为正半径凹面，边缘厚度代表工作距，所以控制其大于设计要求的 5mm。

	Type	Surf1	Surf2				Target	Weight
1	DMFS ▾							
2	EFFL ▾		2				16.700	1.000
3	MNCG ▾	2	3			☐	1.000	1.000
4	XNEG ▾	3	4	0.000	0		1.500	1.000
5	MNCA ▾	4	5				1.000	1.000
6	MNEA ▾	4	5	0.000	0		1.000	1.000
7	XNEG ▾	5	6	0.000	0		1.500	1.000
8	MNCA ▾	6	7				1.000	1.000
9	XNEG ▾	7	8	0.000	0		1.000	1.000
10	MNCG ▾	8	9				1.000	1.000
11	ETGT ▾	9	0		0		5.000	1.000

图 8-27　初步自定义评价函数

其它光学约束条件可根据透镜的变化和像差校正需要一步一步进行设定。例如，透镜材料、场曲、像散、色差和 MTF 值都可随后控制，系统一开始自动优化是按默认的 RMS 弥散斑最小化方向进行。

接下来开始进行像差自动优化校正。选择 "Optimization" 菜单，在弹出的对话框中勾选 "Auto Update"，点击 "开始"，系统执行在焦距控制下的像差自动优化，观察各种像差的变化以及透镜结构参数的变化。

随着第一轮优化，像差在向好的方向发展，但有的透镜中心厚度或边缘厚度出现变薄情况，可以及时更改相应的目标值和权重。然后，添加畸变 "DIMX" 操作数，指的是最大畸变百分数，目标值给 5，以防后面难以控制。

多轮优化后，MTF 仍然不满足要求，主要原因是场曲像散值较大，也存在彗差，最后在评价函数编辑器中增加各视场 MTF 操作数，控制综合像差，空间频率选取 30lp/mm，权重可以大一点，如图 8-28 所示。

在优化基本达到要求后，最后可以给轴外视场设置一些渐晕以提高一点轴外视场的MTF 值。打开视场数据编辑器，分别对子午和弧矢视场进行设置，VCY 代表子午对称渐晕，VDY 代表子午偏心渐晕，如图 8-29 所示，最大值没有超过 50%。

	Type	Samp	Wave	Field	Freq	Gri	Da		Target	Weight
14	DIMX ▾	1		2	0				5.000	1.000
15	MTFT ▾	1		3	30.000	0	0	☐	0.500	1.000
16	MTFS ▾	1		3	30.000	0	0		0.500	1.000
17	MTFT ▾	1		1	30.000	0	0		0.500	5.000
18	MTFS ▾	1		1	30.000	0	0		0.500	5.000
19	MTFS ▾	1		2	30.000	0	0		0.500	5.000
20	MTFT ▾	1		2	30.000	0	0		0.500	5.000
21	BLNK ▾	Operands for field 1.								

图 8-28　自定义 MTF 优化操作数

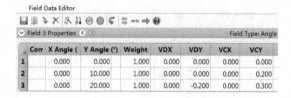

Field Data Editor

▶ Field 3 Properties ◀ ▷　　　　　　　　　　　　Field Type: Angle

	Com	X Angle (	Y Angle (°)	Weight	VDX	VDY	VCX	VCY
1		0.000	0.000	1.000	0.000	0.000	0.000	0.000
2		0.000	10.000	1.000	0.000	0.000	0.000	0.200
3		0.000	20.000	1.000	0.000	-0.200	0.000	0.300

图 8-29　系统渐晕设置

7. 设计结果及像质评价

经过优化设计，长出瞳目镜的结构参数设计结果如图 8-30 所示。焦距为 16.79，入瞳直径 2.5，工作距 6.37，满足各项设计要求。系统详细参数可从 "Reports" 中查看。

长出瞳目镜相应的 2D 光线追迹图如图 8-31 所示，从图中可以看出各透镜的加工工艺良好。

长出瞳距目镜的场曲、像散、畸变设计结果如图 8-32 所示，从图中可以看出场曲相对于初始结构来说，已经有了很大提高，最大畸变不足 3%，满足设计要求。

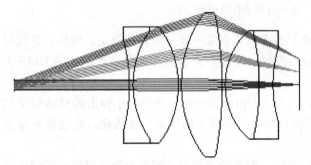

	Surf:Type		Con	Radius	Thickness	Material	Coati	Clear Sem
0	OBJE(Standard ▾			Infinity	Infinity			Infinity
1	STOP Standard ▾			Infinity	28.000			1.250
2	Standard ▾			-37.662 V	0.966 V	SF1		10.294
3	Standard ▾			21.275 V	10.896 V	SK14		12.406
4	Standard ▾			-22.132 V	0.775 V			13.480
5	Standard ▾			27.787 V	9.791 V	LAK10		16.821
6	Standard ▾			-84.871 V	0.767 V			16.407
7	Standard ▾			16.846 V	8.194 V	FK3		12.518
8	Standard ▾			-53.341 V	3.259 V	SF1		11.642
9	Standard ▾			29.699 V	6.370 V			8.903
10	IMAG Standard ▾			Infinity	-			6.011

图 8-30　长出瞳目镜结构参数设计结果

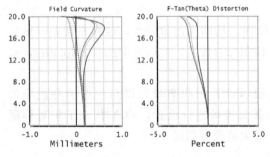

图 8-31　长出瞳目镜 2D 光线图

长出瞳目镜的倍率色差设计结果如图 8-33 所示，存在一定的高级色差，但最大值都在公差范围内，代表透镜的材料选用也基本合理。

长出瞳目镜的综合像质 MTF 评价曲线设计结果如图 8-34 所示，从图中可以看到，在空间频率 30lp/mm 时，各个视场的 MTF 曲线都超过 0.3，满足设计任务要求。

图 8-32　长出瞳目镜设计结果场曲像散图

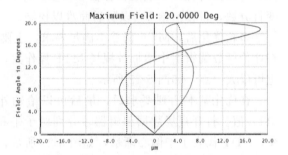

图 8-33　长出瞳目镜倍率色差设计结果

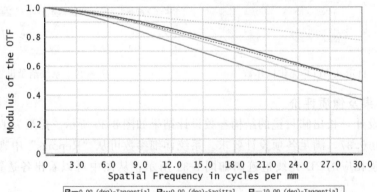

图 8-34　长出瞳目镜传递函数设计曲线

长出瞳目镜的点列图设计结果如图 8-35 所示，从图中可以看到，虽然轴外视场还存在少量彗差，但中心视场和最大视场的 RMS 弥散斑半径都在 $10\mu m$ 左右，超越目视极限分辨能力。整个系统的像差校正较理想。

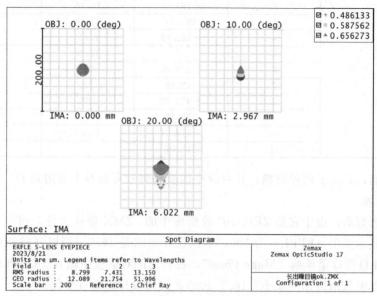

图 8-35 长出瞳目镜点列图结果

8.6 广角目镜的设计（案例）

广角目镜设计任务：

目镜倍率 15×；出瞳距 $p'\geqslant6mm$，出瞳直径 $D'=2.3mm$，像方视场角 $2\omega'=72°$，工作距大于 5mm。设计时允许有小于 50% 的渐晕。成像质量要求：主要像差符合目镜像差公差要求，畸变小于 10%，允许有小于 50% 的渐晕。所有视场的 MTF 值都大于 0.3（在空间频率为 30lp/mm 时）。

1. 设计思路

目镜系统的设计是按反向光路进行的。孔径光阑在第一面，且与入瞳位置重合。广角目镜由于视场角大而使系统产生非常大的轴外像差。畸变一般也是随着视场的增大而快速增大，本例要求低于 10% 属相当严格，必然需使用复杂的透镜结构才能达到成像质量最终要求。

前面所讲的 Ⅰ 型和 Ⅱ 型广角目镜的基本结构都是五片型，胶合透镜主要用来校正和补偿主要像差，负透镜是为了校正场曲，最大视场可以做到 60°～70°，畸变也比较大。而本例视场角要做到 70° 以上，且畸变要控制在 10% 以下，所以整体结构会在 Ⅱ 型广角目镜的框架基础上再稍微复杂化，使用 6 片透镜应该可以完成设计。

本案例目镜设计任务规格转化为实际设计时的参数输入要求如下。

放大倍率 $\Gamma_e=15×$；视场角 $2\omega=72°$；入瞳直径 $D=2.3mm$；入瞳距离 $p\geqslant6mm$；后工作距 $l'_F>5mm$。目镜焦距 f'_e 可根据式（8-1）计算得到：$f'_e=250/15=16.7$。

2. 初始结构选取

根据设计规格要求，在 ZEMAX 数据库 ZEBASE 中找到一款 6 片型广角目镜初始结构。初始结构参数如表 8-3 所示。这是一款源自美国的专利资料，透镜材料全为德国 SCHOTT

表 8-3　广角目镜初始结构参数

主要特性参数	面号	半径 r	厚度 d	材料
$f'=100$ $D=25$ $l_z=58.7$ $2\omega=75°$	STOP	∞	58.7	
	2	−191.65	10.16	SF12
	3	191.65	43.78	SK16
	4	−127.83	0.85	
	5	∞	37.89	SK16
	6	−178.07	0.85	
	7	452.62	32	SK16
	8	−452.62	0.85	
	9	179.12	60.69	SK16
	10	−178.07	12.63	SF12
	11	178.07		

公司的普通玻璃，只用了两种玻璃，其对应中国玻璃牌号可查看本书附录 D。

3. 焦距缩放

初始结构选好后，由于它是 ZEBASE 数据库中的 .ZMX 格式文件，可直接用 ZEMAX 打开，状态栏显示焦距（EFFL）为 100，本例设计要求是 16.7，所以要对初始系统焦距进行缩放。点击 LD 窗口菜单项"Make Focal"，在弹出的对话框中输入 16.7 即可。缩放后的各透镜半径和厚度数据按比例减小（16.7/100），但透镜材料没有变化。

本目镜系统对无穷远物成像，第一面是孔径光阑，暂定其对应厚度为入瞳距 6。修改初始系统中被固定的各光学表面半口径值，点击各表面"Semi-Diameter（半口径）"旁的小框，改选为"Automatic（自动适应）"，这时"U"标识将消失。

4. 设置目镜系统要求性能参数

输入目镜的视场、孔径和波长。在 ZEMAX 主界面系统选项区，分别展开 Aperture、Fields 和 Wavelengths 选项。孔径类型选择"入瞳直径"，孔径数值输入设计规格要求的直径"2.3"；视场类型选择"角度"，视场个数勾选 5 个，分别为零视场、0.5 视场、0.7 视场、0.85 视场和全视场，权重都为 1，其对应的 Y 视场数值（子午面内 ω）分别为 0°、18°、25°、30°、36°。波长设置，选择"F，d，C（Visible）"，主波长为第 2 个，其余为默认值。

焦距缩放和各种参数修改输入完成后的透镜数据编辑窗口如图 8-36 所示。可以看出，

	Surf:Type	Co	Radius	Thicknes	Material	Coat	Clear Semi
0	OBJECT Standard ▼		Infinity	Infinity			Infinity
1	STOP Standard ▼		Infinity	6.000			1.150
2	Standard ▼		-32.001	1.697	SF12		5.200
3	Standard ▼		32.001	7.310	SK16		6.514
4	Standard ▼		-21.345	0.143			8.812
5	Standard ▼		Infinity	6.327	SK16		9.845
6	Standard ▼		-29.733	0.143			11.063
7	Standard ▼		75.578	5.344	SK16		11.782
8	Standard ▼		-75.578	0.143			12.037
9	Standard ▼		29.909	10.133	SK16		12.110
10	Standard ▼		-29.733	2.109	SF12		11.290
11	Standard ▼		29.733	7.115			10.396
12	IMAGE Standard ▼		Infinity	-			10.394

图 8-36　广角目镜初始结构数据

第一透镜的两个半径值相同、第四透镜的两个半径值相同、最后的双胶合透镜的三个表面半径值都相同，这在生产加工中是非常有利于降低成本的。

这时，ZEMAX 可同时生成目镜初始结构光线图，如图 8-37 所示。从五个视场光线会聚情况看，轴上和轴外各光束会聚情况都比较差，像差需要严格校正。

5. 初始系统像差评估

初始结构经过焦距缩放和系统特性赋值后，ZEMAX 会自动计算并生成各种像差数据、曲线或图形。对于广角目镜，彗差、像散和倍率色差等像差会更加严重，严重影响 MTF 值，场曲虽说要求宽松，但它对 MTF 影响也很大；畸变虽然不影响

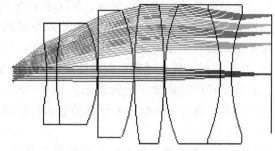

图 8-37　广角目镜初始结构光线图

MTF，但本例要求小于 10%，对于广角系统来说非常困难，需要在选取初始结构时就认真考虑。初始系统的主要像差情况如图 8-38 所示。

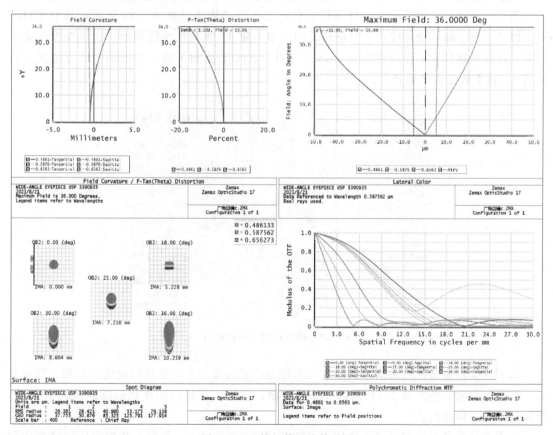

图 8-38　目镜初始系统像差图

从图 8-38 左上图的场曲曲线中可以看出，场曲偏大，且子午和弧矢曲线分开较远，有一定像散；像散也可以从图 8-38 左下的点列图中看出，轴外有两个视场的点列图瘦长，代表存在明显像散；畸变接近 20%，倍率色差也比较大，都不符合设计要求。中心视场和边缘视场的 MTF 曲线都很低，完全达不到 0.3。

综合分析初始系统各种像差，都比较大，与设计任务要求相差甚远，需要进行大量的优化校正工作。

6. 广角目镜优化设计

首先是变量的设定。将物面、STOP 和像面 IMAG 之外的其它球面半径都设为变量，全部厚度也都设为变量。为了沿用初始系统表面半径等值的优势，在做半径变量设置时，可以先把第 8 面的半径设置为跟随第 7 面变化，比例因子为−1，这样，第 8 面的半径值旁边显示 "P" 字样，优化过程中会跟随第 7 面负等值变化。

其次是评价函数操作数的设定。打开 "Setup"→"Editors"→"Merit Function Editor"，按优化向导，确定进入默认的评价函数多行控制内容。在默认的评价函数编辑窗口进行自定义操作数。

第一行 BLNK 处选择 EFFL 焦距操作数码，目标值输入 16.7，权重设为 1。然后插入多行 BLNK，分别在每行选取一种操作数对目镜各边界条件进行约束控制，已设为变量的所有厚度值都要进行约束，如控制负透镜的最小中心厚度、正透镜的最小边缘厚度和空气间隔等，控制目标值可参考 5.5.2 节中讲述的光学零件的加工要求，结合实际零件加工酌情给定，当然，经验值也比较重要。目镜初步自定义评价函数情况如图 8-39 所示，其中 ETGT 操作数是指规定面边缘厚度大于目标值，因为最后第 11 面为正半径凹面，边缘厚度代表工作距，所以控制其大于设计要求的 5mm。另外，CTGT 控制了第一个面的中心厚度大于目标值 6，这个就是出瞳距要求。

Type	Surf1	Surf2				Target	Weight
EFFL ▾		2				16.670	8.000
MNCA ▾	1	2				6.000	1.000
MNCG ▾	2	3				0.800	20.000
XNEG ▾	3	4	0.000	0		0.800	20.000
MNCA ▾	4	5				0.900	22.000
XNEG ▾	5	6	0.000	0		0.800	15.000
MNCA ▾	6	7				0.750	18.000
XNEG ▾	7	8	0.000	0		0.800	10.000
MNCA ▾	8	9				0.800	1.000
MNCG ▾	9	10				1.100	10.000
XNEG ▾	9	10	0.000	0		1.000	1.000
MNCG ▾	10	11				1.000	1.000
CTGT ▾	1					6.200	20.000
MNCG ▾	9	10				1.000	1.000
ETGT ▾	11	0		0		5.100	2.000

图 8-39　初步自定义评价函数

其它光学约束条件可根据透镜的变化和像差校正需要一步一步进行设定。例如，透镜材料、场曲、像散、色差和 MTF 值都可随后控制，系统一开始自动优化是按默认的 RMS 弥散斑最小化方向进行。

接下来开始进行像差自动优化校正。选择 "Optimization" 菜单，在弹出的对话框中勾选 "Auto Update"，点击 "开始"，系统执行在焦距控制下的像差自动优化，观察各种像差的变化以及透镜结构参数的变化。

多轮优化后，像差在向好的方向发展，这时，添加畸变 DIMX 操作数，控制最大畸变百分数，目标值给 9.5。

MTF 仍然不满足要求，主要原因是场曲像散值较大，也存在彗差，最后在评价函数编辑器中增加各视场 MTF 操作数，控制综合像差，空间频率选取 20～40lp/mm 不等，根据优化情况调整，权重可以大一点，如图 8-40 所示。

Type	Samp	Wave	Field	Freq	Grid	Da		Target	Weight
DIMX ▾	0	2	0					9.200	8.000
MTFT ▾	1	0	1	40.000	0	0	☐	0.500	1.000
MTFT ▾	1	0	2	40.000	0	0		0.400	5.000
MTFT ▾	1	0	3	40.000	0	0		0.400	100.000
MTFT ▾	1	0	4	40.000	0	0		0.500	35.000
MTFT ▾	1	0	5	20.000	0	0		0.700	50.000
MTFT ▾	1	0	5	30.000	0	0		0.500	50.000
MTFS ▾	1	0	5	40.000	0	0		0.500	10.000
MTFS ▾	1	0	3	40.000	0	0		0.400	1.000
MTFS ▾	1	0	4	40.000	0	0		0.400	1.000

图 8-40　自定义像差控制操作数

在优化基本达到要求后，最后可以给轴外视场设置一些渐晕以提高一点轴外视场的 MTF 值。打开视场数据编辑器，分别对子午和弧矢视场进行设置，VCY 代表子午对称渐晕，VDY 代表子午偏心渐晕，如图 8-41 所示。其中 VDY 可以为负值，表示向下偏移以拦截光线，从图中看出，最大值渐晕设置没有超过 50%。

	Com	X Angle (°)	Y Angle (°)	Weigh	VDX	VDY	VCX	VCY	TAN
1		0.000	0.000	1.000	0.000	0.000	0.000	0.000	0.000
2		0.000	18.000	1.000	0.000	0.000	0.000	0.000	0.000
3		0.000	25.000	1.000	0.000	0.000	0.000	0.100	0.000
4		0.000	30.000	1.000	0.000	-0.100	0.000	0.150	0.000
5		0.000	36.000	1.000	0.000	-0.200	0.000	0.200	0.000

图 8-41　系统渐晕设置

7. 设计结果及像质评价

经过优化设计，广角目镜的结构参数设计结果如图 8-42 所示。焦距为 16.76，视场 72°，出瞳距为 6.1mm，工作距为 7.2mm，满足各项设计要求。系统详细参数可从 "Reports" 中查看。

广角目镜相应的 2D 光线追迹图如图 8-43 所示，中间的两个单透镜，前后面半径值相同，节约加工成本，从图中还可以看出各透镜的加工工艺良好。

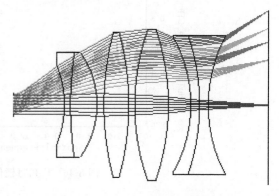

	Surf:Type	Co	Radius	Thickness	Materia	Coat	Clear Sem
0	OBJECT Standard ▾		Infinity	Infinity			Infinity
1	STOP Standard ▾		Infinity	6.091 V			1.150
2	Standard ▾		-11.732 V	0.727 V	SF12		4.472
3	Standard ▾		40.599 V	3.096 V	SK16		5.661
4	Standard ▾		-10.418 V	0.847 V			6.103
5	Standard ▾		31.232 V	3.023 V	SK16		8.261
6	Standard ▾		-31.232 P	0.723 V			8.395
7	Standard ▾		25.119 V	4.134 V	SK16		8.785
8	Standard ▾		-25.119 P	2.678 V			8.711
9	Standard ▾		-15.477 V	1.070 V	SK16		7.890
10	Standard ▾		-23.758 V	1.100 V	SF12		7.935
11	Standard ▾		16.125 V	7.214 V			8.070
12	IMAGE Standard ▾		Infinity	-			10.955

图 8-42　广角目镜结构参数设计结果　　　　图 8-43　广角目镜 2D 光线图

广角目镜的场曲、像散、畸变设计结果如图 8-44 所示，从图中可以看出场曲较小，像散也校正较好；最大畸变不到 10％，满足设计要求。

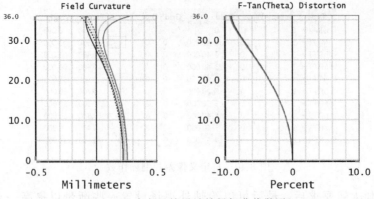

图 8-44　广角目镜设计结果场曲像散图

广角目镜的倍率色差设计结果如图 8-45 所示，色差最大值都在艾里斑范围内，虽然透镜的材料只用了两种，但选用合理，利于组织加工。

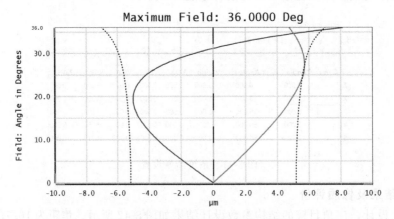

图 8-45　广角目镜倍率色差设计结果

广角目镜的综合像质 MTF 评价曲线设计结果如图 8-46 所示，从图中可以看到，在空间频率 30lp/mm 时，各个视场的 MTF 曲线都超过 0.4，满足设计任务要求。

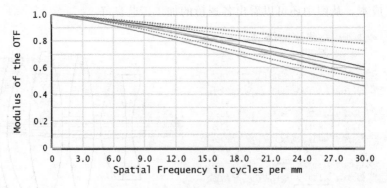

图 8-46　广角目镜传递函数设计曲线

广角目镜的点列图设计结果如图 8-47 所示，从图中可以看到，轴外视场存在着少量彗

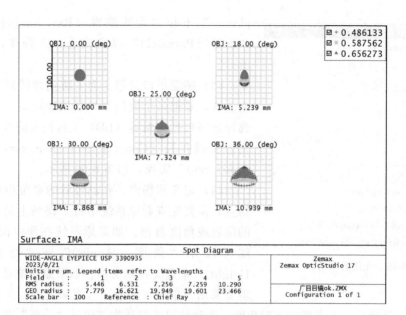

图 8-47　广角目镜点列图结果

差，但各视场的 RMS 弥散斑半径都在 $10\mu m$ 以下，超越目视极限分辨能力，代表整个系统的像差校正较为理想。

8.7　目镜系统的光路翻转（案例）

在设计目镜的时候，一般是按反向光路进行设计。但当目镜与物镜组合起来考察整个光路系统的光瞳衔接以及像差平衡状况的时候，则需要把目镜光路系统再翻转过来，这样更利于组合，利于对整个光路的尺寸和像差补偿进行综合评估。ZEMAX 中的翻转元件（Reverse Element）功能能够实现这样的操作。虽然它的设计初衷仅是翻转一个或一系列元件，但只要调整合理，翻转整个光学系统也是可以实现的。

本节将通过一个案例介绍如何翻转整个目镜光学系统，并合理调整翻转后的系统参数。案例采用本章 8.4 节中凯涅尔目镜的设计结果。

凯涅尔目镜在设计时是按一个经典的物方无限远共轭系统设计的，要翻转这个系统，主要操作步骤如下。

（1）重新定义孔径。首选是将系统孔径类型更改为"光阑尺寸浮动（Float By Stop Size）"，因为它在翻转前后的系统中均能生效。如果不能选择该类型，则需要考虑如何将系统的像空间孔径定义转换到物空间（如将入瞳直径与出瞳直径互换）。本案例选择光阑尺寸浮动孔径类型，该操作在"系统功能选项区（System Explorer）"的"孔径（Aperture）"中进行，如图 8-48 所示。

（2）打开近轴光线瞄准。不管原本系统有无光瞳像差，翻转后的新系统也可能有光瞳像差。所以，在"系统功能选项区（System Ex-

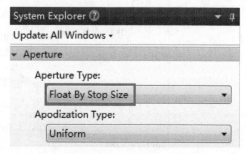

图 8-48　光阑尺寸浮动定义

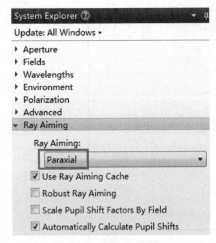

图 8-49 光线瞄准选择

plorer)"下拉"光线瞄准（Ray Aiming）"中选择"近轴（Paraxial）"以实现这一步操作，如图 8-49所示。

（3）锁定半口径值。为了防止翻转后透镜尺寸发生改变，要把每个面的半口径值锁定。这一步可通过选择透镜数据编辑器（LD）工具栏上的将"半直径转化为表面孔径（Convert Semi-Diameters to Circular Apertures）"实现，如图 8-50 所示。

（4）定义视场点。在翻转后的系统中如何定义视场点，需要先查看原系统中每个视场主光线在像面上的位置或角度数据。如果原系统在像空间是聚焦的，就可以用"角度（Angle）"或"物高（Object Height）"来定义视场类型。如果原系统是无焦的，则需要采用"角度（Angle）"视场类型，并根据原系统的光线数据，手动输入主光线的入射角度。两种情况下的数据都可从"分析"菜单中的"单光线追迹（Single Ray Trace）"生成的文本中查看，也可以从标准点列图中查看。

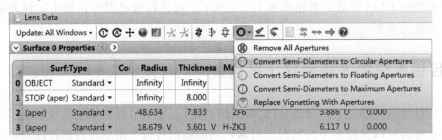

图 8-50 半口径值锁定

本案例目镜翻转系统是在物空间聚焦，故选择每个视场主光线在像面上的位置定义视场。打开标准点列图（Standard Spot Diagram），记下每个视场点的像点（IMA）坐标，如图 8-51 所示。

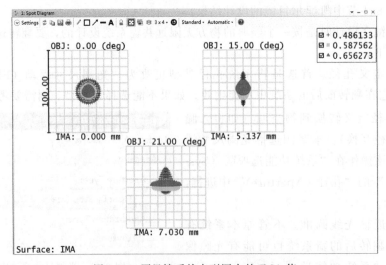

图 8-51 原目镜系统点列图中的 IMA 值

在图 8-51 中，视场 1、视场 2 和视场 3 的坐标分别为 0、5.137 和 7.03。将用它在翻转后的新系统中来定义物高（Object Height）视场。

（5）翻转光学表面。用透镜数据编辑器 LD 工具栏上的"翻转元件（Reverse Element）"按钮翻转系统中所有光学表面。在指定要翻转的面的范围时，应包括除去物面和像面的所有表面。如图 8-52 所示，翻转表面 1～6。

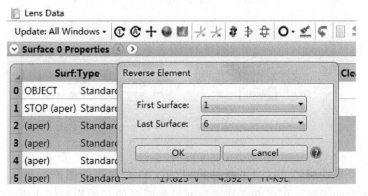

图 8-52　目镜系统翻转操作

翻转后确定物距。原目镜系统在物空间是无焦的，像空间是聚焦的。所以在确定翻转系统物距时，应该将原系统像面前一个面的厚度 19.82，赋给翻转系统的物面厚度，也就是物距；将原系统的无穷远的物距赋给翻转系统的像面前一面的厚度。现在，透镜数据编辑器的数据如图 8-53 所示。

	Surf:Type		Co	Radius	Thickness	Material	Coati	Clear Semi-Dia
0	OBJECT	Standard ▾		Infinity	19.820			0.000
1	(aper)	Standard ▾		Infinity	4.392 V	H-K9L		7.986 U
2	(aper)	Standard ▾		-17.825 V	0.700			8.062 U
3	(aper)	Standard ▾		16.308	5.601 V	H-ZK3		7.065 U
4	(aper)	Standard ▾		-18.679 V	7.833	ZF6		6.117 U
5	(aper)	Standard ▾		48.634	8.000			3.886 U
6	STOP (aper)	Standard ▾		Infinity	Infinity			1.250 U
7	IMAGE	Standard ▾		Infinity	-			7.309E+06

图 8-53　翻转后目镜的透镜数据

（6）更改无焦像空间（Afocal Image Space）的设置。在系统选项"孔径（Aperture）"中更改此设置。因为本案例的原系统在像空间是聚焦的，所以要勾选"Afocal Image Space"，如图 8-54 所示。

（7）更改视场。因为原目镜系统物方无焦而像方聚焦，所以要用原系统主光线的像高坐标定义新系统的物高。打开翻转系统的视场数据编辑器，选择视场类型为"Object Height"，在下方的编辑窗口 Y 一列分别输入 0、5.137 和 7.03 三个物高视场值（是原系统的像高坐标点），如图 8-55 所示。这个也可以使用视场数据编辑器标签下的"转化工具（Convert To）"进行设置，但使用时要去掉结果前的负号。

图 8-54　无焦像空间设置

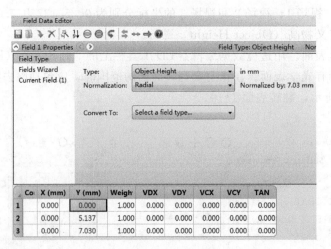

图 8-55　翻转视场设置

（8）系统已经成功翻转。这时可以打开 2D 或 3D 光线布局图进行查看。如果因为像方无穷远看不到放大的图形，可以在光线图界面设置图形的起始面和终止面。起始面为 0，终止面为 6，看到翻转后的光线布局图如图 8-56 所示。

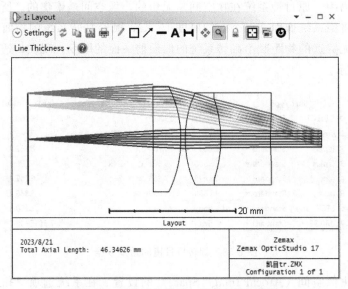

图 8-56　翻转后的凯涅尔目镜光线布局图

综上所述，ZEMAX 翻转元件菜单工具可以翻转整个光学系统。目镜系统翻转后，又回归到使用状态的正向光路，这时就很容易把物镜与目镜组合起来，实现对整个光路系统的性能、尺寸和光瞳衔接情况的分析和评价。

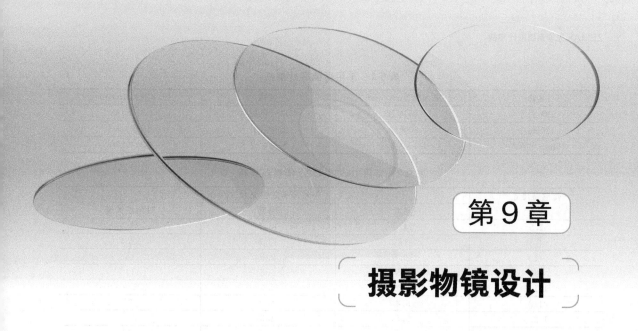

第9章

摄影物镜设计

9.1 摄影物镜的光学特性和像差容差

1. 摄影物镜的光学特性

摄影系统由摄影物镜和感光器件组成。通常把摄影物镜和感光胶片、电子光学变像管、CCD 传感器等感光接收器件组成的光学系统称作摄影光学系统。外界景物通过物镜成像在感光器件上，使其感光从而产生影像。

摄影物镜的光学特性由焦距 f'、相对孔径 D/f' 和视场角 2ω 表示。焦距决定成像的大小，相对孔径决定像面照度，视场决定成清晰像的物空间范围。

（1）视场

视场的大小由物镜的焦距和接收器的尺寸决定。一般来说，焦距越长，所成像的尺寸越大。在拍摄近处物体时，像的大小 y' 取决于其垂轴放大率

$$y' = (1-\beta)f'\tan\omega \tag{9-1}$$

在拍摄远处物体时，像的大小为

$$y' = -f'\tan\omega \tag{9-2}$$

摄影物镜的感光器件框是视场光阑。当接收器的尺寸一定时，物镜的焦距越短，则其视场角越大；焦距越长，视场角越小。相应地，对应这两种情况的物镜分别称作广角物镜和远摄物镜。

当拍摄远处物体时，物方最大视场角为

$$\tan\omega_{\max} = y'_{\max}/(2f') \tag{9-3}$$

式中，$y'_{\max}$ 为感光接收器件的对角线长度。

摄影系统常用的感光器件有传统的化学胶片（底片）和 CMOS/CCD 图像传感器，表 9-1 说明了常用底片的尺寸规格。而 CMOS/CCD 的尺寸规格则是用传感器对角线长度的英寸（in）数值表示，但传感器有效感光尺寸会小于实际标定的规格，如表 9-2 所示。

表 9-1　常用摄像底片规格

名称	长×宽/mm×mm	名称	长×宽/mm×mm
135 底片	36×24	35mm 电影片	22×16
120 底片	60×60	航摄底片	180×180
16mm 电影片	10.4×7.5	航摄底片	230×230

表 9-2　常用 CMOS/CCD 传感器规格

传感器尺寸/in	传感器有效感光尺寸/mm		
	宽度	高度	对角线长度
1.5	14.0	18.7	23.4
4/3	18	13.5	22.4
1	12.8	9.6	16
2/3	8.8	6.6	11
1/1.8	7.2	5.3	8.9
1/2	6.4	4.8	8
1/2.5	5.8	4.3	7.2
1/3	4.8	3.6	6
1/4	3.2	2.4	4
1/6	2.4	1.8	3
1/7	1.85	1.4	2.3

（2）分辨率

摄影系统的分辨率取决于物镜和接收器的分辨率，二者是互相匹配的关系。摄影系统的分辨率是以像平面上每毫米内能分辨开的线对数（记为 lp/mm）表示。按瑞利判据，摄影物镜的理论分辨率 N_L 为

$$N_L = 1/\sigma = D/(1.22\lambda f') = 1/(1.22\lambda F) \tag{9-4}$$

式中，$F = f'/D$ 称作光圈数。从式（9-4）可知，分辨率与相对孔径成正比，提高摄影物镜相对孔径可以提高分辨率。

由于摄影物镜属于大像差系统，且存在着衍射效应，所以摄影物镜的实际分辨率要低于理论分辨率。此外物镜的分辨率还与被摄目标物体或场景的对比度有关，因此评价摄影物镜像质更科学的方法还是利用光学传递函数。

（3）像面照度

摄影系统的像面照度主要取决于相对孔径，与相对孔径的平方成正比。当物体位于无限远时，像面照度计算式为

$$E' = \frac{1}{4}\tau\pi L \frac{D^2}{f'^2} \tag{9-5}$$

式中，L 为物体的亮度；τ 为系统透射比。

提高相对孔径可以提高摄影系统的像面照度，多数摄影物镜提高相对孔径的作用就是为了提高像面光照度，只有很少几种如制版物镜是追求高分辨率。

对大视场物镜，其视场边缘的照度要比视场中心小得多，随 ω 变化迅速。一般摄影物镜都利用可变光阑来控制像面照度，使用者根据天气情况按镜头上的刻度值选择使用，每一刻度值对应的像面照度依次减半。光圈分挡国家标准如表 9-3 所示。

表 9-3　光圈（F 数）的分挡

D/f'	1∶1.4	1∶2	1∶2.8	1∶4	1∶5.6	1∶8	1∶11	1∶16	1∶22
F	1.4	2	2.8	4	5.6	8	11	16	22

2. 摄影物镜的像差容差

摄影物镜的光学特性变化范围很大，一般具有大视场和大相对孔径。为了使整个像面清晰成像，需要校正所有七种像差。但摄影系统感光接收器件因为颗粒度或像素尺寸的不同，又限制了系统的成像质量，故其像差容差没有统一的标准。

对于传统的照相物镜，其成像弥散斑的直径一般允许在 0.03～0.05mm 以内。对传统高质量照相物镜，其弥散斑直径需小于 0.01～0.03mm，倍率色差最好不超过 0.01mm，畸变要小于 2%～4%。但对于现代摄影物镜，成像弥散斑的直径要与传感器的分辨率相匹配，最好不要超过传感器单个像素的尺寸。

根据前面所述，摄影物镜的实际分辨率要低于理论分辨率，所以，摄影物镜所允许的成像弥散斑大小一般为

$$\Delta y' = (1.5\sim1.2)/N \tag{9-6}$$

式中，$N = 1/(1.22\lambda F)$，是物镜的衍射极限分辨率。

现代摄影系统使用 CCD/CMOS 作为图像接收器，其分辨率往往用像素数量和像素尺寸来表达，像素和空间周期的关系如图 9-1 所示。

那么，与 CCD/CMOS 匹配的物镜设计在评价成像质量时，虽然可以用点列图、弥散斑尺寸来评价，但如果用更为客观的光学传递函数来评价成像质量，这时截止空间频率 N_R 就是其衍射极限分辨率，N_R 为与像素尺寸之间的关系为

$$N_R = 1/(2\text{pixel}) \tag{9-7}$$

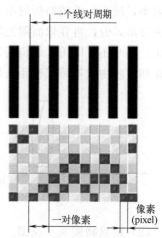

图 9-1　像素和空间周期的关系

对于其它特殊用途的高质量翻拍物镜，例如光刻物镜、微缩物镜、制版物镜等，其成像质量要求要高得多，设计达到衍射分辨率极限已不是神话。

9.2　摄影物镜基本类型

设计一个摄影物镜系统，不仅要看它的光学特性和成像质量满足情况，还要看其光学结构的复杂程度。在满足光学特性和成像质量要求的条件下，系统的结构越简单越好。因此，根据光学特性和成像质量要求选定一个恰当的光学结构型式是十分重要的，这需要对现有物镜的结构型式及其特点有较全面的了解。

摄影物镜的发展历程很长，根据使用要求的不同，其光学参数和像差校正也不尽相同，因此结构型式多种多样。摄影物镜主要分为普通摄影物镜、大孔径摄影物镜，广角摄影物镜、远摄物镜和变焦距物镜等。下面就对其做一些介绍。

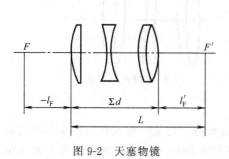

图 9-2　天塞物镜

1. 普通物镜

普通摄影物镜是应用最广泛的物镜，一般具有下列光学参数：焦距 20～500mm，相对孔径 $D/f' = 1/9\sim1/2.8$，视场角可达 64°。图 9-2 所示为最流行的天塞物镜的结构型式，其相对孔径 1/3.5～1/2.8，$2\omega = 40°\sim60°$。

2. 大孔径物镜

大孔径摄影物镜的结构相对比较复杂。常用的

大孔径物镜主要有匹兹伐物镜、柯克物镜、松纳物镜、双高斯物镜等。

（1）匹兹伐物镜。

匹兹伐物镜能够适应的孔径为 $1:1.2$，适用的视场在 $16°$ 以下。

匹兹伐物镜是世界上第一个用计算方法设计出来的镜头，也是当时在照相机上应用最广、孔径最大的镜头。匹兹伐物镜结构型式如图 9-3 所示，它是由彼此分开的两个正光焦度镜组构成。由于物镜的光焦度由两组承担，球面半径比较大，对球差的校正比较有利。但也正因为正光焦度是分开的，匹兹伐场曲加大了。为了减小匹兹伐场曲，就尽量提高正透镜的折射率，减小负透镜的折射率。这样，图 9-3（a）中球差的高级量随之增加。若把胶合透镜改为分离式的，再在像面附近增加一组负透镜，如图 9-3（b），可使匹兹伐场曲得到完全的校正，同时还可以用这块负透镜的弯曲来平衡整个物镜的畸变。缺点是：工作距太短，只能用在如放映物镜等短工作距条件下。

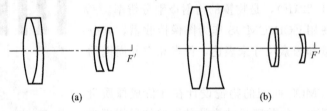

图 9-3　匹兹伐物镜

（2）柯克物镜及其改型。

柯克物镜是薄透镜系统中能够校正全部 7 种初级像差的简单结构，它能适应的孔径 $D/f'=1/4.5$，视场 $2\omega=50°$。

柯克物镜由三片透镜组成，如图 9-4 所示。为了校正场曲，应该使正、负透镜分离。考虑到校正垂轴像差，即彗差、畸变和倍率色差的需要，应该把镜头做成对称式的，所以三片式的物镜应按"正—负—正"的次序安排，并且在负透镜附近设置孔径光阑。为了使设计过程简化，最好用对称的观点设计柯克物镜，把中间的负透镜用一平面分开，组成一个对称系统，然后求解半部结构。

柯克物镜有 8 个变数，即 6 个半径和 2 个间隔。在满足焦距要求后还有 7 个变数，这 7 个变数正好用来校正 7 种初级像差。

海利亚物镜是由柯克物镜改进而成的，是把柯克物镜中的正透镜全部改成胶合透镜组，如图 9-5 所示，可改善柯克物镜中轴外球差、高级像散。海利亚物镜的轴外成像质量得到了进一步改善，它所适用的视场更大，所以常用于航空摄影。

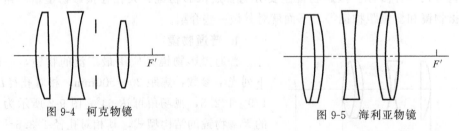

图 9-4　柯克物镜　　　　　　　　　　图 9-5　海利亚物镜

（3）松纳物镜。

松纳物镜也可以认为是在柯克物镜的基础上发展起来的，它是一种大孔径和小视场的物镜，其结构型式如图 9-6 所示。在柯克物镜的前两块透镜中间引入一块正透镜，光束进入负透镜之前就得到收敛，这样减轻了负透镜的负担，高级像差减小，相对孔径增大，但是因为引入一个正透镜，破坏了结构的对称性，使垂轴像差的校正发生困难。计算结果表明，松纳物镜的轴外像差随视场的增大急剧变大，尤其是色彗差极为严重，于是松纳物镜不得不降低使用要求，它所适用的视场只有 $20°\sim30°$。

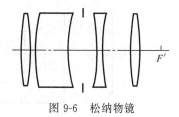

图 9-6　松纳物镜

（4）双高斯物镜。

双高斯物镜是一种中等视场、大孔径的摄影物镜，它的光学性能指标是 $D/f'=1/2$，$2\omega=40°$。双高斯物镜是以厚透镜校正匹兹伐场曲的光学结构，半部系统由一个弯月形的透镜和一个薄透镜组成，如图 9-7 所示。

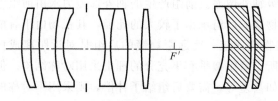

图 9-7　双高斯物镜及其半部结构

由于双高斯物镜是个对称的系统，垂轴像差很容易校正。设计这种类型系统时，只需要考虑球差、色差、场曲、像散这些轴向像差的校正。在双高斯物镜中依靠厚透镜的结构变化可以校正场曲，利用薄透镜的弯曲可以校正球差，改变两块厚透镜间的距离可以校正像散，在厚透镜中引入一个胶合面可以校正色差。但进一步提高双高斯物镜的光学性能指标将受到一对矛盾的限制，即球差与高级像散的矛盾。

解决这对矛盾的方法有三种：选用高折射率、低色散的玻璃做正透镜，使它的球面半径加大；把薄透镜分成两个，使每一个透镜的负担减小，同时使薄透镜的半径加大，如图 9-8（a）所示；在两个半部系统中间引进无光焦度的校正板，拉大中间间隔，这样，轴外光束可以有更好的入射状态，如图 9-8（b）所示。采用上述方法所设计的双高斯物镜可达到视场角 $2\omega=50°\sim60°$。

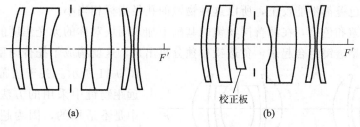

（a）　　　　　校正板　　（b）

图 9-8　复杂化双高斯物镜

3. 广角反远距物镜

在现代拍照和专业电影摄影中，短焦距的广角物镜用得最为普遍。由于物镜和传感接收器之间需要放置滤光器、分光元件或反光元件等，因此希望物镜有较长的后工作距空间，而普通物镜的后工作距一般为焦距的 $0.4\sim0.7$ 倍，特别是在焦距短的情况下，使用普通物镜结构型式，根本达不到设计要求。采用反远距物镜结构，就能得到大于焦距的后工作距离。

反远距物镜由分离的负、正光组构成，如图 9-9 所示。靠近物空间的光组具有负光焦度，称为前组；靠近像平面的光组具有正光焦度，称为后组。入射光线经过前组发散后，再经过后组会聚于焦平面 F'。由于像方主面位于正组的右侧靠近像平面的空间里，所以反远距的后工作距可以大于焦距。

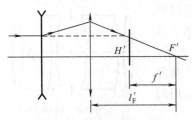

图 9-9　反远距物镜结构

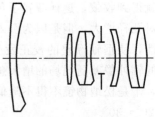

图 9-10　反远距物镜

反远距物镜的光阑常设在正组中间,见图 9-10,所以前组远离光阑,轴外光束有较大的入射高度,产生较大的初级轴外像差和高级轴外像差。前组产生的轴外像差力求由前组本身解决,剩余的量可以由后组补偿。反远距物镜的后组承担了较大的孔径,其视场由于有前组的发散作用,已经有所减小。和一般照相物镜比较,反远距物镜的后组是对近距离成像的,在成像关系上它处于更加对称的位置,所以后组似乎有更充分的理由采用对称结构。但是考虑到前组剩余的像差,尤其是垂轴像差如彗差等,需要后组给予补偿,则采用不对称的结构型式更为合理。如三片式或匹兹伐结构都可以成为后组的理想结构。

因为是广角镜头,视场边缘的照度随视场角的增大而减小的速度很快。特别是在像差校正中,为了保证边缘视场的成像质量,需要拦掉一部分轴外光线,更加重了边缘视场的渐晕现象。但如果把光阑移至后组的前焦点上,则形成一种远心光路,在没有渐晕的条件下,整个像面的照度也是均匀的。

4. 超广角物镜

视场角 $2\omega > 90°$ 的摄影物镜称为超广角物镜,它是手机拍摄、监控拍摄、航空摄影等方面常用的镜头。由于视场大,轴外像差也大,像面照度更不均匀。所以研究轴外像差的校正问题和像面照度的补偿问题是设计广角物镜的两个关键。为了校正轴外像差,几乎所有的超广角物镜都做成弯向光阑的对称型结构。如最早出现的海普岗物镜,它是由两个弯曲非常厉害的弯月形透镜构成的。对称性使垂轴像差自动得到校正,但是因为透镜弯曲过于厉害及对称排列,球差和色差都不能校正,所以这种物镜的孔径指标相当小。

为了校正球差和色差,在海普岗物镜的基础上加入两块对称的无光焦度的透镜组,并且把正透镜与弯月型透镜组合起来,负透镜单独分离出来,这就构成了托普岗型广角物镜,如

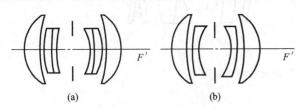

(a)　　　　　　　(b)

图 9-11　托普岗型广角物镜

图 9-11 所示。关于改善像面照度,反远距物镜中采用的方法在超广角物镜中是不适用的,因为超广角物镜为了校正垂轴像差,特别是畸变,一律采用"负—正—负"的对称结构,对改善像面照度不利。在超广角物镜中,利用像差渐晕现象提高像面照度的方法是一种很好的设计方案。

球壳型结构和超广角物镜,可以看作是两个反远距物镜对称地合成的。所以尽管在半部系统中存在着光阑彗差,但是只要轴上点和轴外点在入瞳处的光束面积相等,则在出瞳处也一定相等。在像差校正能够允许时,加大轴外光束的入射孔径,直到光束完全充满位于镜头中间的光阑。这种考虑对提高轴外像点的照度是有效的。但必须注意,这是有条件的,即轴外像差必须校正到足够理想的程度,而且光学系统前、后组光阑彗差必须是对称的。

　　鲁萨型超广角物镜就是采用加大光阑彗差来补偿边缘像面照度的。如图 9-12 是鲁萨型超广角物镜的结构图。这种鲁萨型物镜的光学性能指标可达 $D/f' = 1/8$，$2\omega = 122°$。这种超广角物镜为了增大光阑彗差，极度地弯曲了前后组的球壳。虽然照度分布有所好转，但轴外像差增大了，轴外宽光束的聚焦效果变得很差，影响了轴外分辨率。

　　图 9-13 是一种阿维岗超广角物镜，它是一个四球壳的物镜，有的做成五球壳或六球壳型物镜。这种物镜首先着眼于像差的校正，由于分散的球壳透镜分担了光焦度，轴上和轴外都很理想，相对孔径可达 1∶5.6。为了补偿照度不均匀的缺陷，在物镜前面增加一块滤光镜，滤光镜上镀有不均匀的透光膜，中心透光率只有边缘光率的 50%。这样阿维岗物镜的照度分布从中心到最大视场，均匀性得到了一定的改善。

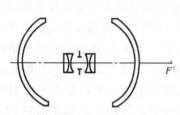

图 9-12　鲁萨型超广角物镜

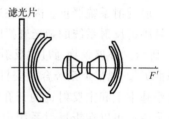

滤光片

图 9-13　阿维岗超广角物镜

5. 长焦物镜

　　为了适应远距离摄影的需要，物镜要有较长的焦距，使远处的物体在像面上有较大的像。高空摄影物镜的焦距可达 3m，现在普通摄像机上也可配有焦距 600mm 的长焦距镜头。

　　由于系统焦距长，结构必然很大，为了缩短筒长，宜采用正、负组分离且正组在前的结构，或者采用折反射式的结构。和反远距系统相反，正组在前的正、负组分离结构使主面推向物空间，筒长小于焦距。这种结构称为远距型系统（或摄远系统），一般筒长 L 可缩短 1/3 左右。

　　随着焦距的加大，物镜的球差和二级光谱都要成比例地加大。为了校正二级光谱，远距物镜常采用特殊玻璃，甚至是晶体材料。负透镜可用低折射率和低色散的玻璃或晶体，如特种火石玻璃及氟化钙、氟化钠晶体。此外，为了避免色差和二级光谱的产生，还可以采用反射系统。

　　远距型物镜的前组承担了较大的光焦度，前组的结构应该比后组复杂。简单的远距型物镜前组采用双胶合镜组或用双分离镜组，使负镜组弯向光阑，这样有利于像差的校正。当相对孔径要求较大时，前组宜采用三片或四片透镜，如图 9-14 所示。前组用了一片透镜与一双胶合镜组相配，可以承担较大的相对孔径，减轻胶合面的负担。还可以使色差得到较好的校正。

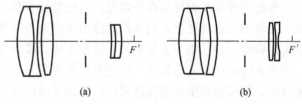

(a)　　　　　　　　　　(b)

图 9-14　长焦摄远物镜

6. 折反射型物镜

　　对于照相物镜，折反射系统主要用在长焦距系统中，目的是利用反射镜折叠光路，或者是为了减少系统的二级光谱色差。

　　目前在折反射照相物镜中，使用较多的是图 9-15（a）所示的系统。系统前部校正透镜的结构决定了它的相对孔径。一般在离最后像面不很远的会聚光束中，还要加入一组校正透镜，以校正系统的轴外像差，增大系统的视场。这类系统普遍存在的问题是，由于像面和主反射镜接近，因此主反射镜上的开孔要略大于幅面对角线。增加系统的视场必须扩大开孔，这样就增加了中心遮光比（中心遮光部分的直径和最大通光直径之比），所以在这类系统中，幅面一般只有反射镜直径的 1/3 左右，中心遮光比通常大于 0.5。另外，这种系统的杂光遮拦问题比较难于处理，为了防止外界景物的光线不经过主反射镜而直接到了像面，要求图 9-25 中遮光罩的边缘 K 和中心遮光筒的端点 M 的连线 KM，不能进入像面。因此扩大视场，除要增加主反射镜的中心开孔而外，还要增加中心遮光筒的长度，这样也会使中心遮光比增加，而且会使斜光束渐晕加大。在初步计算系统外形尺寸时必须考虑到这些因素，否则由于杂光遮挡不好，系统根本无法使用。即使光线不能直接到达像面，通过镜筒内壁反射的杂光也比一般透射系统严重。因此在这种系统中镜筒内壁的消光问题也应该特别重视。

为了解决折反射系统的杂光遮拦问题，可以采用两次成像的原理构成折反射系统，如图 9-15 (b) 所示。外界景物通过主反射镜和副镜一次成像于 F'，再通过一个后组透镜放大到达最后像面 F''。把整个系统合理安排，可以使后放大镜组位于主反射镜的开孔附近，这样幅面的大小基本上和主反射镜的开孔大小没有关系，所以幅面尺寸可以接近主反射镜的直径，也就是说，可以在折反射系统中获得大幅面。假定校正镜组的中心挡光部分 MN，经放大镜组成一实像 $M'N'$，若在 $M'N'$ 处设置光阑，则可以挡住直接射入系统的全部杂光，而且不影响中心遮光，因此系统可以达到较小的中心遮光比。不过由于系统需要两次会聚成像，而且在第一个实像平面 F'' 的附近，必须加入起聚光作用的正场镜，因此整个系统像差的校正比较困难，特别是场曲。

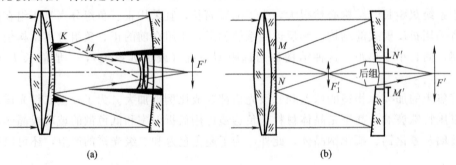

$$(a) \qquad\qquad\qquad (b)$$

图 9-15　折反射照相物镜

7. 变焦距物镜

变焦距物镜的焦距可以在一定范围内连续地变化，故对一定距离的物体其成像的放大率也在一定范围内连续变化，但系统的像面位置保持不变。在摄影领域，变焦距物镜几乎代替了定焦距物镜，并已用于望远系统、显微系统、投影仪、热像仪等。

变焦系统由多个光组组成。焦距变化是通过一个或多个光组的轴向移动，改变光组间隔来实现的。变焦距物镜在变焦过程中除需满足像面位置不变、相对孔径变化不大这两个条件外，还必须使各档焦距均有满足要求的成像质量。

变焦或变倍的原理基于成像的一个简单性质——物像交换原则，即透镜要满足一定的共轭距可有两个位置，如图 9-16 所示，相当于系统翻转 180°。根据垂直放大率公式，两个位置的放大率分别为 β 和 $1/\beta$。

若物面一定，当透镜从一个位置向另一位置移动时，像面将要发生移动，若采取补偿措施使像面不动，便构成一个变焦距系统。通常把系统中引起放大率 β 发生变化的光组称为变

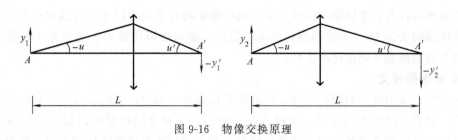

图 9-16　物像交换原理

倍组，相对位置不变的光组称为固定组。

变焦系统有光学补偿和机械补偿两种。在光学补偿变焦系统中，所有移动透镜组一起做线性移动，如图 9-17 所示，其最大的优点是不需要设计偏心凸轮，但系统结构比较长，且随着焦距的改变，像面会发生微移。机械补偿变焦系统主要由变倍组和补偿组两部分组成，变倍组做线性运动，补偿组做非线性运动，通过凸轮等精密机构控制可使像面稳定，如图 9-18 所示，机械补偿是目前变焦系统最常用的类型。

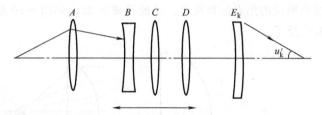

图 9-17　光学补偿变焦系统

实际的变焦距物镜，为满足各焦距的像质要求，根据变焦比的大小，应对 3～5 个焦距校正好像差，所以各镜组都需由多片透镜组成，结构相当复杂。现在，由于光学设计水平的提高、光学玻璃的发展、光学塑料及非球面加工工艺发展，变焦距物镜的质量已可与定焦距物镜相媲美，正向着高变倍、小型化、简单化的方向发展，并且不仅在电影和电视摄影中广泛采用，也已普遍用于普通摄录设备中。后者主要要求结构紧凑、体积小、重量轻，目前多采用二组元、三组元和四组元的全动型变焦距系统。图 9-19 所示的变焦镜头结构是日本一家公司推出的一个商品化实例，它是一个二组元全动型系统，并使用了一个非球面。

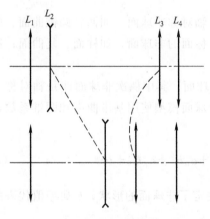

图 9-18　机械补偿变焦原理

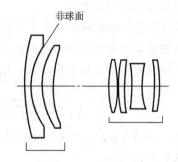

图 9-19　变焦物镜

9.3　非球面在物镜设计中的应用

非球面最早应用于一些像质要求不高的光学系统中。但随着非球面的设计方法、制造和检测工艺水平的提升，非球面应用在要求很高的摄影物镜系统中已非常普遍和正常。世界上第一支非球面镜头是 1901 年德国蔡司公司制造的，非球面镜片进入大规模光学领域还是在日系厂商开发出低成本制造技术之后。

1. **非球面的定义**

一般光学系统中所用的镜片，都可以看作是球体的一部分，它的表面曲率是固定的。由物空间同一物点发出的不同光束，通过光学系统后，在像空间中所成的像不再会聚于同一点，而是发生了成像位置的移动，这就是像差。对于全部采用球面镜片的光学系统而言，这是一种不可避免的像差。它的产生是由于离轴位置不同的光线在球面镜片表面形成的入射角不同而造成的。

为了校正像差而开发出来的功能，就是通过修改镜片表面的曲率，让近轴光线与远轴光线所形成的焦点位置重合，这便是非球面，如图 9-20 所示。目前，非球面镜片应用已经非常广泛了。

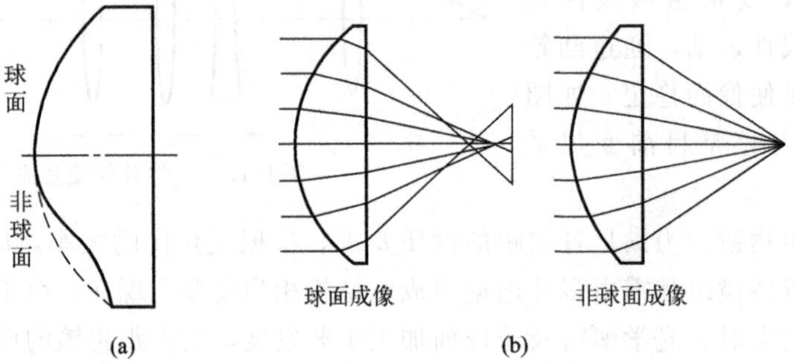

图 9-20　非球面及成像示意

非球面的焦距等于其面顶半径 r 所定义的球面透镜的焦距。焦距是一个极限值，即无限靠近且平行于光轴但是不在光轴上的光线会聚的地方距离主面的距离。所以它与非球面系数无关。

在光学系统中采用的非球面有三大类，第一类是轴对称非球面，如回转圆锥曲面、回转高次曲面、这类非球面最常用；第二类是具有两个对称面的非球面，如柱面、复曲面；第三类是没有对称性的自由曲面。

ZEMAX 软件中也同样定义了上述各种类型的非球面，其中偶次非球面即是轴对称非球面。它由圆锥系数定义的多项展开式来描述。偶次非球面模型使用基本曲率和圆锥系数，多项展开式中只有径向坐标的偶次幂，描述公式为

$$z=\frac{ch^2}{1+\sqrt{1-(1+k)c^2h^2}}+\alpha_4h^4+\alpha_6h^6+\alpha_8h^8+\cdots \tag{9-8}$$

式中，$c=1/r$；k（二次曲面圆锥系数 Conic）决定了非球面的形状，k 典型值代表的非球面形状如下：

$k=0$	球面
$-1<k<0$	主轴在光轴上的椭球面
$k>0$	主轴垂直光轴的椭球面
$k=-1$	抛物面
$k<-1$	双曲面

基本上 k 的绝对值介于 10 以内会相对好一些，当 k 大于 10 或者趋近于 0 时，k 值可以取零。在 ZEMAX 中，这种非球面的中心曲率半径、圆锥系数、高次幂系数和其它几何参数可以根据特定的光学需求进行优化和调整。

2. 非球面的选用

在进行光学设计时，选择使用非球面的优势和原则主要体现在以下几个方面。

（1）能快速改善球面像差，大大提高成像质量。球面镜片都产生球面像差，从而带来了无法克服的中心画面弥散像斑现象，影响成像质量。而使用非球面镜片，使光线经过高次曲面的折射，就可以把光线精确地聚集于一点。如图 9-18 所示，从而校正了球面像差，大大地提高了成像的质量。

（2）可改善镜片边缘部分对光的折射率，消除光线在球面镜头边缘过度折射而引起的像差。在一些大视场光学系统中，畸变、彗差和像散会变得很明显，很难校正。非球面镜片的重要特点是可以改善镜片边缘部分对光的折射率，从而使镜头的边缘成像变好。在对畸变、像散、光晕要求严格的光学系统中，选择使用非球面就能减少或消除这些像差。另外，将非球面镜片用于高倍变焦镜头时，可以将边缘入射的光线按球面镜头失真的反方向进行了修正，从而能有效地消除桶形失真。

非球面使用可以根据特定要求在设计过程中精确控制像差，非球面透镜的高级描述能力提供了更优的成像条件改善。

（3）使镜头光学结构简化，能获得更大的通光口径。由于使用 1 片非球面镜片可以代替一组球面镜片，从而使摄像镜头的光学结构相对简化，这样在光学路径和机械结构上容易获得更大的通光口径。并且，由于非球面镜头能使边缘部分的光线与中央部分的光线都能穿过镜片聚焦到同一个平面，从而能清晰有效地利用整个镜片的表面，使整个镜片都能正确聚焦，相对能使有效通光口径变大。如日本腾龙（TAMRON）公司生产的 1/3 英寸、$f = 3 \sim 8$mm、F/1.0 系列镜头，这种镜头之所以达到 F/1.0，就是用了非球面镜片的缘故。

（4）控制光束和调整形状。在激光束扩展、准直以及其它精密光学系统中，非球面透镜可以用来支持光束控制和形状调整。在聚光镜系统中，非球面可以用来收敛 100° 以上的光源发散角。

（5）使镜头体积小、重量轻，并增强透光率。由于非球面镜头的有效通光口径增大，就能让更多的光线投射到图像传感器上，也相应于增加了感光灵敏度。并且，因为 1 片非球面镜片能顶替好几片一组的球面镜片，从而使照相物镜的体积缩小、重量也减轻，并且光线经过的镜片少，因而使透光率大大增强，图像画面也变得细致明亮。如 TAMRON 的 1/3 英寸、$f = 5 \sim 50$mm、F/1.4 系列镜头，其中使用了两片非球面镜片，不仅实现了体积小、重量轻，而且增强了透光率，保证了成像质量。

综上，非球面透镜在光学系统设计中具有很高的灵活性和优异的性能，非球面在光学系统中的设置位置以及与其它透镜的相互关系需要仔细考虑，但没有固定的模式。对于大视场光学系统，一般把光线入射角较大的表面、远离光阑的透镜设置成非球面，以校正畸变、轴外像差和高级像散等，还可以提高像面的光照度均匀性；如图 9-21 所示的反远距广角物镜，在第一个表面设置了非球面。而对于大孔径光学系统，一般在孔径光阑附近的透镜表面设置非球面，以校正球差和彗差等，如图 9-22 所示的物镜，从而实现系统的设计需求和目的。

非球面镜头虽有上述优点，除设计计算要精准外，非球面的加工工艺要求也非常高。非球面镜片大概率情况下会选用光学塑料材质，光学塑料容易压铸成型，可降低加工成本，但

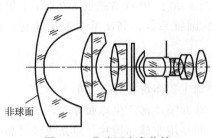

图 9-21　非球面广角物镜

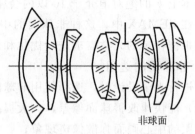

图 9-22　非球面大孔径物镜

也需在铸型过程中保证各种工艺和精度，其物理特性在抛光及镀膜过程中更需要保证其精密度，只有这样非球面才能达到最佳的使用状态。光学玻璃与光学塑料的性能差异如表 9-4 所示。

表 9-4　光学玻璃与光学塑料的性能差异

特性	光学玻璃	光学塑料
n_d	$1.44\sim1.95$	$1.49\sim1.61$
ν_d	$20\sim90$	$26\sim57$
折射率稳定性	$+10^{-4}$	$+5\times10^{-4}$
折射率均匀性	$<10^{-5}$	$<5\times10^{-4}$
应力双折射系数/Pa^{-1}	$<3\times10^{-12}$	$<4.0\times10^{-12}$
热光学常数$(dn/dt)/K^{-1}$	$(-10\sim+10)\times10^{-6}$	$(-100\sim-160)\times10^{-6}$
密度/(kg/cm^3)	$2.3\sim6.2$	$1.05\sim1.32$
硬度/(N/mm^2)	$(3\sim7)\times103$	$120\sim190$
热膨胀系数/K^{-1}	$(5\sim10)\times10^{-6}$	$(70\sim100)\times10^{-6}$
热导率/$[W/(m\cdot K^{-1})]$	$0.5\sim1.4$	$0.14\sim0.23$

9.4　天塞型照相物镜的设计（案例）

天塞型照相物镜设计任务要求：

设计规格：焦距 $f'=9.6mm$；相对孔径 $D/f'=1/2.8$；使用 1/2.5 英寸的 CMOS 图像传感接收器（有效接收面对角线尺寸为 7.2mm），后工作距大于 5mm。设计波段为可见光范围。

成像质量要求：对 5m 远外物体进行成像。当空间频率为 100lp/mm 时，系统 MTF 值中心视场大于 0.5，边缘视场大于 0.3；光学畸变＜5％。

1. 设计思路

照相物镜系统的成像原理相对简单，像差是其设计校正的重点和难点。

根据物镜设计要求，系统的像面高度 $y'=3.6mm$，由式（9-2）可计算得到视场角为

$$2\omega=2\arctan\frac{y'}{f'}=41°$$

系统对 5m 远处的物体成像，由于 5m 远远大于焦距 9.6mm，因此可视为物镜对无穷远物体成像。理论上，物距与焦距之比大于 10 即可视为无穷远。

照相物镜设计一般要校正全部初级像差。MTF 作为综合像质评价标准，除了畸变，所有独立的几何像差都会对它产生影响，所以要严格校正各种独立像差。

2. 初始结构选取

根据设计规格要求，按照视场和相对孔径接近原则，在光学数据库中找到一款与该物镜规格比较接近的天塞型物镜系统，其结构参数如表 9-5 所示。

表 9-5　天塞型照相物镜初始结构参数

主要特性参数	面号	半径 r	厚度 d	材料 (n_d, v_d)
$f'=1$ $L'_f=0.806$ F/#=2.4 $2\omega=\pm22.5°$	1	0.455	0.117	1.78797,47.44
	2	7.882	0.057	
	3	−0.863	0.039	1.68893,31.15
	4	0.398	0.03	
	STOP	∞	0.047	
	6	−14.149	0.034	1.62004,36.34
	7	0.493	0.088	1.78443,43.77
	8	−0.58	0.806	

从表 9-5 中可以看到，此系统由四块透镜组成，视场角为 45°，相对孔径为 1∶2.4，都与本例设计规格接近且有余量，焦距为归一化的 1，有利于缩放；孔径光阑在第 5 面，光阑相对居中；透镜材料没有指定牌号，但给出了折射率和阿贝数，可以根据需要套用中国或其它国家的玻璃牌号，具体可参考本书附录 D。

3. 在 ZEMAX 中输入初始数据及焦距缩放

初始结构选好后，接下来要将初始结构数据输入 ZEMAX 透镜数据编辑器（Lens Data）中。Lens Data 中除了物面、光阑面（STOP）和像面外，还需要在"STOP"面的前后分别插入 4 个面和 3 个面，然后依次在半径、厚度、材料栏中输入表 9-5 中的相应数据。需要说明的是，材料输入时，不能直接在材料栏输入数据，需要点击材料栏旁的小框调出材料解决方案对话框，然后选择"Model"，在下面的两行中分别输入折射率 Nd 值和阿贝数 Vd 值，其它默认，如图 9-23 所示。

全部数据输入完成后，从 ZEMAX 状态栏可以看到此系统焦距（EFFL）为 1，表明输入的初始结构数据正确。

因为本物镜设计要求的焦距为 9.6，需要对初始结构的焦距进行缩放，直接点击 Lens Data 窗口菜单项"Make Focal"，在弹出的对

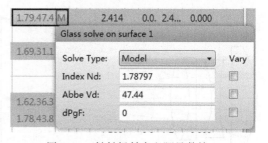

图 9-23　材料折射率和阿贝数输入

话框中输入 9.6 即可。缩放后的各透镜半径和厚度数据相比初始数据增至 9.6 倍；但玻璃材料不会变化。

4. 设置物镜系统性能参数

输入物镜的视场、孔径和波长。在 ZEMAX 主界面系统选项区，分别展开 Aperture、Fields 和 Wavelengths 选项。孔径类型选择"Image Space F/#"，孔径数值输入设计要求的"2.8"；视场类型选择"Real Image Height"，视场个数勾选 3 个，分别为零视场、0.7 视场和全视场，权重都为 1，其对应的 Y 视场数值（子午面内 y'）分别为 0、2.5、3.6；波长设置，选择"F，d，C（Visible）"，主波长为第 2 个，其余为默认值。总体设置情况如图 9-24 所示。

焦距缩放和系统性能参数设置完成后，这时物镜的 Lens Data 发生了更新，更新后的数据窗口如图 9-25 所示。

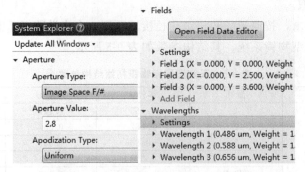

图 9-24　系统视场、孔径和波长的设置

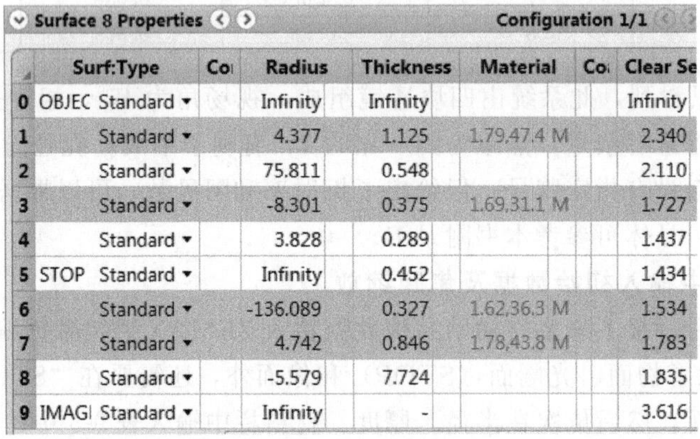

Surface 8 Properties　　Configuration 1/1

		Surf:Type	Co	Radius	Thickness	Material	Co	Clear Se
0	OBJEC	Standard		Infinity	Infinity			Infinity
1		Standard		4.377	1.125	1.79,47.4 M		2.340
2		Standard		75.811	0.548			2.110
3		Standard		-8.301	0.375	1.69,31.1 M		1.727
4		Standard		3.828	0.289			1.437
5	STOP	Standard		Infinity	0.452			1.434
6		Standard		-136.089	0.327	1.62,36.3 M		1.534
7		Standard		4.742	0.846	1.78,43.8 M		1.783
8		Standard		-5.579	7.724			1.835
9	IMAGI	Standard		Infinity	-			3.616

图 9-25　物镜初始结构更新数据

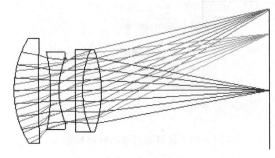

图 9-26　物镜初始结构 2D 光线图

这时可同时生成物镜的 2D 光线图，如图 9-26 所示，是典型的天塞照相物镜结构。

5. 初始系统像差评估

初始结构经过焦距缩放和系统特性赋值后，ZEMAX 会自动计算并生成各种像差数据、曲线或图形。对于本例物镜系统，重点关注的像差应是场曲、像散、彗差、色差和畸变。初始系统的主要像差如图 9-27 所示。

从图 9-27 场曲畸变中可以看出，场曲数值不大，像散并不严重，畸变已在要求范围内；从右上的点列图中可以看到物镜最大视场存在彗差，弥散斑较大，最大为 17μm；色差不是很明显，说明初始结构的透镜材料搭配较为合理；MTF 曲线在 100lp/mm 时，不管是中心视场还是轴外视场都没有达到要求，需要进一步优化校正。

6. 系统优化设计

首先是变量的设定。将 STOP 面之外的其它半径都设为变量，全部厚度也都设为变量。快捷方法是：在 Lens Data 中将高亮条移动到要改变的参数上，按 Ctri+Z 设定变量，再按 Ctrl+Z 撤消变量设定，当该参数为变量时，单元格边上的小框中出现字母“V”。

其次是评价函数操作数的设定。打开“Optimize”→“Merit Function Editor”，按优化向导，确定进入默认的评价函数多行控制内容。在默认的评价函数编辑窗口的第一行 BLNK

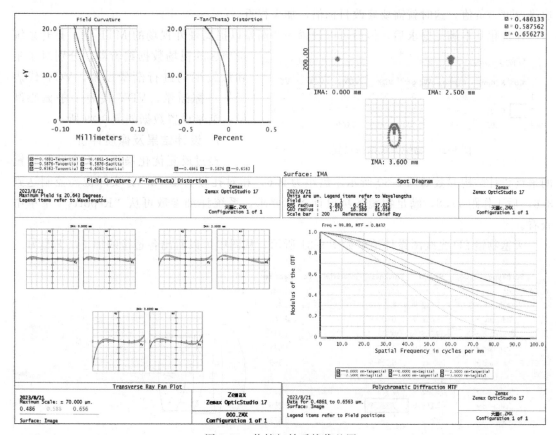

图 9-27　物镜初始系统像差图

处选择 EFFL 焦距操作数，目标值输入 9.6，权重设为 1。然后插入多行 BLNK，自定义评价函数，分别选取合适的操作数对物镜各边界条件进行约束，特别是已设为变量的厚度值，要控制负透镜的最小中心厚度、正透镜的最小边缘厚度、最小中心或边缘空气间隔等，控制

目标值可参考 5.5.2 节中讲述的光学零件的加工要求以及实际的制造工艺给定，当然，经验值也比较重要。物镜系统自定义评价函数参考设置如图 9-28 所示。

其它光学约束条件可根据像差校正的需要一步一步进行设定。例如，透镜材料、场曲、像散、色差和 MTF 值都可以进行控制，但不要一开始就控制。目前成像质量优化是按默认的 RMS 弥散斑最小化方向进行。

	Type	Suı	Suı	Zon	Mo		Target	Weight
1	EFFL ▾		2				9.600	1.000
2	MNEG ▾	1	2	0.0...	0		0.500	1.000
3	MNEA ▾	2	3	0.0...	0		0.200	1.000
4	MNCG ▾	3	4				0.500	1.000
5	MNEA ▾	4	5	0.0...	0		0.100	2.000
6	MNEA ▾	5	6	0.0...	0		0.000	1.000
7	MNCG ▾	6	7				0.400	1.000
8	MNEG ▾	7	8	0.0...	0		0.200	1.000

图 9-28　物镜优化自定义操作数

接下来开始进行像差自动优化校正。选择"Optimization"菜单，在弹出的对话框中勾选"Auto Update"，点击"开始"，系统执行在焦距控制下的像差自动优化，观察各种像差的变化以及透镜结构参数的变化。

随着像差向目标值逐渐靠近，可以根据透镜工艺和像差情况，更改设置的变量数量，反复修改操作数控制条件，修改权重。如在第一轮优化过程中，发现光阑与它前一表面交叉，边缘厚度为负值，这时就需要修改目标值，加大权重。

在优化基本满足要求后，最后可以设置一些渐晕以提高轴外视场的 MTF 值。打开系统选项区的视场数据编辑器，分别对子午和弧矢视场进行渐晕设置，VCY 代表子午对称渐晕，VDY 代表子午偏心渐晕，渐晕设置数据如图 9-29 所示。

	Co	X (mm)	Y (mm)	Weight	VDX	VDY	VCX	VCY
1		0.000	0.000	1.000	0.000	0.000	0.000	0.000
2		0.000	2.500	1.000	0.100	0.100	0.100	0.100
3		0.000	3.600	1.000	0.000	0.000	0.200	0.200

Field 2 Properties — Field Type: Rea

图 9-29　物镜系统渐晕设置

7. 设计结果及像质评价

经过反复优化操作，天塞照相物镜的最终设计结构参数如图 9-30 所示。焦距为 9.6，相对孔径为 1∶2.8，实际像高控制达到 3.6，后工作距 7.38，满足物镜各项设计指标要求。系统详细参数可从 "Reports" 菜单中查看。

天塞物镜 2D 光线图设计结果如图 9-31 所示，从图中可以看出各透镜的加工工艺良好。

	Surf:Type	Co	Radius	Thickness	Material	Co	Clear Sen
0	OBJEC Standard ▾		Infinity	Infinity			Infinity
1	Standard ▾		3.852 V	1.157 V	1.79,47.4 M		2.414
2	Standard ▾		13.001 V	0.490 V			2.146
3	Standard ▾		-14.756 V	0.472 V	1.69,31.1 M		1.961
4	Standard ▾		3.206 V	0.452 V			1.574
5	STOP Standard ▾		Infinity	0.035 V			1.563
6	Standard ▾		18.077 V	0.384 V	1.62,36.3 M		1.536
7	Standard ▾		3.182 V	1.366 V	1.78,43.8 M		1.619
8	Standard ▾		-7.155 V	7.380 V			1.789
9	IMAGI Standard ▾		Infinity	-			3.578

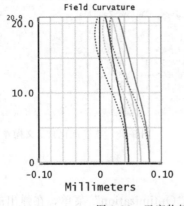　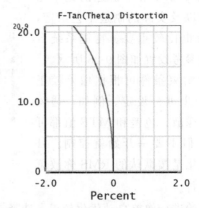

图 9-30　天塞物镜设计结果结构参数　　　　图 9-31　天塞物镜 2D 光线图设计结果

天塞物镜的场曲畸变设计结果如图 9-32 所示，从图中可以看出场曲很小，适合 CMOS 这样的平面传感接收器件，子午和弧矢曲线分开不严重，像散较小，畸变小于 2%，满足设计规格要求。

图 9-32　天塞物镜场曲畸变设计结果

天塞物镜的点列图设计结果如图 9-33 所示，从图中可以看出，弥散斑 RMS 半径小于 3.5μm，基本达到了衍射极限。

天塞物镜的综合像差 MTF 曲线，其设计结果如图 9-34 所示，从图中可以看到，在空间

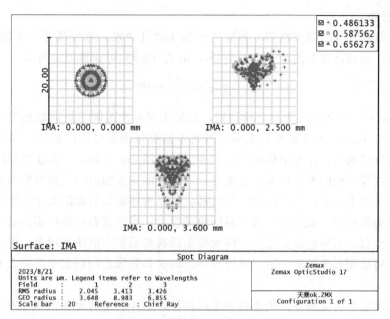

图 9-33　天塞物镜点列图设计结果

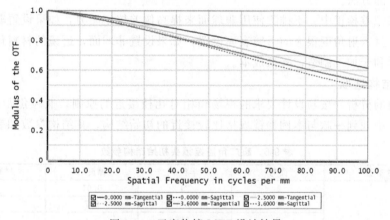

图 9-34　天塞物镜 MTF 设计结果

频率为 100lp/mm 时，各个视场的 MTF 曲线都在 0.4 以上，中心视场的 MTF 在 0.5 以上，完全满足设计要求的成像质量。

9.5　超广角监控镜头的设计（案例）

超广角镜头设计任务要求：

设计规格：可见光成像，镜头焦距 $f'=3$mm；F/#=2.2；镜头成像在 1/2.7 英寸、200万像素的 CMOS 传感接收器上（CMOS 有效接收面对角线尺寸为 6.8mm，像素尺寸为 3.4μm）。镜头后截距包含 0.7mm 厚的 IR+CG 玻璃（材料 H-K9L），要求后截距总体大于 4mm，系统总长小于 25mm。

成像质量要求：按像素尺寸换算空间频率为 150lp/mm 时，系统 MTF 值中心视场要求大于 0.5，0.85 视场要求大于 0.3；相对照度在 0.85 视场时大于 30%。

1. 设计思路

监控镜头就是常规的摄像物镜。根据监控镜头设计要求，系统成像要全覆盖 CMOS 传感器有效区域，像面高度要满足 $y'=3.4\text{mm}$，由式（9-2）可计算视场角为

$$2\omega=2\arctan\frac{y'}{f'}=98°$$

视场角 $2\omega>90°$ 的物镜称为超广角物镜，它能实现对大范围场景的监控拍摄。由于设计要求后截距大于 4mm，大于镜头的焦距，因此本监控镜头需采用反远距广角结构型式。反远距结构是由分离的负、正光组构成，如前面讲过的图 9-9 中所示，靠近物空间的光组具有负光焦度，靠近像平面的光组具有正光焦度，入射光线先经前面的负镜组发散后，再经后面的正镜组会聚于焦平面上，由于像方主面后移，所以可使系统后截距大于焦距。

反远距结构物镜由于系统不对称，视场角又很大，所以像差很难校正。超大视场带来的彗差、场曲、像散、倍率色差都很大，畸变更是随视场的增大而快速增大，但监控镜头应用于监控场所，对畸变要求不太严格，即使这样，解决其它像差问题也需要更为复杂化的透镜结构。

系统的光阑要尽可能放在正负光组的中间位置，这样利于彗差和倍率色差的校正，场曲的校正一般采用厚透镜或弯月透镜。色差的校正要选用不同色散系数的透镜材料，也要采取正负透镜结合的方法。

另外，在像差校正中，不排除使用非球面来提高像差校正能力，如果设置非球面，需要在远离光阑，且入射角度很大的透镜表面设置；如果设置非球面，透镜的材料最好替换为光学塑料，这样利于加工制造，降低成本。

2. 初始结构选取

根据前面的分析，按与设计要求的视场和相对孔径接近的原则，兼顾焦距和系统总长，在国家专利库中找到一款与本例物镜规格比较接近的初始结构，其结构参数如表 9-6 所示。

表 9-6　超广角监控镜头初始结构参数

主要特性参数	面号	半径 r	厚度 d	材料(n_d,v_d)
$f'=3.67$ $L_f'=6.42$ F/#=2.0 $2\omega=108°$	1	21	0.61	1.6,60
	2	3.5	2.7	
	3	16	3	1.58,60
	4	3.5	0.9	
	STOP	∞	0	
	6	6	4.45	1.7,42
	7	−6	0.11	
	8	11.6	2.95	1.6,60
	9	−3	0.5	1.86,19
	10	−8	6.42	

从表 9-6 中可以看到，此系统共使用五块透镜，有 10 个表面，没有使用非球面，孔径光阑在第 5 面，光阑相对居中；系统的视场角 108°，相对孔径为 1：2，与本例设计规格接近且有余量，焦距为 3.67，系统总长 21，也与本例设计目标较接近。后截距 6.42 大于焦距，是一个典型的反远距广角镜头。

但从表 9-6 中又可以看到，选取的这个专利系统，透镜半径不够精密，只给了大概的值；透镜材料也没有指定牌号，折射率和阿贝数也只给了大概的值，因此，对于此初始结构的处理会更麻烦一些。

3. 在 ZEMAX 中输入初始数据

初始结构选好后，接下来要将初始结构数据输入 ZEMAX 透镜数据编辑器（Lens Data）中。Lens Data 中除了物面、光阑面（STOP）和像面外，还需要在"STOP"面的前后分别插入 4 个面和 5 个面，然后依次在半径、厚度栏中输入表 9-6 中的半径和厚度相应数据。因为本例要求在后截中加入 IR 和 CG 玻璃板，所以，在第 10 面后面 0.2 间隔处再插入两个面，半径为无穷大，厚度为 0.7，材料为 H-K9L，第 12 面的厚度可根据快速聚焦获得，也可以换算得到，大约为 5.76。

接下来是透镜材料的输入，因为所选初始系统材料数据不够精确，因此，可在本书附录 D 中找到与其折射率和阿贝数接近的中国牌号的玻璃替换上。经过比对，5 块透镜的材料初步替换为 H-ZK14、H-ZK2、H-ZBAF20、H-ZK14、H-ZF52。这些牌号的折射率和阿贝数与初始专利系统中的也不是很严格对应，但后续还可以对材料进行优化处理，所以影响不大。把五种材料牌号分别输入到 ZEMAX 透镜数据编辑器中。

全部数据输入完成后，从 ZEMAX 状态栏可以看到此时系统焦距（EFFL）更新为 3.56，因为本监控镜头设计要求的焦距为 3.0，所以需要做焦距缩放，点击 Lens Data 窗口菜单项 "Make Focal"，在弹出的对话框中输入 3.0 即可。焦距缩放后的 Lens Data 数据窗口如图 9-35 所示。

	Surf:Type		Co	Radius	Thickness	Material	Co	Clear Sem
0	OBJEC	Standard ▾		Infinity	Infinity			Infinity
1		Standard ▾		17.652	0.513	H-ZK14		4.960
2		Standard ▾		2.942	2.270			2.899
3		Standard ▾		13.449	2.522	H-ZK2		2.897
4		Standard ▾		2.942	0.757			2.235
5	STOP	Standard ▾		Infinity	0.000			2.078
6		Standard ▾		5.043	3.740	H-ZBAF...		2.503
7		Standard ▾		-5.043	0.092			2.583
8		Standard ▾		9.750	2.480	H-ZK14		2.121
9		Standard ▾		-2.522	0.420	H-ZF52		1.573
10		Standard ▾		-6.724	0.168			1.707
11		Standard ▾		Infinity	0.588	H-K9L		1.750
12		Standard ▾		Infinity	4.730			1.793
13	IMAG	Standard ▾		Infinity	-			3.266

图 9-35　镜头初始结构数据窗口

4. 设置物镜系统性能参数

输入物镜的视场、孔径和波长。在 ZEMAX 主界面系统选项区。分别展开 Aperture、Fields 和 Wavelengths 选项。孔径类型选择 "Image Space F/#"，孔径数值输入设计要求的 "2.2"；视场类型选择 "Real Image Height"，视场个数勾选 3 个，分别为零视场、0.7 视场和全视场，权重都为 1，其对应的 Y 视场数值（子午面内 y'）分别为 0、2.4、3.4；孔径和视场设置如图 9-36 所示。波长设置，选择 "F，d，C（Visible）"，主波长为第 2 个，其余

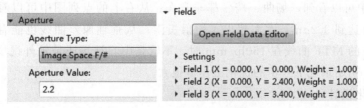

图 9-36　系统视场、孔径设置

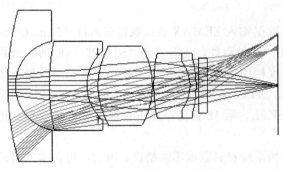

图 9-37 镜头初始结构 2D 光线图

为默认值。

这时可生成监控镜头的 2D 光线图，如图 9-37 所示，是典型的反远距型结构。图中，第二透镜与光阑面边缘是负间隔，下一步要约束好透镜的边界条件；从光束会聚情况看，轴外点明显聚焦偏离，场曲很严重。

5. 初始系统像差评估

初始结构经过焦距缩放和系统特性赋值后，ZEMAX 会自动计算并生成各种像差数据、曲线或图形。对于本例监控镜头，重点考虑的像差就是超大视场角带来的场曲、像散、彗差、色差和畸变。初始系统的主要像差如图 9-38 所示。

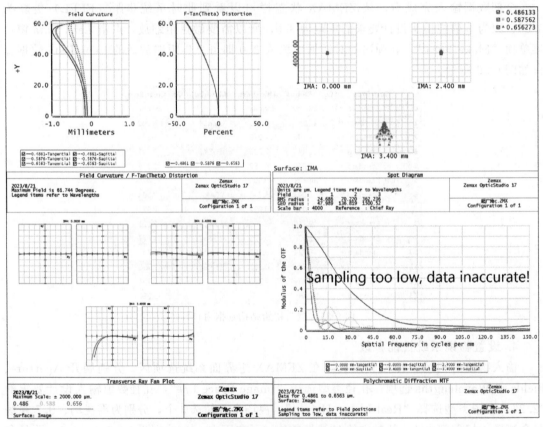

图 9-38 监控镜头初始系统像差情况

从图 9-38 中可以看到，场曲、畸变都非常大；从右上的点列图中可以看到最大视场彗差严重，弥散斑达到 $362\mu m$，大大超出了衍射极限；从垂轴像差曲线也能看最大子午视场彗差严重；右下的 MTF 曲线在 150lp/mm 时，不管是中心视场还是轴外视场都显示不出正确数据，因此，初始系统下一步的优化工作量很大。

6. 系统优化设计

首先是变量的设定。将 STOP 面之外的第 1 至第 10 面的半径都设为变量，第 1 至第 9

面的厚度以及第 12 面的厚度也都设为变量。快捷方法是：在 Lens Data 中将高亮条移动到要改变的参数上，按 Ctri＋Z 设定变量，再按 Ctrl＋Z 撤消变量设定，当该参数为变量时，单元格边上的小框中出现字母"V"。

其次是评价函数操作数的设定。打开"Optimize"→"Merit Function Editor"，按优化向导，确定进入默认的评价函数多行控制内容。在默认的评价函数编辑窗口的第一行 BLNK 处选择 EFFL 焦距操作数码，目标值输入 3，权重设为 1。然后插入多行 BLNK，自定义评价函数，分别选取合适的操作数对物镜各边界条件进行约束，特别是已设为变量的厚度值，要控制负透镜的最小中心厚度、正透镜的最小边缘厚度、最小中心或边缘空气间隔，还有最大值设定等，控制目标值可参考 5.5.2 节中讲述的光学零件的加工要求以及实际的制造工艺给定，当然，经验值也比较重要。监控镜系统自定义评价函数情况如图 9-39 所示。

	Type	Surf	Surf	Zone	Mode			Target	Weight
1	EFFL ▾		2					3.000	10.000
2	MNCG ▾	1	2					0.800	1.000
3	MNEA ▾	2	3	0.000	0			0.000	1.000
4	MXCG ▾	3	4					3.500	1.000
5	MNEA ▾	4	5	0.000	0			0.200	1.000
6	MNEA ▾	5	6	0.000	0			0.200	1.000
7	MXCG ▾	6	7					6.000	1.000
8	MNCA ▾	7	8					0.500	1.000
9	MNEG ▾	8	9	0.000	0			1.000	1.000
10	MNCG ▾	9	10					0.500	1.000
11	CTGT ▾	12						3.200	10.000
12	CVLT ▾	2						0.290	20.000
13	MTFT ▾	1	0	1	150.000	0	0	0.550	5.000
14	MTFT ▾	1	0	2	150.000	0	0	0.400	5.000
15	MTFS ▾	1	0	2	150.000	0	0	0.400	5.000
16	MTFT ▾	1	0	3	150.000	0	0	0.300	5.000
17	MTFS ▾	1	0	3	150.000	0	0	0.300	5.000

Wizards and Operands　　　Merit Function:　0.06

图 9-39　监控镜头优化自定义操作数

其中，CTGT 控制的是后截距。其它光学约束可根据校正像差的需要一步一步进行设定。例如，透镜材料、场曲、像散、色差和 MTF 值都可以进行控制，但一开始一般不进行控制。先按默认的 RMS 弥散斑最小化方向进行优化。

接下来是像差的自动优化校正。选择"Optimization"菜单，在弹出的对话框中勾选"Auto Update"，点击"开始"，系统执行在焦距控制下的像差自动优化，观察各种像差的变化以及透镜结构参数的变化。

随着像差向目标值逐渐靠近，可以根据透镜工艺情况和像差情况，更改设置的变量数目，反复修改操作数控制条件，修改权重。如在第三轮优化过程中，发现第二球面总是往半径小的方向发展，造成第一透镜加工难度增加，于是用 CVLT 来控制第 2 面的曲率值（半径的倒数），并且加大了权重。

在优化基本达到要求后，最后可以给轴外视场设置一些渐晕以提高轴外视场的 MTF 值。打开系统选项区的视场数据编辑器，分别对子午和弧矢视场进行渐晕设置，VCY 代表子午对称渐晕，VDY 代表子午偏心渐晕，渐晕设置情况如图 9-40 所示。

7. 设计结果及像质评价

经过反复优化操作，超广角监控镜头最终设计结果 2D 光线图如图 9-41 所示。从图中可

Field 3 Properties　Field Type: Real Image Height　Normalization: Radial (3.4

	Co	X (mm)	Y (mm)	Weigl	VDX	VDY	VCX	VCY	TAN
1		0.000	0.000	1.000	0.000	0.000	0.000	0.000	0.000
2		0.000	2.400	1.000	0.000	0.000	0.000	0.000	0.000
3		0.000	3.400	1.000	0.000	0.300	0.000	0.000	0.000

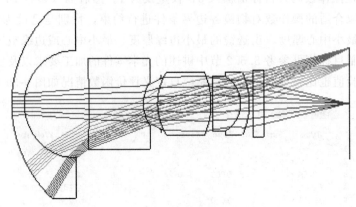

图 9-40　监控镜头系统渐晕设置

图 9-41　超广角监控镜头设计 2D 光线图

以看出各透镜的加工工艺良好，没有使用非球面，全部为球面透镜，且透镜数量不多，节约了成本。

超广角监控镜头的结构参数设计结果如图 9-42 所示。系统焦距为 3mm，光圈数为 2.2，实际像高控制达到 3.4mm，后工作距远超 4mm，全部满足镜头的设计指标要求。系统详细性能参数可从“Reports”菜单中查看。

	Surf:Type	Co	Radius	Thickness	Material	Coat	Clear Sem
0	OBJECT Standard		Infinity	Infinity			Infinity
1	Standard		7.763 V	0.797 V	H-ZK14		5.781
2	Standard		3.300 V	4.107 V			3.300
3	Standard		-72.569 V	3.508 V	H-ZK2		2.771
4	Standard		2.358 V	1.086 V			1.364
5	STOP Standard		Infinity	-0.205 V			1.543
6	Standard		3.608 V	3.363 V	ZBAF20		1.641
7	Standard		-4.734 V	0.106 V			1.701
8	Standard		-68.663 V	1.725 V	H-ZK14		1.613
9	Standard		-1.945 V	0.548 V	H-ZF52		1.674
10	Standard		-4.579 V	0.200			1.940
11	Standard		Infinity	0.700	H-K9L		1.986
12	Standard		Infinity	5.411 V			2.022
13	IMAGE Standard		Infinity	-			3.399

图 9-42　超广角监控镜头结构参数设计结果

超广角监控镜头的场曲、畸变设计结果如图 9-43 所示，从图中可以看出场曲很小，适合 CMOS 这样的平面传感接收器件，子午和弧矢曲线分开不严重，像散也不大。但畸变接近 50%，畸变不影响成像清晰度，所以本例并没有对畸变提出要求。

超广角监控镜头的点列图设计结果如图 9-44 所示，从图中可以看出，最大视场弥散斑 RMS 半径小于 7.6μm，接近衍射极限。但轴上球差稍有点大，读者可以自己对球差尝试进

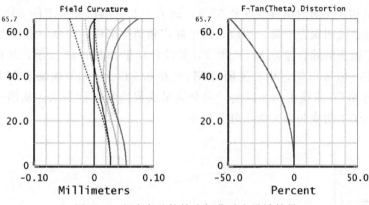

图 9-43　超广角监控镜头场曲畸变设计结果

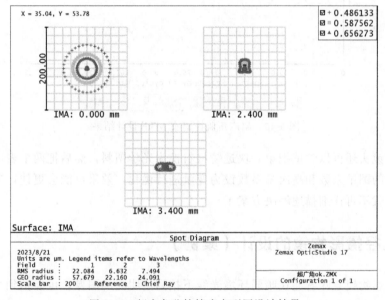

图 9-44　超广角监控镜头点列图设计结果

一步减小控制。

　　超广角监控镜头的相对照度设计结果如图 9-45 所示，从图中可以看到，最大视场相对

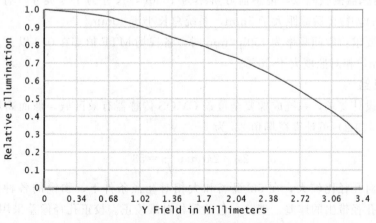

图 9-45　超广角监控镜头相对照度设计结果

照度接近30％，0.8视场的相对照度是52％，远大于此视场设计要求的30％。相对照度随视场角的增加呈余弦四次方下降，所以，对于超广角镜头来说，照度一般没有很好的数据。

超广角监控镜头的综合像差 MTF 曲线，其设计结果如图 9-46 所示，从图中可以看到，在空间频率为 150 lp/mm 时，中心视场的 MTF 在 0.5 以上，0.8 视场的 MTF 值在 0.3 以上，最大视场的 MTF 曲线在 0.2 以上，完全满足成像质量设计要求。从图中还可以看出，镜头像散不大，子午曲线和弧矢曲线分开较小。

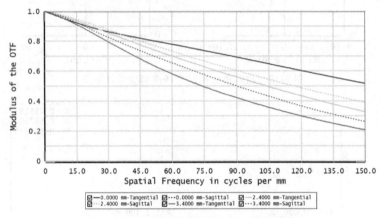

图 9-46　超广角监控镜头 MTF 设计结果

本例监控镜头还可以尝试把第一块透镜材料换为光学塑料，然后把两个表面设为偶次非球面，把相应的圆锥系数和高次幂系数设为变量进行优化，效果可能会更佳，畸变也能校正减小，在这里就不再详细描述解决方案了。

9.6　大孔径摄影物镜的设计（案例）

大孔径摄影物镜意味着能在暗弱环境光线下拍出更明亮的图像，也能拍到小景深、虚实结合的图片效果，还有利于提高快门速度，拍到清晰的动感图像。

本节将描述一个大孔径摄影物镜案例的设计过程，设计任务要求如下：

设计规格：可见光成像，镜头焦距 $f'=6$mm；相对孔径为 1∶1.2，即 F/#=1.2；镜头使用 CMOS 传感器接收图像，传感器分辨率为 1080P，尺寸为 1/3 英寸（有效接收面对角线尺寸为 6mm）。物镜后截距大于 5mm，系统总长小于 40mm。

成像质量要求：空间频率为 150lp/mm 时，各视场 MTF 值都在 0.3 以上。弥散斑 RMS 半径小于 10μm，相对照度大于 80％。

1. 设计思路

根据物镜设计要求，系统成像要全覆盖 CMOS 传感器有效区域，像面高度要满足 $y'=3.0$mm，由式（9-2）可计算视场角 2ω 为

$$2\omega = 2\arctan\frac{y'}{f'} = 53°$$

物镜的相对孔径比较大，在 53°视场和大相对孔径条件下，物镜的各种像差都会比较大，特别是大孔径带出的球差、彗差、色差等相对难校正。校正孔径像差采用的主要方法是在光阑附近使用非球面，但本系统由于视场也大，所以非球面设置应兼顾轴外像差的校正，

只有轴上轴外像差都得到校正了，系统的综合成像质量才会提高，MTF 值才能达到要求。

系统的光阑要尽可能放在光组的中间位置，这样利于彗差、畸变和倍率色差的校正；设计时使用弯月透镜和厚透镜有利于场曲的校正。

2. 初始结构选取

根据前面的分析，按与设计要求的视场和相对孔径接近的原则，兼顾系统总长，在中国专利库中找到一款接近的物镜结构，其结构参数如表 9-7 所示。

表 9-7 大孔径物镜初始结构参数

主要特性参数	面号	半径 r	厚度 d	材料(n_d,v_d)
	1	14.35	0.55	1.49,70.4
	2	5.375	2.07	
	3	7.518	0.55	1.53,47.3
	4	5.389	2.85	
$f'=5$	5	10.547	5	1.73,23.7
F/#=1.4	6	9.716	0.79	
$2\omega=62°$	STOP	∞	0.1	
	8	47.695	3.28	1.90,37.4
	9	−5.308	4.41	1.95,18.0
	10	−10.695	0.1	
	11	11.419	3.36	1.90,37.4
	12	298.84		

从表 9-7 中可以看到，此系统共使用六块透镜，没有非球面，孔径光阑在第 7 面，相对居中；系统的视场角 62°，相对孔径为 1∶1∶4，与本例设计规格较为接近，焦距为 5，系统总长 30，也与本例设计目标较接近。但从表 9-7 中又可以看到，选取的这个专利系统，透镜材料没有指定牌号，折射率和阿贝数也只是给了大概的值，因此，对于系统的后续处理会麻烦一些。

3. 在 ZEMAX 中输入初始数据

初始结构选好后，接下来要将初始结构数据输入 ZEMAX 透镜数据编辑器（Lens Data）中。Lens Data 中除了物面、光阑面（STOP）和像面外，还需要在"STOP"面的前后分别插入 6 个面和 5 个面，然后依次在半径、厚度中输入表 9-7 中的半径和厚度相应数据。对于材料的输入，因为所选初始系统材料数据不够精确，因此，可在本书附录 D 中找到与其折射率和阿贝数接近的 SCHOTT 玻璃替换上。经过比对，5 块透镜的材料初步定为 SCHOTT 公司的 N-FK5、LLF2、SF13、LASFN15、SF59、LASFN15。这些牌号的折射率和阿贝数与初始系统中的不是很严格对应，但后续是可以对材料进行优化处理的。把材料分别输入到 ZEMAX 透镜数据编辑器中。

全部数据输入完成后，从 ZEMAX 状态栏可以看到此时系统焦距（EFFL）更新为 5.2，因为本次物镜设计要求焦距为 6.0，所以需要做焦距缩放，点击 Lens Data 窗口菜单项 "Make Focal"，在弹出的对话框中输入 6.0 即可。焦距缩放后的镜头 Lens Data 数据窗口如图 9-47 所示。

4. 设置物镜系统性能参数

在 ZEMAX 主界面系统选项区，分别展开 Aperture、Fields 和 Wavelengths 选项。孔径类型选择 "Image Space F/#"，孔径数值输入设计要求的 "1.2"；视场类型选择 "Real Image Height"，视场个数勾选 3 个，分别为零视场、0.7 视场和全视场，权重都为 1，其对应

	Surf:Type		Co	Radius	Thickness	Material	Coat	Clear Se
0	OBJECT	Standard ▾		Infinity	Infinity			Infinity
1		Standard ▾		16.524	0.633	N-FK5		6.254
2		Standard ▾		6.189	2.380			5.149
3		Standard ▾		8.657	0.633	LLF2		4.943
4		Standard ▾		6.205	3.279			4.570
5		Standard ▾		12.145	5.757	SF13		4.562
6		Standard ▾		11.187	0.911			3.629
7	STOP	Standard ▾		Infinity	0.115			3.615
8		Standard ▾		54.919	3.774	LASFN15		3.803
9		Standard ▾		-6.112	5.077	SF59		4.345
10		Standard ▾		-12.315	0.115			6.046
11		Standard ▾		13.149	3.866	LASFN15		6.401
12		Standard ▾		344.101	7.962			5.958
13	IMAGE	Standard ▾		Infinity	-			3.046

图 9-47　大孔径物镜初始结构数据窗口

的 Y 视场值分别为 0、2.1 和 3；孔径和视场设置如图 9-48 所示。波长选择"F，d，C（Visible）"，主波长为第 2 个，其余为默认值。

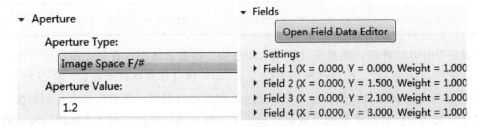

图 9-48　物镜系统视场、孔径设置

这时可生成物镜系统的 2D 光线图，如图 9-49 所示。图中，第一和第二透镜中心厚度偏薄，下一步要约束好透镜的边界条件。

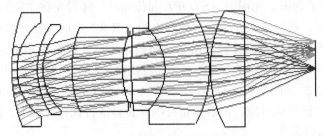

图 9-49　物镜初始结构 2D 光线图

5. 初始系统像差评估

初始结构经过焦距缩放和系统特性赋值后，ZEMAX 会自动计算并生成各种像差数据、曲线或图形。对于本例大孔径物镜，重点考虑的像差就是大孔径和大视场带来的球差和轴外像差等。初始系统的 MTF 曲线图如图 9-50 所示。从图中可以看到，空间频率 150lp/mm 时，不管是中心视场还是轴外视场都显示不出正确数据，MTF 值非常低，与设计要求相差甚远。

初始系统的场曲畸变如图 9-51 所示，数值都比较大，场曲会影响到综合像质。

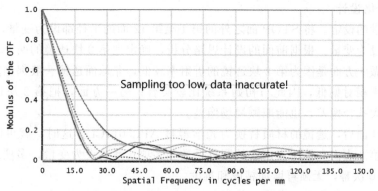

图 9-50 大孔径物镜初始系统 MTF 曲线

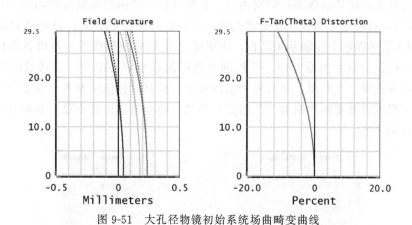

图 9-51 大孔径物镜初始系统场曲畸变曲线

初始系统的点列图如图 9-52 所示，从图中可以看出，轴上球差较为严重，轴外有两个视场存在明显的彗差，弥散斑 RMS 半径最大为 $45\mu m$，远远大于设计要求值，下一步的优化工作量很大。

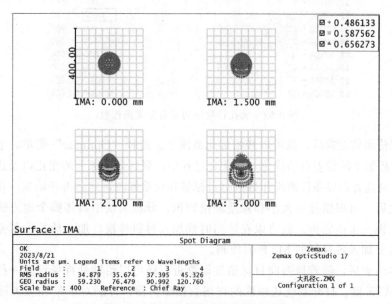

图 9-52 大孔径物镜初始系统点列图

6. 系统优化设计

首先是变量的设定。将 STOP 面之外的第 1 至第 12 面的半径都设为变量，第 1 至第 12 面的厚度也都设为变量。根据前面的设计思路分析，确定把第 2 块透镜的两个表面设为偶次非球面。这样做一方面是因为第 2 块透镜的折射率较低，非球面透镜一般都是塑料材质，塑料材质的折射率相对偏低，因此与初始系统比较契合；另一方面，把第 2 块透镜设为非球面，既能兼顾大孔径像差，也能兼顾视场像差。

设置好非球面后，透镜的材质替换为光学塑料 APL5014CL。这时，就可以把第二块透镜两个表面（第 3 表面和第 4 表面）的圆锥系数和多项式系数设为变量，多项式系数中，从 4 次幂设置到 10 次幂，无须再增加精度和难度。

其次是评价函数操作数的设定。打开"Optimize"→"Merit Function Editor"，按优化向导，确定进入默认的评价函数多行控制内容。在默认的评价函数编辑窗口的第一行选择 EFFL 焦距操作数，目标值输入 6，权重设为 1。然后插入多行 BLNK，自定义评价函数，用 TOTR 和 OPLT 操作数来控制系统总长，用附录 A 中的多种操作数对物镜各边界条件进行约束，特别是已设为变量的厚度值，要控制负透镜的最小中心厚度、正透镜的最小边缘厚度、最小中心或边缘空气间隔，还有最大值设定等，控制目标值可参考 5.5.2 节中讲述的光学零件的加工要求以及实际的制造工艺给定，当然，经验值也比较重要。初步自定义评价函数情况如图 9-53 所示。

	Type	Surf1	Surf.			Target	Weigh
1	EFFL		2			6.000	5.000
2	TOTR					0.000	0.000
3	OPLT	2				39.000	1.000
4	CTGT	12				6.000	1.000
5	MNCG	1	2			1.000	1.000
6	MXCG	1	2			5.000	1.000
7	MNCG	3	4			1.000	1.000
8	MNEG	5	6	0.000	0	1.000	1.000
9	MXCG	5	6			7.000	1.000
10	MNEG	8	9	0.000	0	1.500	5.000
11	MNCG	9	10			2.000	1.000
12	MXCG	11	12			6.000	1.000
13	MNEG	11	12	0.000	0	1.000	1.000
14	MNCA	2	3			2.000	1.000
15	MNCA	4	5			1.800	1.000
16	MNEA	6	7	0.000	0	0.000	1.000
17	MNEA	7	8	0.000	0	0.100	1.000
18	MNCA	10	11			0.200	1.000

图 9-53　大孔径物镜初步自定义操作数

变量和评价函数设置后，就可以开始优化系统了。选择"Optimize"菜单，系统执行在焦距和边界条件控制下的像差自动优化，在优化过程中，观察各种像差的变化以及透镜结构参数的变化。随时对违背边界条件的操作数进行目标值和权重修改，然后再开始新一轮优化。

多轮优化后，可根据像差大小和像差理论知识，分析系统中具体哪个地方哪个参数需要加强和修改，再一步步完善。也可以在适当时候加入材料替换，加入球差、彗差和场曲的控制，最后还需要加入各视场的 MTF 值控制。

优化基本结束后，随着像差向目标值逐渐靠近，还可以给轴外视场设置一些渐晕以提高子午和弧矢 MTF 值。打开系统选项区的视场数据编辑器，分别对子午和弧矢视场进行渐晕设置，VCY 代表子午对称渐晕，VDY 代表子午偏心渐晕，渐晕设置情况如图 9-54 所示。

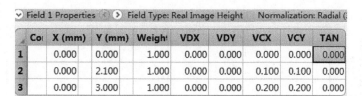

图 9-54　物镜系统渐晕设置

7. 设计结果及像质评价

经过长时间反复优化操作，得到大孔径物镜的结构参数设计结果，如图 9-55 所示。系统焦距为 6，孔径 F 数为 1.2，实际像高控制在 3.0，符合设计要求值；后工作距 5.965，大于设计要求的 5mm。系统详细性能参数可从 "Reports" 菜单中查看。

	Surf:Type		Col	Radius	Thickness	Material	Col	Clear S
0	OBJEC	Standard ▾		Infinity	Infinity			Infi...
1		Standard ▾		6.933 V	2.630 V	N-FK5		5.800
2		Standard ▾		4.628 V	4.358 V			4.297
3		Even Asphere ▾		-1.393 V	0.979 V	APL5014CL		4.134
4		Even Asphere ▾		10.816 V	1.693 V			4.014
5		Standard ▾		11.021 V	1.655 V	SF13		4.065
6		Standard ▾		123.988 V	6.572 V			3.921
7	STOP	Standard ▾		Infinity	0.739 V			2.880
8	(aper)	Standard ▾		Infinity	2.535 V	LASFN15		3.000 U
9	(aper)	Standard ▾		-4.491 V	4.077 V	SF59		3.000 U
10		Standard ▾		-14.198 V	1.850 V			3.565
11		Standard ▾		10.586 V	6.008 V	LASFN15		3.858
12		Standard ▾		12.146 V	5.965 V			3.104
13	IMAG	Standard ▾		Infinity	-			3.008

图 9-55　大孔径物镜结构参数设计结果

系统第 2 块透镜的材料为光学塑料 APL5014CL，第 2 块透镜的两个表面使用了偶次非球面，多项式系数设置到 10 次幂。

大孔径物镜最终设计结果 2D 光线图如图 9-56 所示。从图中可以看出各透镜的加工工艺良好，第二块非球面塑料透镜的厚度均匀，注塑性能较好。

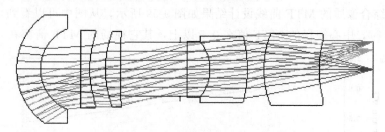

图 9-56　大孔径物镜设计 2D 光线图

大孔径物镜的球差、色差曲线设计结果如图 9-57 所示，从图中可以看出主波长球差比较小，蓝光和红光在 0.7 孔径位置消色差，色球差也很小，说明大孔径物镜的球差设计符合其特征要求，透镜材料的选取和替换也较为合理。

大孔径物镜的点列图设计结果如图 9-58 所示，从图中可以看出，轴上点仍存在一点剩余球差，但数值不大；第三视场处也存在着像散，但数值也不大。弥散斑 RMS 半径整体在

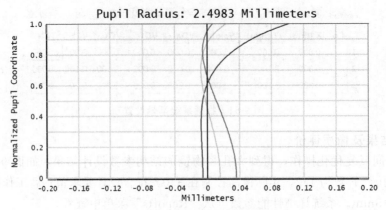

图 9-57　大孔径物镜球差色差设计结果

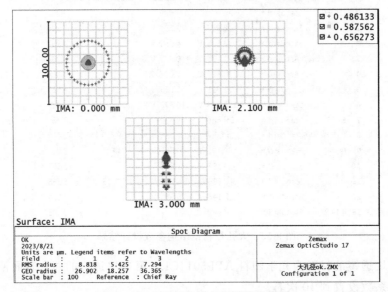

图 9-58　大孔径物镜点列图设计结果

8.8μm 以下，符合像质设计要求，说明系统像质均匀，成像清晰。

代表物镜综合像质的 MTF 曲线设计结果如图 9-59 所示，从图中可以看到，在空间频率为 150 lp/mm 时，中心视场的 MTF 值在 0.5 以上，其它视场的 MTF 值都在 0.3 以上，满

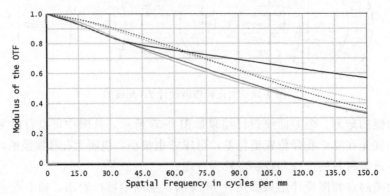

图 9-59　大孔径物镜 MTF 设计结果

足系统成像质量设计要求。从图中还可以看出，子午（实线）和弧矢（虚线）MTF 曲线分开较小，代表系统的像散值较小。

大孔径物镜的相对照度设计结果如图 9-60 所示，从图中可以看到，最大视场相对照度为 86％，符合设计要求的大于 80％的指标。相对照度随视场角的增加而快速下降，当然也跟系统的渐晕设置有关。本物镜视场中等偏大，渐晕设置量小，所以，相对照度比较高，这也和大孔径物镜的使用特性相匹配。

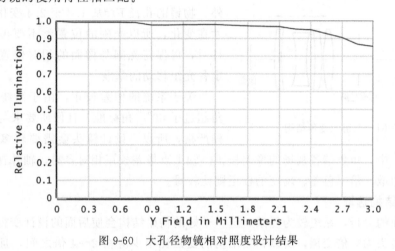

图 9-60　大孔径物镜相对照度设计结果

9.7　变焦摄影物镜的设计（案例）

变焦摄影镜头相对于定焦镜头来说，具有变化的焦距，这样可以适应对不同远近目标物体的取景成像，且在变换焦距时，成像都不失清晰。

变焦镜头在焦距变化时，由于像面大小固定，所以系统的视场角会改变，短焦端有较大的视场角，称为广角端（W），长焦端有较小的视场角，称为远摄端（T）。变焦镜头的相对孔径在大多数情况下也会随焦距的变化而有少量变化，但也可以固定光圈。另外，由于系统变焦距是通过系统中不同光组的相对移动来实现的，所以系统的总长度在变焦中一般是变化的，但也有一些结构采用内部光组移动式方式，所以系统总长并没有变化。

本节将讲述一个变焦摄影物镜案例的设计过程。

变焦镜头设计任务要求：

设计规格：设计一个三倍变焦可见光摄影物镜，镜头焦距变化范围为 5～15mm；镜头孔径 F/#变化范围 1.8～2.4；镜头使用 CMOS 传感器接收图像，传感器尺寸为 1/2.5 英寸（有效接收面对角线尺寸为 7.2mm）。镜头后截距要求大于 3mm，系统总长小于 105mm，变焦时像面最大离焦量小于 0.2mm。

成像质量要求：空间频率为 100lp/mm 时，长、中、短焦时各视场的 MTF 值都在 0.3 以上，各焦距相对照度均大于 70％。

1. 设计思路

为满足变焦镜头各焦距的像质要求，根据变焦比的大小，一般选取 3～5 个焦距校正像差，本例镜头变焦比为 3，所以，实际设计时，选取三个焦距值进行系统优化即可，选取的三个焦距值分别为 5、10 和 15，涵盖了长、中、短焦距范围。

镜头成像要全覆盖 CMOS 传感器有效区域，所以像面高度在长、中、短焦时都要满足 $y'=3.0\text{mm}$，由式（9-2）可计算出视场角的变化范围为

$$2\omega = 2\arctan\frac{y'}{f'} = 23°\sim62°$$

基于目前二组元全动型变焦结构比较简洁和流行，所以本系统采用二组元全动型变焦结

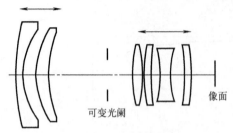

图 9-61　二组元变焦结构

构，结构特征如图 9-61 所示。紧凑、体积小。另外，物镜的孔径 F/# 从 1.8 至 2.4 变化，即光阑尺寸在变化，所以光阑的位置就不要再变化。在设计时，可保持光阑与像面的相对位置不变，以固定各光组移动的基准。

关于系统的像差校正，由于系统的最大视场角超过了 60°广角标准，且像质要求与定焦镜头一样严格，所以，设计镜头会需要较多的透镜片数

才能实现长、中、短焦端各视场的像差校正。轴上点像差校正相对容易，轴外视场像差如彗差、场曲、像散、倍率色差、畸变的校正则比较难。

2. 初始结构选取

根据前面的分析，系统较为复杂，选一个好的初始结构会使后面的设计变得顺利。因为本次设计的镜头为 3 倍变焦，所以初始结构的变焦比至少应在 2～4 倍之间，且为二组元移动型。暂不考虑非球面。按照变焦比、F 数和视场接近原则，兼顾系统总长，在查阅大量文献和过往设计资料之后，选取了一个 2.3 倍变焦的初始系统，系统使用 9 块透镜，其结构参数如表 9-8 所示。

表 9-8　变焦镜头初始结构参数

主要特性参数	面号	半径 r	厚度 d	材料(n_d, ν_d)
	1	31.66	4.14	1.64,60.1
	2	9.16	6.29	
	3	−145.1	1.68	1.62,60.3
	4	10.36	2.18	
	5	12.49	4.35	1.81,25.4
	6	20.46	17.31(W)～2.0(T)	
	STOP	∞	5.7(W)～1.0(T)	
$f'=3.5\sim8$	8	20.17	2.21	1.62,60.3
F/#$=1.6\sim2.0$	9	−14.73	1.77	
$2\omega_{\max}=80°$	10	−8.435	1.17	1.81,25.4
	11	−10.62	1	
	12	9.308	3.52	1.61,60.6
	13	47.01	1.88	1.81,25.4
	14	7.253	1.81	
	15	15.138	2.13	1.62,60.3
	16	−30.55	1.02	
	17	13.48	4.94	1.62,60.3
	18	34.5	2.37(W)～7.08(T)	

从表 9-8 中可以看到，系统焦距变化范围为 3.5～8，与本例设计镜头有较大出入。孔径光阑居中，光阑前后的间隔以及最后一面间隔都随焦距变化而变化，说明系统是一个二组元全动型变焦结构。系统相对孔径和视场角与本例要求相差不多。系统总长较短，有利于在焦

距缩放后达到要求。系统所用材料没有指定牌号，且不精准，下一步处理工作相对麻烦。

接下来把初始结构输入 ZEMAX 的 Lens Data 中。Lens Data 中除了物面、光阑面（STOP）和像面外，还需要在"STOP"面前后分别插入 6 个面和 11 个面，并依次在半径、厚度栏中输入表 9-8 中的半径、厚度值。对于材料的输入，因为初始系统材料数据不够精确，因此，可在本书附录 D 中找到与其折射率和阿贝数接近的中国牌号的玻璃替换上。经过比对，9 块透镜的材料初步定为成都光明公司的 H-LAK4L、H-ZK9B、ZF7L、H-ZL9B、ZF7L、H-ZK7、ZF7L、H-ZK9B、H-ZK9B。这些牌号的折射率和阿贝数与初始系统中的不是很严格对应，但后续是可以对材料进行优化处理的。把材料分别输入到 ZEMAX 透镜数据编辑器相应栏中。

初始系统广角端（W）焦距为 3.5，本例镜头广角端焦距为 5，所以要进行焦距缩放。点击 Lens Data 窗口菜单项"Make Focal"，在弹出的对话框中输入 5 即完成。

3. 设置变焦镜头性能参数及多重配置

设置变焦物镜广角端（W）的视场、孔径和波长。在 ZEMAX 主界面系统选项区，分别展开 Aperture、Fields 和 Wavelengths 选项。孔径类型选择"Image space F/#"，孔径数值输入设计要求的起点值"1.8"；视场类型选择"实际像高"，视场个数勾选 3 个，分别为零视场、0.7 视场和全视场，权重都为 1，其对应的 Y 视场数值分别为 0、2.1、3.0。然后进行波长设置，打开波长数据窗口，勾选三个波长，分别输入 3、4、5，主波长点选第 2 个，权重都为 1。

这时，变焦物镜广角端（W）的 2D 光线图已生成，如图 9-62 所示。

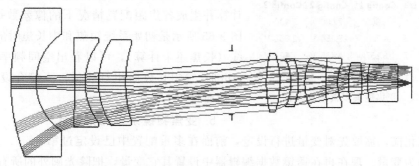

图 9-62　变焦镜头广角端（W）2D 光线图

变焦物镜广角端（W）的透镜结构数据更新窗口如图 9-63 所示。

现在要进行短、中、长三个焦距的多重配置设置了。打开"Setup"→"Editor"→"Multi-Configuration Editor"，创建 3 列配置（Config），并在下方插入 4 行控制行，在第一行输入"APER"孔径操作数，配置栏分别输入短中长焦时的 1.8、2.1、2.4。在第二、三、四行都输入"THIC"厚度操作数，对应的厚度表面分别为第 6、7、18 面，相应的三个配置栏的数据已经自动生成，是初始系统的 2.3 倍变焦比，但先不用理会，后续优化时会控制焦距。多重配置设置情况如图 9-64 所示。

因为接下来要对各系统各透镜半径和厚度进行优化，那么关于第 6、7、18 面的厚度变量设定要在多重配置编辑器中设置，代表在短、中、长焦距值时，只有这三个厚度值是不同的，其它厚度和半径值都是相同的。

4. 变焦镜头初始系统像差评估

变焦系统性能参数和可移动间隔的多重配置完成以后，透镜数据窗口就有三重列表，分

	Surf:Type	Co	Radius	Thickness	Material	Co	Clear Se
0	OBJECT Standard ▾		Infinity	Infinity			Infinity
1	Standard ▾		45.209	5.916	H-LAK...		16.805
2	Standard ▾		13.077	8.976			10.936
3	Standard ▾		-207.198	2.405	H-ZK9B		10.024
4	Standard ▾		14.793	3.106			9.040
5	Standard ▾		17.836	6.213	ZF7L		9.646
6	Standard ▾		29.211	24.720			8.803
7	STOP Standard ▾		Infinity	8.137			7.234
8	Standard ▾		28.810	3.158	H-ZK9B		6.635
9	Standard ▾		-21.041	2.521			6.455
10	Standard ▾		-12.045	1.669	ZF7L		5.315
11	Standard ▾		-15.171	1.429			5.483
12	Standard ▾		13.292	5.026	H-ZK7		5.521
13	Standard ▾		67.140	2.680	ZF7L		4.870
14	Standard ▾		10.358	2.593			4.340
15	Standard ▾		21.618	3.042	H-ZK9B		4.526
16	Standard ▾		-43.628	1.454			4.461
17	Standard ▾		19.243	7.051	H-ZK9B		4.224
18	Standard ▾		49.253	3.375			3.793
19	IMAGE Standard ▾		Infinity	-			3.639

图 9-63　变焦镜头广角端（W）初始数据窗口

	Active : 1/3	Config 1*	Config 2	Config 3
1	APER ▾	-	1.800	2.100	2.400
2	THIC ▾	6	24.720 V	7.254 V	2.861 V
3	THIC ▾	7	8.137 V	4.436 V	1.421 V
4	THIC ▾	18	3.375 V	7.083 V	10.101 V

图 9-64　变焦镜头多重配置设置

别对应三个焦距下的透镜数据。ZEMAX 也会自动计算并生成各焦距配置情况下的像差数据和曲线。图 9-65 所示是初始系统短焦和中长焦时的 MTF 曲线（长焦还未计算），可以看出空间频率为 100lp/mm 时，MTF 数据相对较低，不符合设计要求的成像质量。

5. 变焦物镜系统优化设计

　　系统优化前，需要先对变量进行设定，前面在多重配置中已设定过第 6、7、18 三个面的厚度间隔为变量。现在再在透镜数据编辑器中设置其它变量，把除光阑外的所有表面的半径都设为变量，所有的厚度也都设置为变量，材料保持不变。

　　其次是评价函数操作数的设定。打开 "Optimize"→"Merit Function Editor"，按默认向导进入自定义评价函数编辑表，这时可看到很多行控制内容。而且看到了多重配置编号，如 "CONF 1" "CONF 2" "CONF 3"，并分别在它们后面插入多行空白行，然后在 "CONF 1" 行的后面，控制焦距 EFFL 为 5，用 ZTHI 操作数来控制光阑到像面的厚度偏差，目标值为 0，然后控制系统总长小于 105，控制各透镜、各间隔边界条件以及 MTF 值。同样，在 "CONF 2" 行的后面控制焦距 EFFL 为 10，用 ZTHI 控制厚度偏差，控制这个焦距下的 MTF 值。在 "CONF 3" 行的后面控制焦距 EFFL 为 15，用 ZTHI 控制厚度偏差，并控制这个焦距下的 MTF 值。操作数设置由于是动态的、变化的，图 9-66 所示可作为参考。

　　变量和评价函数设置后，就可以开始执行优化了。选择 "Optimize" 菜单，系统执行在多重配置和评价函数操作数控制下的像差自动优化，在优化过程中，随时停止并修改所控制的项目，循环查看各焦距的像差情况，随时对违背控制条件的操作数进行目标值和权重修改，然后再开始新一轮优化。

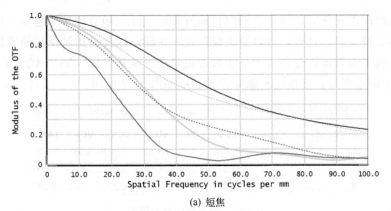

(a) 短焦

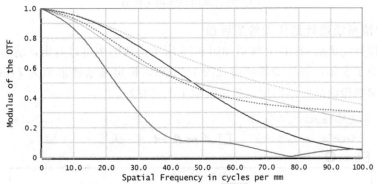

(b) 中长焦

图 9-65 物镜 MTF 曲线

	Type	Surf1	Sur						Targe	Weigh
1	CONF ▾	1								
2	BLNK ▾									
3	EFFL ▾		2						5.000	1.000
4	ZTHI ▾	7	19						0.000	1.000
5	MTFT ▾	1	0	3	100...	0	0		0.350	1.000
6	MTFS ▾	1	0	3	100...	0	0		0.350	1.000
7	MTFS ▾	1	0	2	100...	0	0		0.350	1.000
8	MTFT ▾	1	0	2	100...	0	0		0.350	1.000
9	MTFT ▾	1	0	1	100...	0	0		0.500	1.000
10	TOTR ▾								0.000	0.000
11	OPLT ▾	10							105.0...	1.000
12	MNCA ▾	1	18						1.200	1.000
13	MXCA ▾	1	18						50.000	1.000
14	MNEA ▾	1	18	0...	0				0.200	1.000
15	CTGT ▾	18							3.500	1.000
16	MNCG ▾	1	18						1.200	1.000
17	MXCG ▾	1	18						10.000	1.000
18	MNEG ▾	1	18	0...	0				1.200	1.000
86	CONF ▾	2								
87	EFFL ▾		2						10.000	1.000
88	ZTHI ▾	7	19						0.000	1.000
89	MTFT ▾	1	0	1	100...	0	0		0.500	1.000
90	MTFS ▾	1	0	3	100...	0	0		0.350	1.000
161	CONF ▾	3								
162	EFFL ▾		2						15.000	1.000
163	ZTHI ▾	7	19						0.000	1.000
164	MTFT ▾	1	0	1	100...	0	0		0.500	1.000
165	MTFT ▾	1	0	2	100...	0	0		0.350	1.000

图 9-66 变焦物镜各配置下的操作数设置

经过漫长时间的优化后，像差逐渐向目标值靠近，评价函数值越来越小，焦距、系统参数也基本满足设计要求，这时，可以给系统设置一些渐晕以提高边缘视场的成像质量。打开系统选项区的视场编辑器，分别对子午和弧矢视场进行渐晕设置，VCY 代表子午对称渐晕，VDY 代表子午偏心渐晕，变焦镜头渐晕设置情况如图 9-67 所示。

	Col	X (m	Y (mm)	Weigl	VDX	VDY	VCX	VCY	TAN
1		0.0...	0.000	1.000	0.000	0.000	0.000	0.000	0.000
2		0.0...	2.500	1.000	0.000	-0.050	0.200	0.100	0.000
3		0.0...	3.600	1.000	0.000	-0.100	0.200	0.100	0.000

Field 2 Properties Type: Real Image Height Normalization: Radial (3.6

图 9-67　变焦物镜渐晕设置

6. 变焦物镜系统设计结果及像质评价

变焦物镜设计完成后的 3D 光线图如图 9-68 所示。从图中可以看出，前组和后组镜片二组元移动，实现了变焦，短焦端系统最长为 102mm，长焦端系统最短为 74mm，满足设计规格要求，光阑到像面的距离固定，各透镜加工工艺良好。

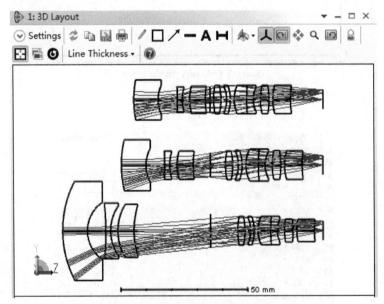

图 9-68　变焦物镜设计结果 3D 光线图

短焦端物镜的结构参数设计结果如图 9-69 所示，短焦端焦距为 5.1，像面高度 3.6，长焦端焦距为 145，像面高度 3.63，满足三倍变焦设计指标要求。长、中、短焦两透镜组元的移动量如表 9-9 所示。其它详细系统参数可从各焦距下的"Reports"菜单中去查看。需要说明的是，虽然控制了光阑到像面的距离，但仍然存在各焦距段的离焦偏差，此偏差最终为 0.115，也是满足设计要求的。

表 9-9　变焦时两透镜组元的移动变化情况

序号	第 6 间隔	第 7 间隔	第 18 间隔
短焦时	30.241	10.584	3.425
中焦时	6.906	5.873	8.046
长焦时	1.91	1.358	12.677

	Surf:Type		Radius		Thickness		Material	Coat	Clear S
0	OBJEC	Standard ▼	Infinity		Infinity				Infinity
1		Standard ▼	39.923	V	9.668	V	H-LAK4L		18.894
2		Standard ▼	12.692	V	7.431	V			10.839
3		Standard ▼	-101.426	V	1.883	V	H-ZK9B		10.556
4		Standard ▼	16.135	V	2.858	V			9.621
5		Standard ▼	18.558	V	6.343	V	ZF7L		10.164
6		Standard ▼	32.598	V	30.241	V			9.288
7	STOP	Standard ▼	Infinity		10.584	V			6.412
8		Standard ▼	25.720	V	2.880	V	H-ZK9B		5.474
9		Standard ▼	-23.279	V	2.202	V			5.417
10		Standard ▼	-12.474	V	1.478	V	ZF7L		5.113
11		Standard ▼	-15.932	V	1.514	V			5.372
12		Standard ▼	13.326	V	4.937	V	H-ZK7		5.379
13		Standard ▼	67.744	V	2.607	V	ZF7L		4.735
14		Standard ▼	10.226	V	2.811	V			4.223
15		Standard ▼	25.107	V	3.365	V	H-ZK9B		4.412
16		Standard ▼	-32.129	V	1.490	V			4.365
17		Standard ▼	19.917	V	6.878	V	H-ZK9B		4.254
18		Standard ▼	33.166	V	3.425	V			3.762
19	IMAGE	Standard ▼	Infinity		-				3.602

图 9-69　变焦物镜短焦时的结构参数结果

变焦物镜系统在短、中、长焦距时的点列图结果如图 9-70 所示，不管是 0 视场、0.7 视

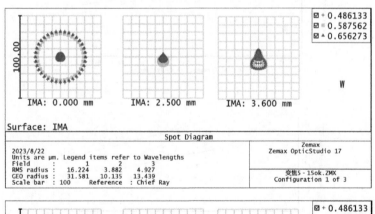

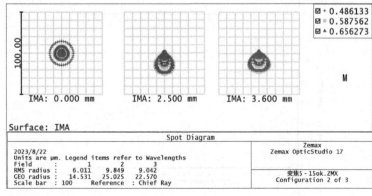

图 9-70

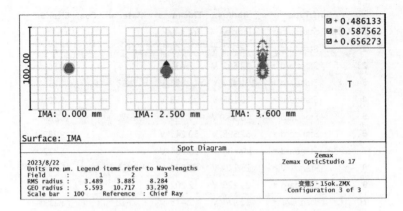

图 9-70　变焦物镜的点列图设计结果

场还是全视场，各焦距时，RMS 均方根半径都在 $10\mu m$ 以下，说明物镜系统在整个焦距范围内都能清晰成像，且像质均匀。

变焦物镜系统在短、中、长焦距时的 MTF 曲线如图 9-71 所示，不管是 0 视场、0.7 视场还是全视场，当空间频率为 $100lp/mm$ 时，MTF 值都在 0.3 以上，再次说明物镜系统在整个焦距范围内都能够清晰成像。

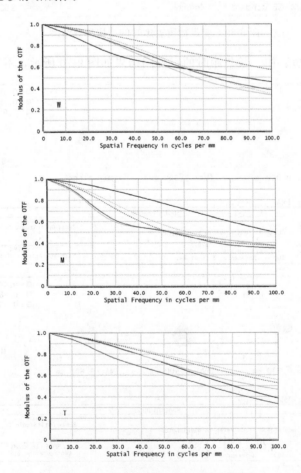

图 9-71　变焦物镜的 MTF 设计结果

变焦物镜系统在短、中、长焦距时的相对照度曲线如图 9-72 所示，可以看出，相对照度在短焦端最低，为 71％，长焦端最高，为 85％，这与短焦时视场角偏大有关，但都满足设计规格要求。

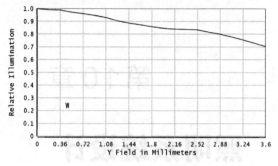
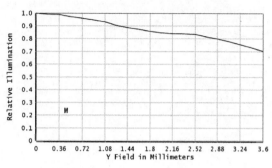
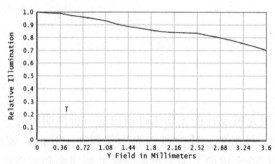

图 9-72 变焦镜头的相对照度设计结果

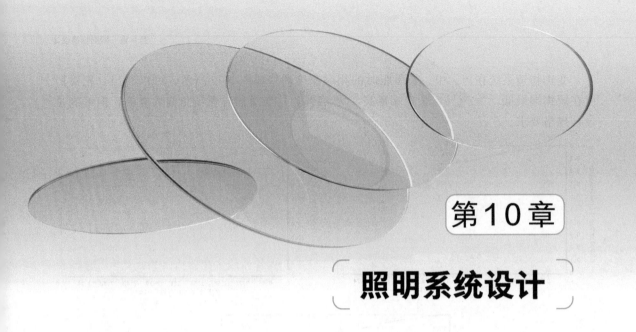

第10章

照明系统设计

照明系统是指由光源、聚光镜及辅助光学零件组成的一种照明装置。它是很多光学仪器的重要组成部分，如显微镜、投影仪、放映机等光学仪器在工作时，就需要用光源照亮物面，被照物面再通过物镜进行放大成像。为了提高光源的利用率和实现仪器特定的光学性能要求，就需要合理地设计照明系统。

10.1 照明光学系统的设计要求

照明系统的设计取决于其应用领域和使用目的，一般情况下，以下几点是常见的设计要求。

(1) 光源选择：根据应用的需求选择合适的光源，如白炽灯、氙灯、LED 光源、激光光源等，保证被照物面有足够的光照度。

(2) 光源布局：相对于被照明物体的位置，确定合适的光源布局，设置杂光光阑，提高照明效率，达到最佳照明效果。

(3) 光束控制：根据需要，使用透镜、反射镜、棱镜、积分零件、二元光学元件、偏振镜片等零件来控制光线进行聚焦、散射、分光、反射等操作，以达到所需的光学效果，如保证被照物面照度均匀，设计时一般不设置渐晕。

(4) 色彩要求：在照明光学系统中，色彩的带宽、波长、相关颜色温度等是需要考虑的重要设计要求，以保证输出的光线足够明亮，同时达到适当的色彩属性。因此，照明系统中会使用波长截止片、滤光片、二向色片等进行处理。

(5) 根据被照明的场合和工作要求等实际情况，设计合理的定制化照明方案，使满足照明场合的安全、工艺等要求。如光源和物平面以及决定精度的主要零部件不要靠得很近，以减少高温产生的影响。

(6) 根据照明系统与成像系统的关系，确定照明系统的视场和数值孔径，确定照明范围，确定与成像系统的光瞳衔接方式和位置。

（7）成本要求：根据设备预算和照明要求，设计合理的照明系统结构，选用适当的光学设计技术手段，进行成本控制，均衡考虑设计效果和设计成本，两者性价比都达到最佳化。

本章主要针对显微镜、投影仪、放映机几种光学仪器的照明系统做论述，其它广义的照明系统不完全与此对应。

10.2　照明光学系统的分类特点

光学仪器中常用的照明方法有四种：①透射光亮视场照明，即光通过透明物体被不同透射比所调制；②反射光亮视场照明，即对不透明的物体从上面照明，光束被不同反射率的物体结构所调制；③透射光暗视场照明，即倾斜入射的照明光束在物镜旁侧通过，被物体结构衍射、折射等，射向物镜，形成物体的像；④反射光暗视场照明，即在旁侧入射到物体上的照明光束经反射后在物镜侧向通过。后面两种照明，进入物镜成像的只是由微粒散射的光线束在暗的背景上给出亮的颗粒像，能使对比度和分辨率提高，但只适用于显微镜照明。

上面四种照明方法中常用的就是第一种"透射光亮视场照明"。它适应于显微镜、投影仪、放映机等多种光学仪器。为了在被照物体表面或屏幕上获得均匀而足够的照度，必须在光源和被照物平面之间设计一个高效的聚光照明系统，这通常又分为临界照明和柯勒照明两种方式。

1. 临界照明

临界照明是把光源的像直接成像在被照物平面或附近，如图 10-1 所示。这种照明方式，光源表面亮度的不均匀性会影响仪器的观察效果。

临界照明要求系统的像方孔径角 U' 要略大于物镜的孔径角。为了充分利用光源的光能，要求增大系统的物方孔径角 U。当 U 和 U' 确定以后，照明系统的放大率 β 也就确定了，其计算式为

$$\beta = \frac{\sin U}{\sin U'} = \frac{y'}{y} \tag{10-1}$$

由此就可以求出发光体的尺寸，可作为选定光源功率和型号的依据。

临界照明系统的出射光瞳应与物镜的入射光瞳相重合。所以，系统的光阑一般位于聚光镜组靠前的地方。对于测量显微镜，由于物镜的入射光瞳在无限远，所以聚光镜的孔径光阑应放在其前焦平面上。

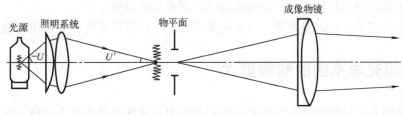

图 10-1　临界照明系统

2. 柯勒照明

柯勒照明消除了临界照明中物平面光照度不均匀的缺点，是把光源的像成在物镜的入瞳

位置，如图 10-2 所示。

柯勒照明系统一般由两组透镜组成，前组透镜称作柯勒镜，后组透镜称作聚光镜。在柯勒镜和聚光镜之间放置光阑。

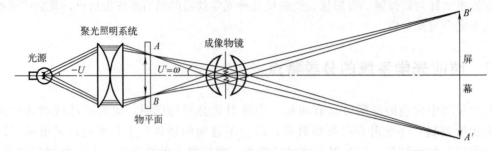

图 10-2　柯勒照明系统

柯勒照明系统的口径由被照射物平面的大小决定，为了缩小照明系统的尺寸，一般尽量使照明系统和被照物平面靠近。物镜的视场角 ω 决定了照明系统的像方孔径角 U'。为了尽可能提高光源的利用率，应尽量增大照明系统的物方孔径角 U，而增加物方孔径一方面会使照明系统的结构复杂化，另一方面在照明系统口径一定的情况下，光源和照明系统之间的距离缩短，这就要求使用体积更小的光源。以上两个方面都限制了 U 的增大。

照明系统的物方孔径角 U 和像方孔径角 U' 决定了照明系统的放大率 β

$$\beta = \frac{\sin U}{\sin U'} \tag{10-2}$$

式中，垂轴放大率也是用孔径角正弦之比代替理想光学系统的孔径角正切之比。这是因为照明系统中像差很大，采用理想系统公式误差太大，而且照明系统的像面位置是按边缘光线的聚交点计算的，所以用大光束弧矢不变式决定的倍率做代替较为合理。

投影物镜的光瞳直径一般是根据像面照度确定的。当物镜的口径确定以后，根据照明系统的倍率 β，就可以求出充满物镜光瞳所必需的发光体的尺寸，这可以作为选用光源的根据。

综合以上，在设计照明系统时要遵循几个原则：

（1）光孔衔接原则。照明系统的光瞳应与接收系统的光瞳统一，若照明系统的入瞳定在光源上，则其出瞳应与后面物镜的入瞳重合，这时照明系统的出射光就能全部进入成像系统，照明系统光束就得到了充分利用。

（2）照明系统所组成的拉赫不变量（J）应等于或稍大于成像系统的拉赫不变量。这时，即使照明系统的像差较大，也能保证物面得到充分的照明。

（3）尽量选用发光均匀的光源，如果光源不均匀，则照明系统尽量采用柯勒照明方式。

10.3　照明光学系统的结构型式

一般的照明系统只要求物面或光瞳获得均匀照明，对像差要求并不严格，因为像差不影响后面物镜对物平面的成像质量，只是影响物镜成像面的照度。所以照明系统最多是校正球差和色差（不必完全校正），使光阑能成清晰的光孔边界像即可。

在柯勒照明中，如果有较大的球差，可能会使后面的物镜产生渐晕。为了减小球差的影响，一般让成像物镜的入瞳和照明系统边缘视场的主光线聚交点重合。在临界照明中，像差将引起光源像的扩散，使视场边缘部分照明不均匀，有效的均匀照明范围只是缩小了。

由于照明系统对像差要求不严格，所以，照明系统的光学结构一般不很复杂。复杂程度主要取决于光束的最大偏转角（$U'-U$）。最大偏转角越大，照明系统结构就越复杂，因为这时光线在透镜表面的入射角增大了，引起球差增加，透镜表面的反射损失也增加，像面照度也会受到影响。改善的方法就是增加透镜的片数，使透镜每一面的偏转角不致过大，小于 10° 较好。表 10-1 所示为不同偏转角时照明系统的结构型式参考。

表 10-1　照明系统的结构类型

偏转角	结构型式	偏转角	结构型式
<20°	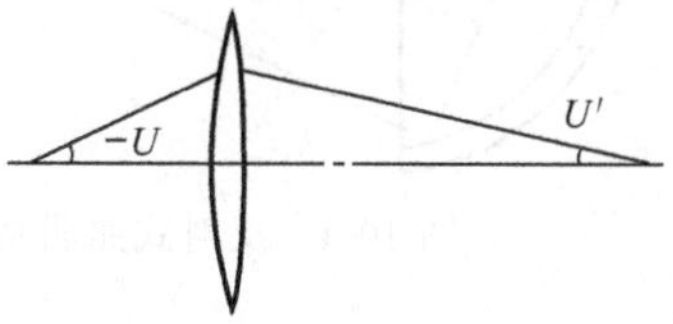	35°~50°	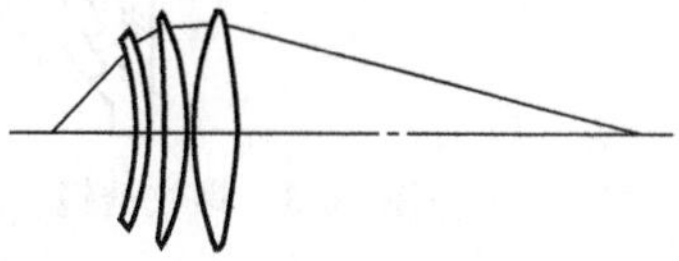
20°~35°	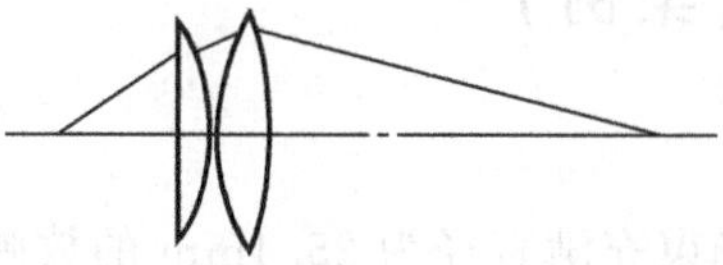	50°~60°	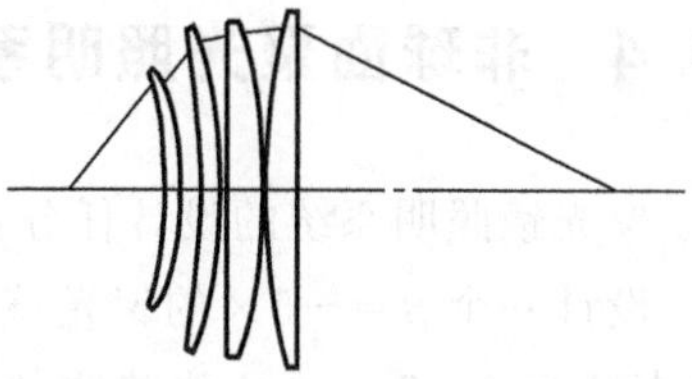

为了简化照明系统的结构，可以使用非球面。在一般成像系统中，对透镜表面的精度要求很高，需要用样板检验光圈，因为非球面加工困难，所以很少使用。但在照明系统中，对表面精度的要求较低，所以在照明系统中使用非球面比在成像系统中广泛得多，而且非球面很少采用高次项，二次项就足够了。在照明系统中，一般也只设一个非球面表面，一个非球面就可以使整个系统孔径边缘的光线球差得到校正。在非球面聚光镜中，仍然存在孔径边缘的光线由于入射角增大而造成反射损失，因此，偏转角的限制主要也是考虑边缘光线能量损失所引起的照明不均匀问题。

某些要求孔径角和口径都很大的照明系统，如果采用一般的球面或非球面透镜，其体积和重量都很大，系统的球差也大。为了改善这种情况，照明系统还会采用环带状的螺纹透镜，如图 10-3 所示。它的每一个环带实际上是一个透镜的边缘部分，利用改变不同环带的球面半径，达到校正球差的目的。一般来说，一个环带中只有某一个高度的光线球差为零，其它高度仍有球差，但它们的数量不会很大。由于螺纹透镜的表面形状比较复杂，会直接用玻璃压型制作，精度较差，同时存在暗区，所以一般不适用于柯勒照明系统。

为了进一步减轻重量，改善加工条件，消除暗区，近来发展了一种密纹螺纹透镜。它的原理和一般螺纹透镜相同，只是把每一个环带的宽度减小，通常在 0.5mm 以下，有的甚至达到 0.1~0.05mm。由于环带的宽度很小，因此不再存在明显的暗区。加工方法采用的是透明塑料热压成型。

以上介绍的是透射式照明系统，也可以用反射镜制作聚光照明系统，例如，利用椭球面的反射镜，把光源放在椭球面的一个焦点上，通过椭球面反射以后成像在另一焦点上，如图 10-4 所示。

ZEMAX 光学系统设计实战

反射式照明只适用于临界照明。相比于透射式聚光系统，反射式照明能更充分地利用光能，它对应的物方孔径角 U 可以超过 $90°$，同时也不随孔径角的增大而增加光能损失。近年来由于光学镀膜技术的发展，在反射镜上镀冷光膜，这种膜能反射可见光而透过红外线，可减轻被照射物平面过热的问题，所以反射式照明的应用也正在逐步扩大。

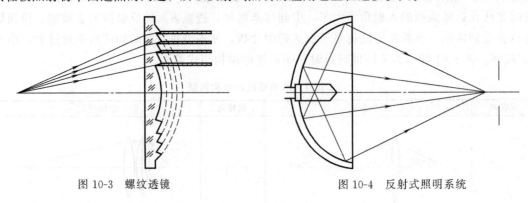

图 10-3　螺纹透镜　　　　图 10-4　反射式照明系统

10.4　非球面聚光照明系统的设计（案例）

聚光镜照明系统的设计任务：

设计一个 $\beta=-5\times$ 的聚光镜照明系统，使光束充满直径为 25.4mm 的放映物镜的入瞳（半直径为 12.7mm），放映物镜入瞳至光源的距离为 $L=353$mm，聚光照明系统的 F/# 为 1.0。

1. 设计思路

聚光镜是将光源的能量转换到放映物镜的入瞳上。

设计聚光镜系统时像设计显微物镜一样，是按反向光路进行的，所以在设计时，放映物镜的入瞳为聚光镜系统的物面，光源为聚光镜系统的像面。这样聚光镜的放大倍率 β 就变为 -0.2 倍。

聚光镜的像方数值孔径可由 F/# 换算出来：$NA\approx1/(2F/\#)=0.5$，当用于反向光路设计时，物方 $NA=\sin U=0.5/5=0.1$。

聚光镜系统共轭距 $L=353$，由式（4-7）可得聚光镜系统焦距 f' 为

$$f'=\frac{-L\beta}{(1-\beta)^2}=\frac{353\times5}{(1+5)^2}=49\ (\text{mm})$$

放映机系统一般对屏幕上的照度要求很高，所以光源的功率通常非常大，产生的热量也很多。由于照明系统与光源接邻，接收的热量也很多。所以，为了使设计的照明系统光学性能稳定，聚光镜的材料都选用热稳定好的熔融石英玻璃。

照明系统的像差一般都要求较低，球差在可接受的范围内即可。由于本照明系统口径较大，产生的球差较大，所以会考虑使用一片非球面透镜。

前面已知 $\sin U$ 和倍率 β，由式（10-2）可计算得出 U'，从而得到聚光镜的偏转角约为 $24°$，因为要使用一块非球面透镜，所以系统采用两分离透镜结构即可实现设计目标。

2. 聚光镜初始结构确认及优化

从技术手册中找到一个大致符合本例设计要求的 5 倍放大镜结构，由两块球面透镜组

成，把透镜材料改为石英玻璃，并在 ZEMAX 中输入初始结构参数。

然后在 ZEMAX 中设置聚光镜系统的视场、孔径和波长。孔径类型选择"数值孔径"，孔数数值输入 0.1。视场类型选择"物面高度"，视场数量勾选 3 个，分别在对应的 Y 视场（物高值）栏输入 0、6.3 和 12.7。波长设置选择"F，d，C(Visible)"，其它默认即可。

聚光镜的优化过程主要是设置变量以及评价函数操作数的设置。

首先把透镜的半径和厚度都设置为变量，并把第 2 块透镜的后表面设置为非球面，把非球面的圆锥系数同时也设为变量。

接下来是评价函数操作数设置。像设计显微物镜时一样，主要控制系统焦距、倍率（或共轭距）以及透镜的边界条件，还可以添加球差控制，如图 10-5 所示。

	Type	Wa		Target	Weig
1	EFFL ▾	2		49.000	20.000
2	TOTR ▾			76.000	20.000
3	PMAG ▾	2		-0.200	10.000
4	MXCG ▾	2	3	12.000	10.000
5	MNEG ▾	2	3	0....	0	3.000	10.000
6	MXCG ▾	4	5	12.000	10.000
7	MNEG ▾	4	5	0....	0	3.000	10.000

图 10-5 聚光镜优化控制操作数

经过十几轮的优化和修改，得到了符合要求的设计结果。聚光镜系统的结构参数如图 10-6 所示。其中第 1 面为光阑面，第 5 面使用了非球面，透镜材料均为石英。焦距 49，工作 F 数为 1，近轴放大倍率为 0.2，共轭距 353，全部符合设计要求。

	Surf:Type	Co	Radius	Thickness	Material	Co	Clear Sen	Chi	Me	Conic
0	OBJ	Standard ▾	Infinity	276.600			12.700	0.0.	12..	0.000
1	STO	Standard ▾	Infinity	5.100			27.799	0.0.	27..	0.000
2		Standard ▾	85.758 V	12.500 V	SILICA		29.302	0.0.	29..	0.000
3		Standard ▾	-101.174 V	1.000			29.250	0.0.	29..	0.000
4		Standard ▾	30.000 V	14.000 V	SILICA		25.851	0.0.	25..	0.000
5		Even Asphere ▾	88.140 V	43.800 V			23.961	0.0.	25..	9.216
6	IMA	Standard ▾	Infinity	-			3.531	0.0.	3.5.	0.000

EFFL: 49.0327 WFNO: 1.02864 ENPD: 55.5987 TOTR: 76.4

图 10-6 聚光镜结构参数设计结果

聚光镜系统的 2D 光线图如图 10-7 所示。从图中可以看出，聚光镜的结构合理，各透镜加工工艺良好。

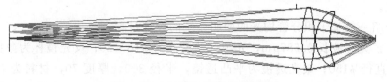

图 10-7 聚光镜 2D 光线结构图

图 10-8 所示为聚光镜照明系统的球差曲线。从图中可以看出，球差最大不足 2mm，对于大孔径的照明系统来说，这已经是非常小的值了。

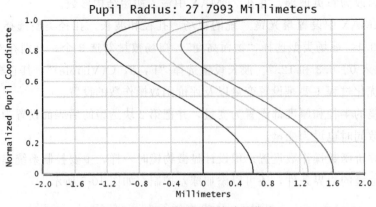

图 10-8　聚光镜照明系统球差曲线

10.5　基于积分管的匀光照明系统设计（案例）

在数字投影机光学系统中，包括照明系统和成像物镜两部分。照明系统将光源发出的光束进行整形和匀化处理后，照射到数字芯片上，芯片上的光束经信号调制后再通过物镜投影成像至屏幕上。

光源发出的光一般是不均匀且十分发散的，经过反射镜杯之后的光斑一般也是对称圆形，而不是像被照射芯片那样的方形。目前改变光束形状的主要方法之一就是使用端面为方形的积分管，这样还能有效提高芯片器件上的照度均匀性。整个照明系统的原理如图 10-9 所示。

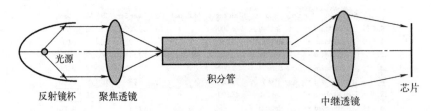

图 10-9　积分管匀光照明系统

积分管是一种叠加型非成像光学器件，类似一根方形光纤，发散的圆形光束从积分管端面以一定角度入射，在积分管内部发生多次全发射后，从另一端面出射，这时，光束（光斑）已被整形为方形，且因为不同光线在积分管内所走的光程是随机分布，所以从积分管出射的光斑已被匀化，匀化程度取决于光束在积分光管内部的平均全反射次数，也就是取决于积分管的长度。

本节将介绍一例基于积分管均光的照明系统的设计过程。

设计要求：光源波长 $0.587\mu m$，光源灯丝尺寸为 $\phi10\times20$；反光镜杯为抛物面，曲率半径 100，杯口直径 $\phi150$；聚光透镜为平凸透镜，半径 300，厚度 70，材料为 N-BK7，方形积分管尺寸为 $70\times70\times2000$。试建立此照明系统的模型，并分析光束经过积分管后的光斑形状和能量分布均匀性。

1. 设计思路

本例目标是将光源发出的光线追迹至光学系统中不同位置的探测器上，可自主设置三个探测器，以对比分析位于光源后、聚焦透镜后和经过积分管后探测器上的能量照度分布。

系统设计建模需要在 ZEMAX 非序列模式下进行光线追迹，这样可以实现很多序列模式无法轻易实现的功能。因为非序列模式中，光线能够和任何位于其路径上的物体相互作用，并且可以分裂成很多可追迹的子光线。

ZEMAX 非序列模式光线追迹中有两种不同的光线追迹模式：序列模式和非序列模式。序列模式主要用于设计成像系统，而非序列模式主要用于设计照明系统或对成像系统进行杂散光分析。非序列模式中，光线遵循物理效应追迹路径，来判断光线会与哪个物体或表面相交，而不像序列模式中严格规定光线与多个表面的相交顺序。非序列模式光线可能会与一个物体多次相交，也可能完全不经过某个物体。一根光线也能够经过反射、折射和散射分裂出多根子光线，子光线也能够同时进行追迹。

非序列模式中最重要的分析工具是"探测器查看器（Detector Viewer）"，它能以不同的形式显示光线追迹的结果，如角度或空间的相干或非相干辐照度或辐射强度等。还可以将光线追迹的结果保存在 ZRD 格式文件中，进而使用"光线数据库查看器（Ray Database Viewer）"或"路径分析（Path Analysis）"进一步分析光线路径。

启动 ZEMAX 时，系统默认就是处于序列模式/混合模式中，无需重新设置。

2. 建模分析过程

（1）设置系统波长，在 ZEMAX "选项区（System Explorer）"选择"波长（Wavelength）"，打开"Wavelength Data"编辑器，勾选一个波长，输入 0.587。

（2）创建抛物面反射镜。按"Insert"键，在非序列元件编辑器中插入几行空物体（Null Object），如图 10-10 所示。

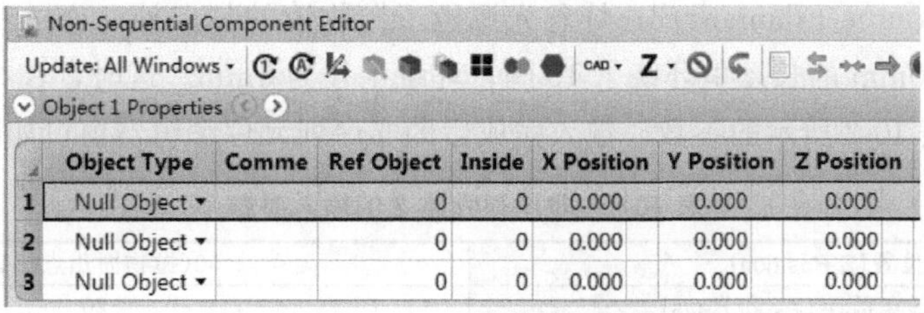

	Object Type	Comme	Ref Object	Inside	X Position	Y Position	Z Position
1	Null Object ▾		0	0	0.000	0.000	0.000
2	Null Object ▾		0	0	0.000	0.000	0.000
3	Null Object ▾		0	0	0.000	0.000	0.000

图 10-10　非序列元件编辑器

现在把物体 1 设置为抛物面反射镜。在编辑器中点击"物体 1 的属性（Object 1 Properties）"，"物体 1 类型（Object Type）"设置为"标准面（Standard Surface）"，然后在编辑器中的对应位置（向右滑动找到写有对应名称的表格单元），输入表 10-2 所示的参数，其它为默认。

表 10-2　非序列物体 1 编辑参数

Material	Radius	Conic	Max Aper	Min Aper
MIRROR	100	−1(抛物面)	150	20

输入完成后，非序列元件编辑器的窗口更新，如图 10-11 所示。这时可以点击"分析（Analysis）"菜单中的"非序列 3D 视图（NSC 3D Layout）"，打开非序列三维布局图，或者点击分析菜单中的"非序列实体模型（NSC Shaded Model）"按钮打开 NSC 实体模型图来查看反射镜的几何形状，如图 10-12 所示。

（3）创建光源模型。和第二步操作类似，从物体属性中修改物体 2 的"类型（Type）"

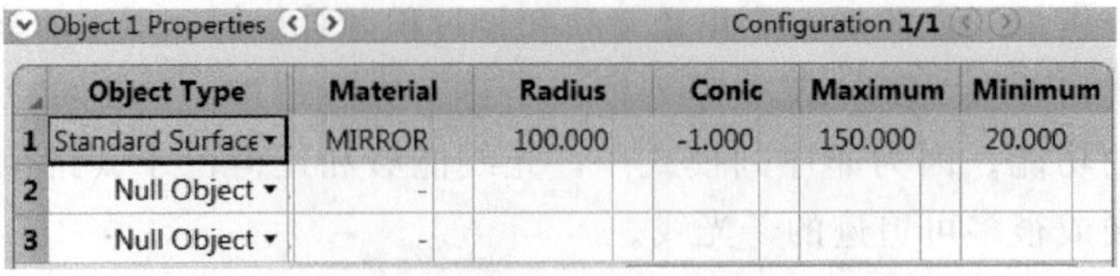

	Object Type	Material	Radius	Conic	Maximum	Minimum
1	Standard Surface ▾	MIRROR	100.000	-1.000	150.000	20.000
2	Null Object ▾	-				
3	Null Object ▾	-				

Object 1 Properties ◀ ▶   Configuration 1/1 ◀ ▶

图 10-11　非序列物体 1 数据编辑窗口

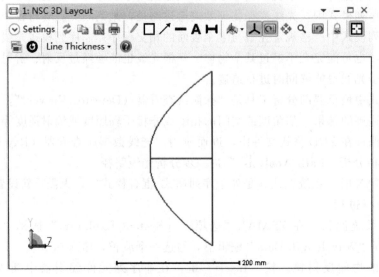

图 10-12　反射镜 NSC 3D 外形图

为"灯丝光源（Source Filament）"，灯丝光源位于抛物镜的焦点处，这样出射光才会是平行光。灯丝线圈在 20mm 的长度里环绕了 10 圈，环绕半径为 5mm。这时，在编辑器中物体 2 的对应位置，输入表 10-3 所示的参数。输入完成后的非序列元件编辑器窗口如图 10-13 所示。

表 10-3　非序列物体 2 的输入参数

Z 位置(Z Position)	50(抛物面焦点位置)
阵列光线条数(# Layout Rays)	20
分析光线条数(# Analysis Rays)	5000000
长度(Length)	20
曲率半径(Radius)	5
圈数(Turns)	10

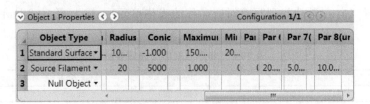

Object 1 Properties ◀ ▶   Configuration 1/1 ◀ ▶

	Object Type	Radius	Conic	Maximum	Mii	Par	Par 7(	Par 8(un
1	Standard Surface ▾	10...	-1.000	150...	20...		(20...	5.0...	10.0...
2	Source Filament ▾	20	5000	1.000	(	(20...	5.0...	10.0...
3	Null Object ▾							

图 10-13　非序列物体 2 数据编辑窗口

查看"分析（Analysis）"选项卡中的"非序列 3D 视图（NSC 3D Layout）"，如图 10-14 所示。图中显示了 20 条从光源发出的光线，这和阵列光线所设置的数量相同。目前灯丝光源的方向是沿着 Z 轴排布的，如果让它沿 X 轴排布，就需要把光源绕 Y 轴旋转 90°，这时，在光源参数的"Y 倾斜（Tilt About Y）"栏中输入 90 即可。但灯丝的旋转轴并不在其中心，有一定偏移，还需要把它调到中心。因此，再在光源的"X 位置（X Position）"参数栏输入－10 的调整量。

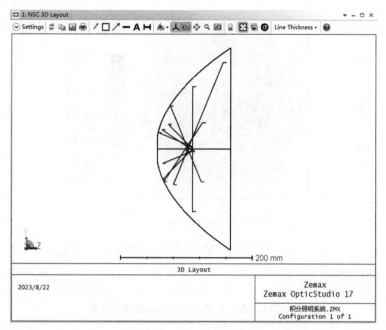

图 10-14　灯丝 NSC 3D 外形图

（4）添加第一个探测器。在离光源一定距离的地方放置一个探测器来分析光源在该位置的辐照度分布情况。即把第 3 物体类型设置为"矩形探测器（Detector Rect）"，并在编辑器相应的栏中输入："Z 位置"为 800，"X 半宽"为 150，"Y 半宽"为 150，"X 像素数"为 150，"Y 像素数"为 150，"颜色"为 1，其它参数默认。这时，可看到更新的 NSC 3D 图如图 10-15 所示。

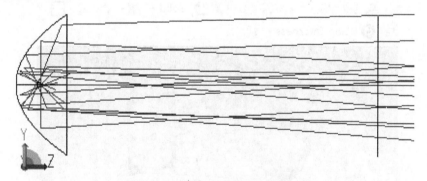

图 10-15　添加探测器的 NSC 3D 图

图 10-15 中，探测器的材料是空白（空气），所以光线穿过了探测器。若要查看探测器上的光强分布，则可以点击分析菜单中的"探测器查看器（Detector Viewer）"，会发现探测器上的数据是空的。因此，需要先执行光线追迹，将前面已经设置的 5000000 根光线追迹到探测器上。

点击分析菜单中的"光线追迹（Ray Trace）"，在弹出的对话框中，先清空探测器之前保存的数据（Clear Detector），然后再点击"Trace"。这时从探测器查看器中可看到图 10-16 所示的辐照度分布，图中还显现了灯丝的像，说明照度分布极不均匀。

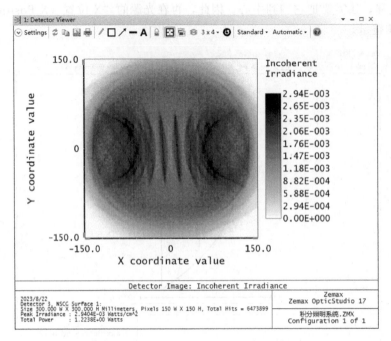

图 10-16   第一个探测器上的辐照度分布图

还可以换个方式查看。在菜单"NSC Shaded Model"的设置中，把探测器选项设置为"像素颜色由最后一次追迹结果决定（Color Pixels By Last Analysis）"，然后合理设置 X、Y、Z 旋转角度，就会得到如图 10-17 所示的光线模拟视图效果。

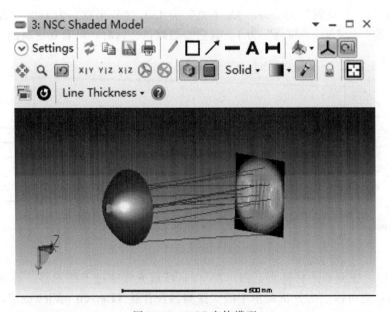

图 10-17   NSC 实体模型

（5）添加聚焦透镜。在探测器右侧 10mm 的位置添加一个平凸透镜用来聚焦光线。在编辑器中的矩形探测器行后插入新的一行物体，物体类型选择"标准透镜（Standard Lens）"，并在右侧相应栏输入表 10-4 所示的参数。

表 10-4　透镜设置参数

参考物体(Ref Object)	3	边缘孔径(Edge 1)	150
Z 位置(Z Position)	10	厚度(Thickness)	70
材料(Material)	N-BK7	净孔径 2(Clear 2)	150
半径 1(Radius)	300	边缘孔径 2(Edge 2)	150
净孔径 1(Clear 1)	150		

需要注意的是，现在是以物体 3（探测器）为参考面定义的透镜位置，因此在参考物体栏输入了数字 3，然后在 Z 位置处输入数字 10，而不是以全局坐标系为参考（即以物体 0 为参考）的参数值。在以探测器为参考面定义透镜位置时，无论探测器的位置在哪儿，透镜永远保持在探测器右侧（Z 轴正向）10mm 的位置处。这也是在非序列模式中定义物体间相对位置的常用技巧。

更新后"NSC 3D Layout"图，如图 10-18 所示。

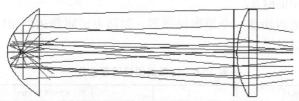

图 10-18　添加透镜的 NSC 3D 图

（6）添加第二个探测器。在透镜右侧（Z 轴正向）650mm 处再添加一个探测器，添加方法同前面一样。参数输入："Ref Object"为 4，"Z Position"为 650，"X Half Width"为 100，"Y Half Width"为 100，"X Pixels"为 150，"Y Pixels"为 150，"Color"为 1，其它参数默认。这时非序列元件编辑器的数据以及 NSC 3D 图都进行了更新。

接下来，打开分析菜单中的"Detector Viewer"设置，把"Show As"设为"Inverese Grey Scale"，其它默认。再打开分析菜单中的"Ray Trace"，在弹出的对话框中，勾选"Use Polarization"和"Ignore Errors"，"# of Cores"增加到 8，其它默认。然后点击"Trace"。这时从探测器查看器中可以看到探测器上（第 5 物体）的辐照度分布结果，如图 10-19 所示，很明显，能量分布极不均匀，光斑是一个圆斑。

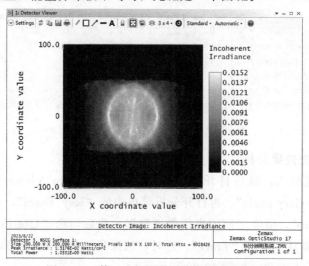

图 10-19　第二个探测器上的辐照度分布图

（7）创建方形积分管。在第二个探测器（物体 5）的右侧（Z 轴正向）20mm 的位置添加一个方形的丙烯酸（材料为"Acrylic"）积分光管，物体类型选择"矩形体物体（Rectangle Volume Object）"，相应栏的参数输入如表 10-5 所示，其它默认。

表 10-5　积分管设置参数

参考物体(Ref Object)	−1	Y1 半宽(Y1 Half Width)	70
Z 位置(Z Position)	20	Z 长度(Z Length)	2000
材料(Material)	Acrylic	X2 半宽(X2 Half Width)	70
X1 半宽(X1 Half Width)	70	Y2 半宽(Y2 Half Width)	70

把积分管的参考物体设置为−1，表示积分光管的前一个物体（物体 5 矩形探测器）作为参考物体来说，和输入参考物体序号 5 的效果是一样的。使用负数定义目标和参考物体之间的相对关系是个非常有用的技巧，尤其是在编辑器中需要将一组物体进行复制、粘贴到其它非序列元件编辑器中的时候。

（8）在积分管后面再添加一个矩形探测器。添加方法同前述。相应栏的输入参数如表 10-6 所示。其它参数默认。

表 10-6　矩形探测器设置参数

参考物体(Ref Object)	−1	Y 半宽(Y Half Width)	100
Z 位置(Z Position)	2010	X 像素数(X Pixels)	150
材料(Material)	ABSORB	Y 像素数(Y Pixels)	150
X 半宽(X Half Width)	100	颜色(Color)	1

"Z 位置"输入 2010，是指物体 7（最后一个探测器）相对于前一个物体（按积分管的前端面）加上积分管的长度，又沿 Z 轴右移 10mm。

探测器材料类型设置为"Absorb"，代表探测器不透明，对光线是完全吸收的。

最后更新过的非序列元件数据编辑窗口如图 10-20 所示，更新过的最终的"NSC 3D Layout"如图 10-21 所示。

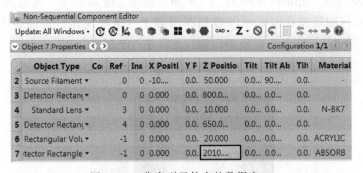

图 10-20　非序列元件完整数据窗口

3. 积分管的匀光效果分析

经过前面的数据输入，最后打开分析菜单中的"Detector Viewer"设置，把"Show As"设为"Inverese Grey Scale"。再打开分析菜单中的"Ray Trace"，在弹出的对话框中，先点击"Clear&Trace"，清除之前的光线追迹数据，然后勾选"Use Polarization"和"Ignore Errors"，其它默认。点击"Trace"，这时，从探测器查看器中可以看到最终探测器上（物体 7）的辐照度分布结果，如图 10-22 所示。

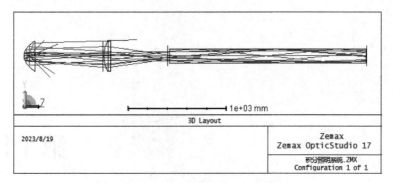

图 10-21　系统完整 NSC 3D 图

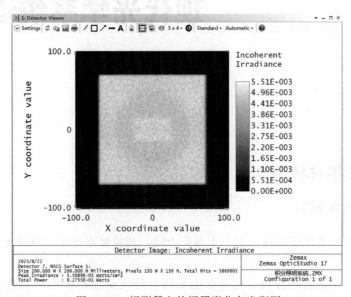

图 10-22　探测器上的辐照度分布光斑图

　　从图 10-22 中可以看到，最终探测器上的光斑形状是一个标准的正方形，与光束进入积分管之间的光斑（图 10-16 和图 10-19）相比，光束首先是得到了整形，由圆形变为方形；而且，光斑能量分布也发生了非常大的变化，最后探测器上得到的光斑，能量很均匀，还移除了原来光能分布中的灯丝像，说明采用积分管能够对光束起到很好的匀化作用。

　　本例中还可以把抛物反射镜杯换成椭圆反射镜杯，使灯丝位于椭圆反射镜的一个焦点上，灯丝发射的光束经椭圆反射镜反射后会聚在椭圆反射镜的另一个焦点上，这时就不需要再使用透镜聚焦了，而是直接把积分管（前端面）放在椭圆反射镜的后焦点位置，这样，光束经过积分管后，也同样能得到一个和本例完全相似的均光整形效果。目前市场上绝大多数高功率亮度投影机采用的就是这样的照明设计方案。

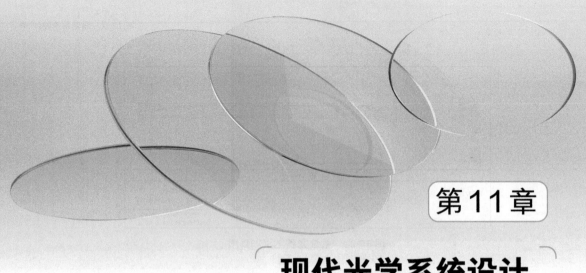

第11章

现代光学系统设计

11.1 特殊光学材料简介

11.1.1 红外光学材料

红外技术是现代光学技术发展的一个重要方向，其发展水平主要取决于红外光学材料和红外探测器的水平。

红外光学材料是指在热像仪、红外导引头等红外光学仪器中用于制造透镜、棱镜、窗口、滤光器、整流罩等光学元件的一类材料，这些材料具备不同的光学性能和理化性质，且其受温度影响还会发生变化。红外材料的透过光谱范围宽，具有一定的加工性能，能制作成形状各异、精度较高的光学元件。

红外光学材料不可能在整个红外波段（约 $0.76 \sim 750\mu m$）都具有良好的透过率，不同材料只能在某一波段内具有良好的透过率。普通的光学玻璃在近红外波段透过率也比较优良。另外，由于红外光线在大气中传播时，在 $1 \sim 3\mu m$、$3 \sim 5\mu m$ 和 $8 \sim 14\mu m$ 波段的衰减最小，所以这三个波段也被称为红外光线的"大气窗口"。目前国内外红外光学材料发展的重点也主要是适用于这三个"窗口"的光学材料，它们多为晶体材料，其中以硅、锗、硫化锌、硒化锌等较为常见。表 11-1 显示了一些红外光学材料的基本性能和主要应用，详细的参见本书附录 D。

表 11-1　常用红外光学材料

常用材料	折射率 （平均值）	透过波长范围 /μm	红外主要应用
硅（Si）	3.5	0.4～12	红外窗口、透镜、激光系统、红外探测、热成像、光谱仪等
锗（Ge）	4.0	0.7～16	
硫化铅（PbS）	3.9	1.0～2.5	透镜、红外探测器、激光系统、红外测量仪器、热成像系统、光纤通信等
硫化锌（ZnS）	2.2	1.0～14	

常用材料	折射率 （平均值）	透过波长范围 /μm	红外主要应用
硒化锌（ZnSe）	2.4	0.5～22	透镜、红外探测器、激光系统、红外测量仪器、热成像系统、光纤通信等
砷化镓铟（InGaAs）	3.2	0.9～1.7	
二氧化硅（SiO₂）	1.5	0.12～4.5	红外窗口、透镜、激光器等
熔融石英（F-Silica）	1.48	0.21～3.71	红外窗口、透镜、棱镜等
氟化钙（CaF₂）	1.76	0.17～5.5	红外光窗、滤波器、光通信、激光系统等
氟化镁（MgF₂）	1.38	0.11～9	
环烯烃类共聚物（COC）	1.535	0.18～2.5	轻质透镜、窗口、低色散元件等

　　随着红外技术的发展，目前已能制造出几百种红外光学材料。由于红外光谱范围广泛，不同材料的光学性能也会存在明显差异。同一材料在不同的波段和不同的温度使用时，折射率及性能也不相同。表 11-1 提供的仅是大概情况，具体的性能表现还需要针对具体的材料在具体的红外系统中的应用来进行分析评估。

11.1.2　紫外光学材料

　　紫外光学材料主要透过波长范围约为 $0.2\sim0.4\mu m$，是一类特殊的光学材料，具有高折射率、高透明度、高耐腐蚀性、低散射、低吸收等特点。最常使用的紫外光学材料包括氟化钙、石英玻璃、硅、UV 宝石、氟化镁等。表 11-2 是常用的紫外光学材料的特性及应用描述。

表 11-2　常用紫外光学材料

常用材料	透过波长 /μm	折射率	密度 /(g/cm³)	紫外主要应用
氟化钙（CaF₂）	0.17～5.5	1.76	3.18	紫外窗口、透镜、棱镜等
氟化镁（MgF₂）	0.11～9	1.38	3.18	紫外窗口、光导纤维、宇航器系统等
UV 宝石（Al₂O₃）	0.17～5.5		3.99	窗口、滤光片、紫外灯等
熔融石英 （SiO₂，F-Silica）	0.21～3.71	1.48	2.2	紫外窗口、透镜、棱镜、超声波传感器、紫外滤光器等
LITHOSIL-Q	0.26～2.5	1.458		透镜、棱镜、紫外窗口等
LITHOTEC-CaF₂	0.25～2.5	1.434		透镜、棱镜、紫外窗口等

　　目前，世界上很多知名的光学玻璃技术公司都在研究开发新的透紫外玻璃系列产品，如德国的 SCHOTT 公司和日本的 OHARA 公司，很早就开发了 i 谱线系列玻璃，它们在 $0.365\mu m$ 处的透过率和化学稳定性都很高，而且在很宽的波长范围内都是透明的。更为重要的是，i 谱线玻璃与普通玻璃有几乎相同的折射率值，可以为紫外光学系统提供更多的材料选择。

　　总之，紫外光学材料具有独特的特性，已为现代化技术和设备的开发和进步提供了基础。

11.2　红外光学系统设计

11.2.1　概述

　　红外光学系统是指利用红外光波段进行光学成像和检测的光学系统，接收器都是红外探测器。

红外光学系统广泛应用于航空航天、军事、医学、工业、环境等领域，具有重要的价值，如军用夜视系统、热像仪、红外医学成像、发热轴承检测等。

与可见光系统相比，红外光学系统设计具有许多独特的特点与挑战，主要体现在以下几个方面。

（1）可供选择的材料较少。设计红外光学系统时，材料的选择对于系统的性能至关重要，例如常用的硒化锌和锗材料透过波段存在明显差异。

（2）红外光学材料较贵，透过率一般较差，因此透镜厚度要尽量薄。

（3）红外光波长较长，其传播与散射性能与可见光不同，在成像方面更要特别考虑。一般相对孔径较大，反射型结构应用较多。

（4）长波长意味着对分辨率的要求更低。

（5）红外探测器的响应波段窄，受温度影响大，一般需要进行冷却，冷却还可以提高探测器的灵敏度及探测范围。

红外光学系统的设计流程大致如下。

（1）选择探测器规格，如阵列数、像元大小等。

（2）根据探测目标情况与探测器规格，满足有效探测下，计算焦距、视场。

（3）根据探测器分辨率情况，决定探测器的相对孔径。

（4）根据焦距、相对孔径、视场选取结构型式。

（5）决定设计波长及是否给出变化的权重。波长响应愈强、目标辐射出射度愈强，权重愈大。

（6）红外光学系统优化。

（7）设计结果（包括无热化）分析及公差分析。

11.2.2　中波红外成像物镜的设计（案例）

中波红外成像物镜设计任务：

设计规格：物镜采用非致冷型红外焦平面阵列探测器作为成像接收器，探测器像元数量为 320×320，像元尺寸为 $25\mu m \times 25\mu m$。

物镜焦距为 11.2mm，F 数为 2.4。系统工作波段为 $3 \sim 5\mu m$，工作温度范围要求为 $-40 \sim 60°C$。系统总长要求小于 60mm。

成像质量要求：在奈奎斯特频率时，中心 MTF>0.5；边缘 MTF>0.3；最大畸变小于 10%；弥散斑 RMS 半径小于像元尺寸；包围圆能量在像元尺寸内大于 80%。

1. 设计思路

非致冷型红外焦平面列阵列技术于 20 世纪 70 年代开始在美国开发。使用此焦平面列阵的红外光学系统可以用于搜索、跟踪和识别军事目标等。由于没有冷却装置，在设计光学系统时，需要考虑温度的巨大变化对成像效果的影响。这可以在 ZEMAX 中进行温度的多重结构配置，使温度设置区间内（$-40 \sim 60°C$）的光学系统具有稳定的光学性能和良好的成像质量。

探测器对角线尺寸计算为

$$2y' = \sqrt{2 \times (0.025 \times 320)^2} = 11.3 \, (mm)$$

红外系统的奈奎斯特频率计算为

$$N=1/(2\times0.025)=20\ (\mathrm{lp/mm})$$

物镜视场角计算为

$$2\omega=2\arctan(y'/f')=54°$$

中红外光学系统所使用的透镜材料，一般以透过性好、稳定性好的硅、锗材料居多，也可以选用其它材料。ZEMAX 提供了一个名为"INFRARED.AGF"的红外材料玻璃目录，如图 11-1 所示，这在设计红外系统时是很有用的。

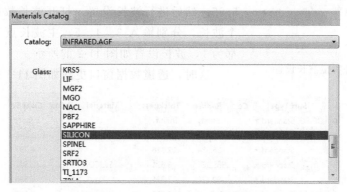

图 11-1　ZEMAX 的红外光学材料库

由于物镜系统工作在−40～60℃温度范围内，物镜的像差校正要考虑热影响。透镜的半径和厚度值都会在巨大的温度改变情况下发生微量变动，这在 ZEMAX 中可以通过设置温度多重结构来解决，使透镜的曲率和厚度跟随温度变化的同时，又都满足像差校正要求。

2. 初始结构选取及处理

根据前面的分析，结合物镜的像质要求，在尽量不使用非球面的情况下，使用 4～5 片透镜预计能完成设计，因为材料特殊，不能使用胶合透镜。因此，按照相对孔径和视场接近原则，兼顾物镜的焦距和系统总长要求，在光学类手册中找到一款四单片型红外系统结构，其结构参数如表 11-3 所示。

表 11-3　红外物镜初始结构参数

主要特性参数	面号	半径 r	厚度 d	材料
$f'=5.9$ $D/f'=1/2.5$ $L'_f=7.08$ $2\omega=85°$	1	13.71	2.5	Si(SILICON)
	2	8.7	6.7	
	3	828.4	4.5	Si(SILICON)
	4	−41.9	4.1	
	STOP	∞	4	
	6	−9.06	3.6	Ge(GERMANIUM)
	7	−10.36	3.7	
	8	22.18	1.4	Si(SILICON)
	9	67.64	7.08	

从表 11-3 中可以看到，孔径光阑居中，这样有利于轴外像差的校正；透镜材料为硅和锗。初始系统的相对孔径为 1∶2.5，比本例设计规格接近；视场则富余很多。

接下来将初始结构输入 ZEMAX 的 Lens Data 中。Lens Data 中除了物面、光阑面（STOP）和像面外，还需要在"STOP"面前后分别插入 4 个面，并依次在半径、厚度、材料栏中输入表 11-3 中的半径、厚度和材料。注意材料要输入全名称。

然后进行焦距缩放。点击 Lens Data 窗口菜单项 "Make Focal"，在弹出的对话框中输入 11.2 即完成。

3. 设置红外物镜性能参数及温度多重配置

输入物镜的视场、孔径和波长。在 ZEMAX 主界面系统选项区，分别展开 Aperture、Fields 和 Wavelengths 选项。孔径类型选择 "Image Space F/#"，孔径数值输入设计要求的 "2.4"；视场类型选择 "实际像高"，视场个数勾选 3 个，分别为零视场、0.7 视场和全视场，权重都为 1，其对应的 Y 视场数值分别为 0、4、5.95。然后进行波长设置，打开波长数据窗口，勾选三个波长，分别输入 3、4、5，主波长点选第 2 个，权重都为 1，波长设置如图 11-2 的所示。

Wavelength Data			
	Wavelength (μm)	Weight	Primary
☑ 1	3.000	1.000	○
☑ 2	4.000	1.000	◉
☑ 3	5.000	1.000	○

图 11-2 红外物镜波长设置

这时，透镜数据窗口更新如图 11-3 所示。

	Surf:Type		Co	Radius	Thickness	Material	Coat	Clear Se
0	OBJEC	Standard ▾		Infinity	Infinity			Infinity
1		Standard ▾		26.236	4.733	SILICON		11.148
2		Standard ▾		16.654	12.818			8.797
3		Standard ▾		1585.386	8.621	SILICON		6.542
4		Standard ▾		-80.179	7.796			5.995
5	STOP	Standard ▾		Infinity	7.650			3.100
6		Standard ▾		-17.346	6.820	GERMANIUM		5.344
7		Standard ▾		-19.837	7.136			7.451
8		Standard ▾		42.450	2.671	SILICON		8.889
9		Standard ▾		129.450	13.754			8.670
10	IMAGE	Standard ▾		Infinity	-			5.866

图 11-3 红外物镜初始数据窗口

物镜的 2D 光线图也同时生成，如图 11-4 所示。

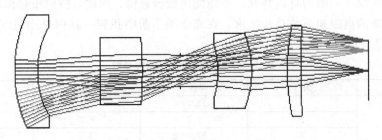

图 11-4 红外物镜初始 2D 光线图

现在进行温度多重配置，打开 "Setup"→"Editor"→"Multi-Configuration Editor"，创建 3 列 "Config"（配置），并在下方插入多行控制行。在第一行输入 "TEMP" 温度操作数，分别输入 20、-40 和 60；在第二行输入气压控制操作数，全都输入 1；然后在下方继续输入 8 行 CRVT 曲率操作数、9 行 THIC 厚度操作数和 4 行 GLSS 材料操作数，曲率和厚度控制行的第 2、第 3 重配置要选择 "热跟随" 第 1 重配置，材料控制行的第 2、第 3 重配置选择 "跟随" 即可。

因为接下来要对各透镜半径和厚度进行优化，那么变量的设定不能在透镜数据窗口设定，而是要在 "Multi-Configuration Editor" 进行设定，现在把所有半径和厚度都设为变量。这样，温度多重配置总体设置情况如图 11-5 所示。

4. 红外物镜初始系统像差评估

在系统性能参数和温度多重配置完成以后，透镜数据窗口就有三重列表，分别对应三个温度下的透镜数据。ZEMAX 也会自动计算并生成各配置温度下的像差数据和曲线。图 11-6 所示是初始系统在－40℃和 60℃时的 MTF 曲线，可以看出 20lp/mm 时，MTF 数据都不符合设计像质要求。

Active : 1/3		Config 1*		Config 2		Config 3	
1 TEMP	-	20.000		-40.000		60.000	
2 PRES	-	1.000		1.000		1.000	
3 CRVT	1	0.038	V	0.038	T	0.038	T
4 CRVT	2	0.060	V	0.060	T	0.060	T
5 CRVT	3	6.308E-04	V	6.309E-04	T	6.307E-04	T
6 CRVT	4	-0.012	V	-0.012	T	-0.012	T
7 CRVT	6	-0.058	V	-0.058	T	-0.058	T
8 CRVT	7	-0.050	V	-0.050	T	-0.050	T
9 CRVT	8	0.024	V	0.024	T	0.024	T
10 CRVT	9	7.725E-03	V	7.726E-03	T	7.724E-03	T
11 THIC	1	4.733	V	4.732	T	4.733	T
12 THIC	2	12.818	V	12.819	T	12.818	T

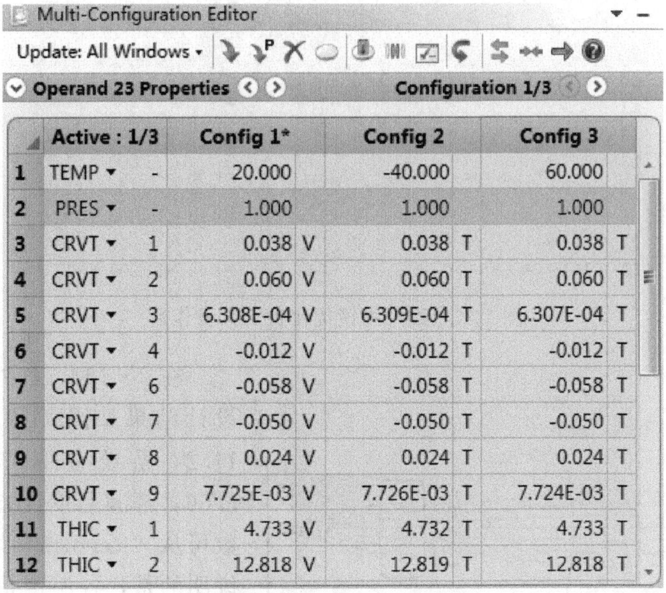

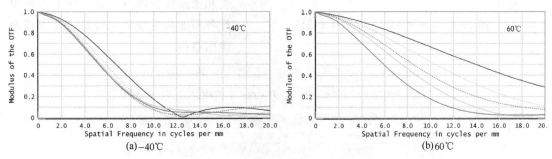

图 11-5　红外物镜系统多重结构编辑情况

(a) −40℃　　(b) 60℃

图 11-6　物镜初始系统的 MTF 曲线

5. 红外物镜系统优化设计

系统优化前，要对变量进行设定，前面在多重配置中已设定过（图 11-4）。其次是评价函数操作数的设定。打开 "Optimize"→"Merit Function Editor"，进入自定义评价函数编辑器，首先控制焦距 EFFL，目标值输入 11.2，权重设为 1。然后控制系统总长和各透镜、各间隔边界条件以及最大畸变。图 11-7 为经过多次修改后的操作数控制设置。

物镜系统在经过数十轮优化操作后，像差逐渐变小，评价函数值越来越小，系统设计趋于完好。

6. 红外物镜设计结果及像质评价

消热差中波红外物镜设计完工后的 2D 光线图如图 11-8 所示。系统没有使用非球面，从图中可看出，各透镜较薄，适合红外材料透镜的加工制造特点。

	Type	Field	Wa	Abs			Target	Weight
1	CONF ▾	1						
2	EFFL ▾		2				11.200	1.000
3	TOTR ▾						0.000	0.000
4	OPLT ▾	3					60.000	1.000
5	DIMX ▾	0	1	0			8.000	1.000
6	MNCG ▾	1	2				2.000	1.000
7	MNEA ▾	2	3	0.0...	0		2.000	1.000
8	MXCA ▾	2	3				20.000	1.000
9	MXCG ▾	3	4				5.000	1.000
10	MNEG ▾	3	4	0.0...	0		2.000	1.000
11	MNEA ▾	4	5	0.0...	0		0.500	1.000
12	MNEA ▾	5	6	0.0...	0		0.500	1.000
13	MNCG ▾	6	7				2.000	1.000
14	MNCA ▾	7	8				0.500	1.000
15	MXCG ▾	8	9				4.000	1.000
16	MNEG ▾	8	9	0.0...	0		1.500	1.000
17	CTGT ▾	9					10.000	1.000

图 11-7　红外物镜优化自定义操作数

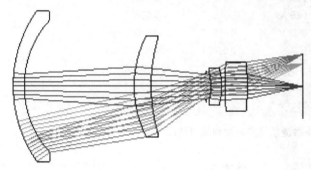

图 11-8　红外物镜设计结果 2D 光线图

在 20℃时，红外物镜的结构参数设计结果如图 11-9 所示。系统焦距 11.2，系统总长 52.4，像面高度 5.66，都满足设计指标要求。详细参数可从"Reports"菜单中查看。需要说明的是，各温度情况下，透镜的半径和厚度都有少量变化，但系统的总长和像面位置没有变化，说明本次设计各温度共焦效果比较好，基本没有像面漂移。

	Surf:Type		Com	Radius		Thickness		Material	Co	Clear Se
0	OBJECT	Standard ▾		Infinity		Infinity				Infinity
1		Standard ▾		22.337	V	2.000	V	SILICON		13.120
2		Standard ▾		16.777	V	20.000	V			11.544
3		Standard ▾		19.419	V	2.978	V	SILICON		8.854
4		Standard ▾		28.583	V	9.922	V			8.052
5	STOP	Standard ▾		Infinity		0.891	V			2.389
6		Standard ▾		-9.136	V	1.999	V	GERMANIU...		2.647
7		Standard ▾		-11.620	V	0.603	V			3.319
8		Standard ▾		48.989	V	4.000	V	SILICON		3.983
9		Standard ▾		-80.930	V	9.999	V			4.270
10	IMAGE	Standard ▾		Infinity		-				5.661

图 11-9　消热差红外物镜的结构参数设计结果

温度 20℃时，物镜的场曲畸变曲线如图 11-10 所示，从图中可以看到畸变小于 10%，其它温度情况下，畸变值几乎没有改变，满足设计要求。

红外物镜系统的点列图如图 11-11 所示，系统在 20℃、−40℃和 60℃时，在 0 视场、0.7 视场和 1 视场的 RMS（均方根）值都在 $10\mu m$ 左右，小于艾里斑半径，小于探测器的单个像素尺寸，说明系统像面清晰，像质均匀。

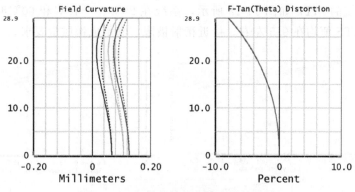

图 11-10　红外物镜场曲畸变设计结果

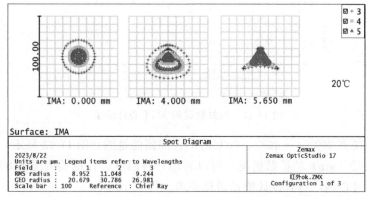

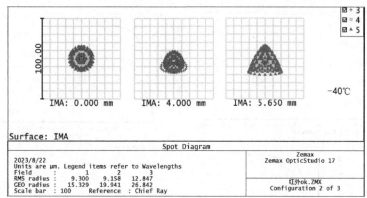

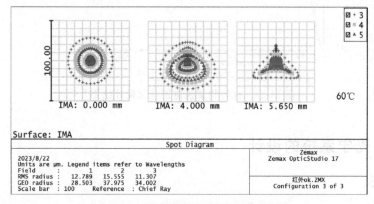

图 11-11　红外物镜的点列图设计结果

　　红外物镜系统的 MTF 如图 11-12 所示，系统在 20℃、−40℃ 和 60℃ 时，在 20lp/mm 时，各个视场 MTF 值均在 0.5 左右。接近衍射极限，满足成像质量要求。

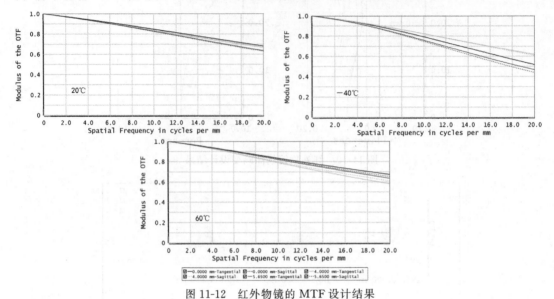

图 11-12　红外物镜的 MTF 设计结果

　　红外物镜系统在 20℃、−40℃、60℃ 时的包围圆能量图如图 11-13 所示，图中显示出了能量随包围圆半径（μm）的扩散情况。可以看出，各温度、各视场情况下 80% 的能量集中在探测器像素尺寸以内，符合设计能量指标要求。

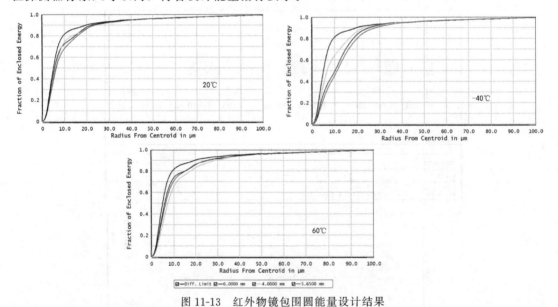

图 11-13　红外物镜包围圆能量设计结果

11.3　紫外光学系统的设计

11.3.1　概述

　　紫外光学系统是指在紫外波段（波长范围通常为 200～400nm）内使用的光学系统，包括紫外透镜、棱镜、滤光片等光学元件及其组合。紫外光学系统在许多领域都得到了广泛的应用，涵盖生命科学、材料科学、工业制造、环境监测、国防军事等领域。它可以用于细胞成像、生物分子检测、DNA/RNA 的吸收谱检测等，可以用于研究分析半导体、纳米材料等各种材料的光学性质，可以用于检测大气中的污染物、土壤分析，还可用于导弹告警等。当前，紫外光学系统更为重要的应用就是在光刻机上，极紫外光刻物镜是光刻机的核心部件之一，是高品质半导体芯片制造的前提和保证。

在设计紫外光学系统时需考虑以下几个方面。

（1）材料选择：由于紫外光的波长较短，材料的吸收率较大，因此紫外光学系统的设计需要选用透紫外波段的特殊材料，如石英、氟化钙等。

（2）光学元件形状：紫外光学系统中的光学元件由于波长短，故要求表面光洁度高、形状精度高、制造技术难度大。

（3）光线扩束：由于紫外光的波长较短，所以紫外光学元件在光学系统中的色散、衍射效会更加明显。为了保证系统的成像质量，有时候需要设计光线扩束方案。

（4）热效应：紫外光对光学材料的热效应要比可见光和红外光更为显著，因此在设计紫外光学系统时需要考虑材料对热膨胀的响应。

综上所述，紫外光学系统的设计需要充分考虑光学元件的材料、形状、热效应等，成像质量好、稳定性高的紫外光学系统可以提供高质量的图像和数据。

11.3.2 日盲紫外光学系统的设计（案例）

紫外光线的种类较多，且每个波段的紫外光都具有其独特的辐射特性。其中光谱范围为 220～300nm 的波段称为日盲区。"日盲"称法是因为太阳发出的这个波段的紫外光都被臭氧层吸收殆尽，地球表面能够探测到的日盲紫外光线都来自人为制造，这就为科学家研究如何利用日盲紫外光的辐射来探测导弹提供了依据。最初的研究只是测量导弹尾焰散发的紫外辐射能量大小，后来则是利用日盲紫外辐射进行导弹的定位及预警。现在关于日盲紫外告警系统的成果已经非常多了。

本节将介绍一例日盲紫外光学成像系统的设计过程。

日盲紫外光学系统的设计任务要求：

设计规格：系统采用紫外光学探测器作为成像接收器，探测器尺寸 26mm×26mm，像元尺寸为 20μm×20μm。紫外物镜系统的焦距为 50mm，F 数为 3.5，系统工作波段为 240～280nm，系统总长小于 70mm。

像质要求：在奈奎斯特频率时，各视场调制传递函数 MTF 值都在 0.3 以上；点列图最大均方根（RMS）尺寸小于像素尺寸，最大畸变小于 3%。

1. 设计思路

紫外光学系统的设计和普通摄影物镜的设计方法一样，只是波长范围和系统所用光学透镜的材料有所不同。其它特殊性要视系统提出的具体需求了。

本例紫外探测器的对角线尺寸计算为

$$2y' = \sqrt{2 \times 26^2} = 36.8 \text{ (mm)}$$

紫外系统的奈奎斯特频率计算为

$$N = 1/(2 \times 0.02) = 25 \text{ (lp/mm)}$$

紫外成像物镜视场角计算为

$$2\omega = 2\arctan(y'/f') = 40°$$

紫外光学材料已在 11.1 节讲述过，在设计本例系统时，可以根据需要进行选用。当然这些透紫外光学材料多数在 ZEMAX 提供的材料数据库有收录，要在每个透镜的材料栏中填写正确完整的材料名称。

关于紫外成像系统的像差校正，从上面的计算可以知道，视场和相对孔径都是中等大小，产生的几何像差不会太大，但都要得到校正。由于系统工作波段较窄，可能色差稍小些，校正相对容易。因为系统使用材料的特殊性，所以在设计时不要使用胶合透镜，而是采用分离透镜形式。

2. 初始结构选取及处理

紫外光学系统的数据库资源相对较少，根据前面的分析，按照相对孔径和视场接近原则，兼顾物镜焦距和系统总长之比值，在有限的资源库中找到一个五片型紫外光学结构，其参数如表 11-4 所示。

表 11-4　紫外系统初始结构参数

主要特性参数	面号	半径 r	厚度 d	材料
$f'=55$ $D/f'=1/4$ $2\omega=30°$	1	18.1	5.64	CAF2
	2	116.5	3.87	
	3	−27.3	1	F_SILICA
	4	17.70	3.4	
	5	54.99	5.26	CAF2
	6	−18.96	0	
	STOP	21.1	4.14	CAF2
	8	−36.32	0.71	
	9	−35.34	4.31	F_SILICA
	10	24.29	37	

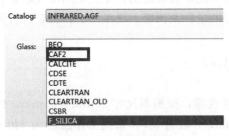
图 11-14　透镜材料库

从表 11-4 中可以看到，系统焦距为 55，跟设计要求相差不多，相对孔径和视场都比设计要求的规格低，所以，后期优化工作量要大一些。孔径光阑位于第 7 面，有利于校正像差；透镜材料都为紫外光学系统中常用的氟化钙和石英硅。这两种材料可以在 ZEMAX 的材料库 INFRARED.AGF 中找到，如图 11-14 所示。

接下来将初始结构输入 ZEMAX 的 Lens Data 中。Lens Data 中除了物面、光阑面（STOP）和像面外，还需要在"STOP"面前后分别插入 6 个面和 3 个面，并依次在半径、厚度、材料栏中输入表 11-4 中的半径、厚度和材料。

因为初始系统的焦距为 55，本例设计要求 50，所以需进行焦距缩放。点击 Lens Data 窗口菜单项"Make Focal"，在弹出的对话框中输入 50 即可。

3. 设置系统性能参数

输入系统的视场、孔径和波长。在 ZEMAX 主界面系统选项区，分别展开 Aperture、Fields 和 Wavelengths 选项。孔径类型选择"Image Space F/#"，孔径数值输入设计要求的"3.5"；视场类型选择"实际像高"，视场个数勾选 3 个，分别为零视场、0.7 视场和全视场，权重都为 1，其对应的 Y 视场数值分别为 0、13、18.4。然后进行波长设置，打开波长数据窗口，勾选三个波长，分别输入 3、4、5，主波长点选第 2 个，权重都为 1，波长设置如图 11-15 的所示。

这时，紫外系统数据窗口更新如图 11-16 所示。焦距为 50，但像高并非设置的 18.4，说明系统存在着很大的像差。

Wavelength Data			
	Wavelength (μm)	Weight	Primary
☑ 1	0.240	1.000	○
☑ 2	0.260	1.000	◉
☑ 3	0.280	1.000	○

图 11-15　紫外系统波长设置

	Surf:Type		Con	Radius	Thickness	Material
0	OBJECT	Standard ▾		Infinity	Infinity	
1		Standard ▾		16.453	5.134	CAF2
2		Standard ▾		105.940	3.522	
3		Standard ▾		-24.823	0.909	F_SILICA
4		Standard ▾		16.090	3.080	
5		Standard ▾		49.998	4.780	CAF2
6		Standard ▾		-17.240	0.000	
7	STOP	Standard ▾		19.157	3.759	CAF2
8		Standard ▾		-33.021	0.642	
9		Standard ▾		-32.127	3.918	F_SILICA
10		Standard ▾		22.081	33.650	
11	IMAGE	Standard ▾		Infinity	-	

图 11-16　紫外系统初始数据窗口

紫外系统的 2D 光线图这时也同时生成，如图 11-17 所示，从图中可以看出，透镜边界条件的违背量很大，下一步优化时需要在评价函数编辑器中优先控制。

4. 紫外系统初始结构像差评估

初始结构经过系统特性赋值后，ZEMAX 会自动计算并生成各种像差数据和图形曲线。图 11-18 所示是初始系统的 MTF 曲线，在空间频率为 25lp/mm 时，显示数据不正确，非常低。

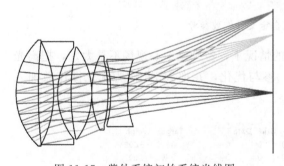

图 11-17　紫外系统初始系统光线图

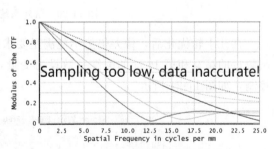

图 11-18　紫外系统初步结构 MTF 曲线

图 11-19 所示是初始系统的点列图，RMS 值非常大，远远超出了设计规格的要求。

5. 紫外系统优化设计

首先把透镜数据编辑器中除物面和像面之外的所有半径和厚度值设为变量，然后在评价函数编辑器中进行自定义操作数设置，首先添加操作数 EFFL 来控制焦距，目标值为 50；然后使用操作数 MNCA、MNEA 来控制空气中心和边缘厚度，使用 MNCG 和 MNEG 来控制玻璃中心和边缘厚度，并在设计优化过程中不断调整。图 11-20 所示为系统几轮修改后的操作数设置。

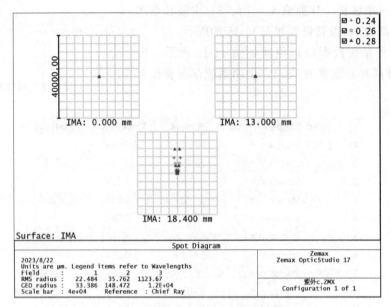

图 11-19　紫外系统初步结构点列图

	Type	Samp	Wav	Field	Freq	Grid	Data 1		Target	Weight
1	EFFL ▾		2						50.000	1.000
2	MNEG ▾	1	2	0.000		0			1.500	2.000
3	MNEA ▾	2	3	0.000		0			0.500	2.000
4	MNCG ▾	3	4						1.500	2.000
5	MNCA ▾	4	5						3.500	2.000
6	MNEG ▾	5	6	0.000		0			2.000	5.000
7	MNCA ▾	6	7						0.500	5.000
8	MNEG ▾	7	8	0.000		0			2.000	2.000
9	MXCG ▾	7	8						12.000	2.000
10	MNCA ▾	8	9						0.800	1.000
11	MNCG ▾	9	10						1.000	1.000
12	MXCG ▾	9	10						6.500	1.000

图 11-20　紫外系统自定义操作数参考

在几十轮优化后，像差仍然不能满足要求的情况下，特别是中心视场不是太好，把离光阑较近的第 9 和第 10 面的圆锥系数设为变量，参与优化，并把 MTF 作为优化操作数加入控制，如图 11-21 所示。

	Type	Samp	Wav	Field	Freq	Grid	Data 1		Target	Weigh
13	MTFT ▾	1	0	1	25.000	0	0		0.500	5.000
14	MTFT ▾	1	0	2	25.000	0	0		0.400	1.000
15	MTFS ▾	1	0	2	25.000	0	0		0.400	1.000
16	MTFT ▾	1	0	3	25.000	0	0		0.350	1.000
17	MTFS ▾	1	0	3	25.000	0	0		0.350	1.000
18	MTFT ▾	1	0	3	20.000	0	0		0.350	1.000

图 11-21　紫外系统像差控制操作数

这样又经过几十轮优化后，系统评价函数值越来越小，设计趋于完好。

6. 紫外成像系统设计结果及像差分析

紫外成像系统经过手动和自动优化设计后，最终 2D 光线图如图 11-22 所示。系统最后一块透镜的两个表面为椭球面，椭球面的圆锥系数分别为 0.2 和 9.376。从图中还可以看出，各透镜加工工艺良好，虽然使用了椭球面，但仍然是标准面。材料并未更改，五块透镜均为透紫外常用材料。

紫外系统的最终设计结构参数如图 11-23 所示。系统焦距 50，相对孔径 1：3.5，实际像高为 18.4，系统总长 67.8，各参数都满足设计指标要求。详细的系统性能参数可以从"Reports"菜单中查看。

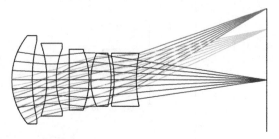

图 11-22　紫外系统设计结果 2D 光线图

	Surf:Type		Co	Radius		Thicknes:		Material	Co	Clear Sem	Chi	Me	Conic	
0	OBJE(	Standard ▼		Infinity		Infinity				Infinity	0.0.	Infi..	0.000	
1		Standard ▼		17.616	V	5.418	V	CAF2		11.343	0.0.	11..	0.000	
2		Standard ▼		41.431	V	3.849	V			10.057	0.0.	11..	0.000	
3		Standard ▼		-28.995	V	2.500	V	F_SILICA		9.368	0.0.	9.3.	0.000	
4		Standard ▼		20.854	V	3.499	V			8.065	0.0.	9.3.	0.000	
5		Standard ▼		-3919.488	V	5.199	V	CAF2		7.819	0.0.	7.8.	0.000	
6		Standard ▼		-20.297	V	0.498	V			7.485	0.0.	7.8.	0.000	
7	STOP	Standard ▼		16.810	V	5.347	V	CAF2		6.861	0.0.	6.8.	0.000	
8		Standard ▼		-24.698	V	0.830	V			6.392	0.0.	6.8.	0.000	
9		Standard ▼		-24.984	V	5.855	V	F_SILICA		6.031	0.0.	6.8.	0.201	V
10		Standard ▼		35.839	V	34.815	V			6.841	0.0.	6.8.	9.376	V
11	IMAG	Standard ▼		Infinity		-				18.411	0.0.	18..	0.000	

图 11-23　紫外系统结构参数设计结果

紫外系统最后还做了一些渐晕处理，用来提高 0.7 视场和全视场光线的成像效果，渐晕设置如图 11-24 所示。

	Com	X (mm)	Y (mm)	Weight	VDX	VDY	VCX	VCY
1		0.000	0.000	1.000	0.000	0.000	0.000	0.000
2		0.000	13.000	1.000	0.000	0.000	0.150	0.200
3		0.000	18.400	1.000	0.000	0.000	0.250	0.300

图 11-24　紫外系统渐晕处理

紫外系统的场曲畸变曲线设计结果如图 11-25 所示，从图中可以看出，最大畸变为 2.9%，小于 3% 的设计指标。

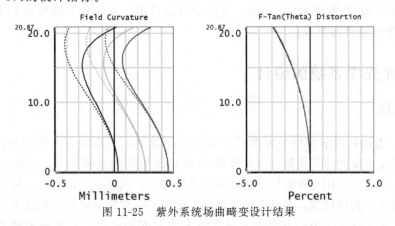

图 11-25　紫外系统场曲畸变设计结果

紫外系统的点列图设计结果如图 11-26 所示，系统中心视场和边缘视场的 RMS（均方根）半径值都在一个像素尺寸内，说明系统像面清晰，像质均匀。

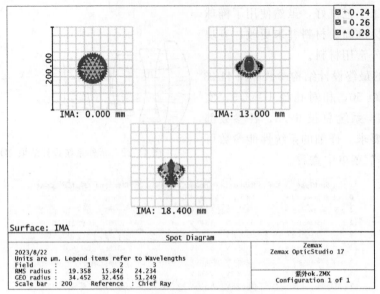

图 11-26　紫外系统的点列图设计结果

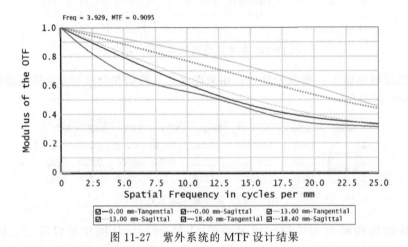

图 11-27　紫外系统的 MTF 设计结果

紫外系统的 MTF 如图 11-27 所示，从图中可以看出，系统各个视场的 MTF 值均大于 0.3，满足成像质量指标要求。

11.4　激光光学系统的设计

11.4.1　概述

1960 年，美国物理学家梅曼发明了世界首台激光器，人类第一次有了如此单色性好、高准直、高能量密度的神奇光源。激光作为 20 世纪最重要的发明之一，已经融入了当今社会的方方面面。它的应用充分而广泛地体现在光纤通信、医疗、工业生产、测量技术、军事武器、雷达侦探、扫描成像、全息存储等领域，成为了一种跨学科的通用技术，对现代诸多领域的研究产生了巨大作用，也促进了科学技术的发展和社会生产效率的提高。2018 年，诺贝尔物理学奖授予了在激光物理领域有突破性贡献的 3 位科学家，足以彰显激光在当今社会的重要作用。

激光仪器装备中大都含有光学系统。这类光学系统的设计与一般光学仪器系统设计是有差别的。在设计激光学系统之前，必须要了解激光束传输和变换的规律，研究各光学元件或系统对激光光束传输和变换的影响，这是激光实际应用中的重要课题，也是设计优质激光系统的关键问题。

　　首先，激光发射的光束是高斯光束，其截面内光强分布是不均匀的，呈高斯分布状态，这和普通光源发出的均匀球面波不同。其次，激光光束的传播并非直线传播，传播路径是一条双曲线，有一定规律的光场分布，有束腰位置和半径大小。但当远离束腰的条件下，高斯光束的传播问题就可以近似用几何光学的方法来研究。另外，高斯光束通过透镜以后的变换也和几何光学中的不同，不能简单地把束腰当作物点或像点来进行激光束的计算。

　　实际在进行激光光学系统设计时，鉴于激光的相干性良好，应仔细选择零件的厚度。在计算系统相关参数时，要考虑与激光基本辐射性能有关的一些特点，如选择反射面的曲率以保持激光的偏振态，把平面光学元件安置在使入射角小于临界值的位置。另外，激光光学系统的性能很明显会受到衍射限制。在计算光学系统时，要把衍射造成激光光线的"弯曲"考虑到系统中。最后要说的是，激光的强度和密度较大，使得光学系统零件的制备需要高质量的光学材料及其加工等。

11.4.2　激光扫描物镜的设计（案例）

　　光束传播方向随时间变化而改变的光学系统称为扫描光学系统。扫描光学系统在现代光学和光电技术中具有极其重要的作用，在激光显示、激光测量、激光打印、激光存储以及高速摄影、红外成像、目标捕获与瞄准等系统中都有应用。

　　光束扫描的实现方式很多，如光学透镜扫描、棱镜扫描、反射镜扫描、全息扫描和声光扫描等。但不管其扫描方式如何，表征其扫描特性的只有三个参数，即扫描系统的孔径大小 D、孔径的形状因子 a 和最大扫描角 θ。当孔径形状为矩形时，$a=1$，其它形状则 a 大于 1。根据瑞利衍射理论，扫描系统的衍射极限分辨角 $\Delta\theta$ 为

$$\Delta\theta = \sin\Delta\theta = a\lambda/D \tag{11-1}$$

　　由上式可见，孔径大小 D 和形状因子 a 决定了扫描系统的极限分辨角，即决定了扫描系统的扫描光点大小和成像质量。若扫描系统的最大扫描角为 θ，则扫描系统的扫描点数 N 为

$$N = \theta/\Delta\theta = \frac{\theta D}{a\lambda} \tag{11-2}$$

　　扫描光学系统的种类很多，如光机扫描、光栅扫描、电光扫描等。其中，光机扫描应用最广，它又分为物镜后扫描和物镜前扫描两种形式。图 11-28 所示为物镜后扫描，扫描反射镜位于物镜之后，物镜口径小，扫描物镜只要求校正轴上点像差即可，但缺点是扫描像面为一曲面，不利于图像的接收与转换。图 11-29 所示是物镜前扫描，扫描反射镜位于物镜之前，只要物镜校正好轴上和轴外像差，即可获得很好的扫描成像，且扫描成像面为一平面，因此一般的光机扫描系统多采用物镜前扫描形式，且设计成像方远心光路（扫描反射镜位于物镜的物方焦点处），以在像面上得到均匀的照度和尺寸一致的扫描像点。

　　普通扫描物镜的像高与扫描角之间的关系（$y'=-f'\tan\theta$）不是线性的，这将造成等角速度扫描时却得不到等速扫描成像。于是就产生了 $f\theta$ 扫描物镜，它的像高与扫描角之间呈线性关系（即 $y'=-f'\theta$），这时，$f\theta$ 物镜就需要产生一定的负畸变来补偿它原有的非线性，且其畸变量要满足

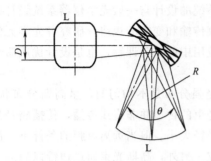

图 11-28　物镜后扫描

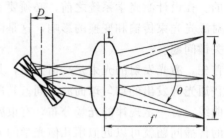

图 11-29　物镜前扫描

$$q' = \frac{f'(\tan\theta - \theta)}{f'\tan\theta} \tag{11-3}$$

综上所述，扫描物镜是一种小孔径、大视场的像方远心光路系统，轴外点像差要严格校正，如场曲、像散等，因为是单色光源，所以没有色差。$f\theta$ 扫描物镜要严格控制畸变值，所以系统结构相对复杂一些。扫描物镜的分辨率设计并非越高越好，只要满足扫描成像光点的大小即可。

下面的案例将描述一个物镜前扫描系统的建模设计过程。

物镜前扫描系统设计规格及要求：

系统使用 He-Ne 激光器，波长为 $0.6328\mu m$。使用一维平面反射振镜实现扫描，扫描角度为 $10°$，物镜焦距 150mm，F/#=3。试在 ZEMAX 中进行光路建模，并优化扫描物镜，使成像弥散斑达到最小。

1. 设计思路

物镜入瞳直径计算：$D = 150/3 = 50$。

物镜的视场角相当于扫描角度 $10°$。

物镜的视场不大，但相对孔径偏大，轴上球差会比较严重，也有一定程度的轴外像差，因此单透镜无法解决像差校正问题。所以初始结构选取一个双胶合透镜，材料分别为 BK7 和 F2，厚度都为 8，透镜半径让 ZEMAX 自动处理。

光阑和扫描反光镜尽量位于物镜的前焦点不远处。

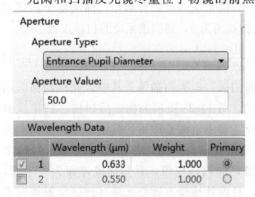

Aperture			
Aperture Type:			
Entrance Pupil Diameter			
Aperture Value:			
50.0			

Wavelength Data			
	Wavelength (μm)	Weight	Primary
☑ 1	0.633	1.000	◉
☐ 2	0.550	1.000	○

图 11-30　系统孔径和波长设置

2. 设置系统性能参数

设置扫描系统的视场、孔径和波长值。在 ZEMAX 主界面的系统选项区，分别展开 Aperture（孔径）、Fields（视场）和 Wavelengths（波长）选项。孔径类型选择"入瞳直径"，孔径值输入 50。视场选项为默认零度（后续会加入扫描角度）。波长设置，勾选一个波长，输入 0.6328，或者从下拉选项中选取"HeNe"。设置情况如图 11-30 所示。

3. 创建初始透镜数据

打开透镜数据编辑器（Lens Data），在 "STOP" 后新插入 4 个面。第 1 面是光阑，厚度设为 50，第 2 面是虚构面，放置反光镜备用，厚度设为 100；第 3、4、5 面为双胶合透镜面，第 3、4 面材料栏分别输入 BK7 和 F2，厚度都输入 8，第 5 面的解决类型选 F 数，数值输入 3，第 5 面的厚度用快速聚焦实现。完成后的透镜数据如图 11-31 所示。

	Surf:Type	Cor	Radius	Thickness	Materi	Coa	Clear Sem
0	OBJEC Standard ▾		Infinity	Infinity			0.000
1	STOP Standard ▾		Infinity	50.000			25.000
2	Standard ▾		Infinity	100.000			25.000
3	Standard ▾		Infinity	10.000	BK7		25.000
4	Standard ▾		Infinity	10.000	F2		25.000
5	Standard ▾		-92.483 F	140.038			25.000
6	IMAG Standard ▾		Infinity	-			0.890

图 11-31　系统初始数据

4. 设置反射镜并偏转

在系统第 2 面处添加反射镜，点击透镜数据窗口"添加反射镜"菜单，反射镜角度设为
−90，然后再在反射镜表面处（已更新为第 3 面），点击透镜数据窗口"元件倾斜/偏心
（Tilt/Decenter Element）"菜单，设置反射镜的偏转，在弹出的对话框中"Tilt X"值设为
−5，其它默认，设置情况如图 11-32 所示。

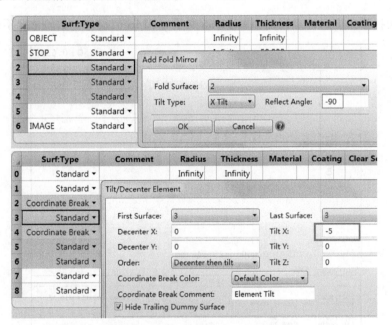

图 11-32　反光镜添加和偏转设置

此时透镜数据窗口的数据已经更新，如图 11-33 所示。

	Surf:Type	Comment	Radius		Thickness	Materi	Coa	Clear Sem	Chi	Me	Conic	TC	Par	Par	Par 3(unus
0	Standard ▾		Infinity		Infinity			0.000	0.0..	0.0..	0.000	0.0..			
1	Standard ▾		Infinity		50.000			25.000	0.0..	25..	0.000	0.0..			
2	Coordinate Break ▾				0.000	-		0.000	-				0.0..	0.0..	-45.000
3	Coordinate Break ▾	Element Tilt			0.000			0.000					0.0..	0.0..	-5.000
4	Standard ▾		Infinity		0.000	MI...		38.893	0.0..	38..	0.000	0.0..			
5	Coordinate Break ▾	Element Tilt:return			0.000			0.000					0.0..	0.0..	5.000 P
6	Coordinate Break ▾				-100.000			0.000					0.0..	0.0..	-45.000 P
7	Standard ▾		Infinity		-10.000	BK7		43.018	0.0..	44..	0.000				
8	Standard ▾		Infinity		-10.000	F2		44.172	0.0..	44..	0.000				
9	Standard ▾		92.483 F	-140.038			44.046	0.0..	44..	0.000	0.0..				
10	Standard ▾		Infinity		-			24.791	0.0..	24..	0.000	0.0..			

图 11-33　透镜数据列表初步更新

设置"元件倾斜/偏心"时，可以更改对话框中"Tilt X"值分别为 5、0、−5，查看一下系统的 3D 光线图变化，变化情况如图 11-34 所示。

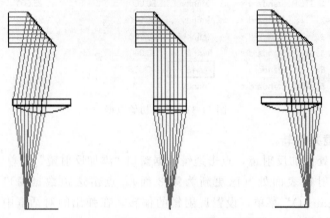

图 11-34　系统三个扫描角度光线图变化

系统最大扫描角度时的点列图如图 11-35 所示，RMS 值很大，像差情况不好。

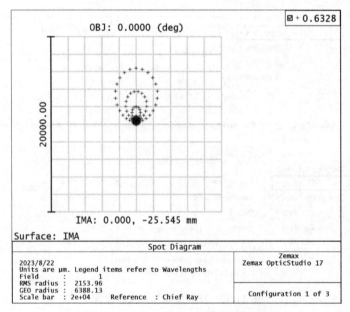

图 11-35　扫描系统初始结构点列图

5. 多重结构配置

系统要实现对整个扫描角度范围内的物镜像差优化，就需要设置多重结构。打开 ZEMAX "设置"菜单下的"多重配置编辑器"，插入创建 3 个结构，并添加第一行控制元件倾斜角度的操作数 PRAM。在多重配置编辑器的设置中选择第 3 个表面和第 3 个参数，再在相应 3 个结构下输入−5、0、5。设置情况如图 11-36 所示。

这时，打开 3D 光线图设置，"Color Ray By"选择"Field"，"Configuration"选择"All"，即可生成多重扫描状态下的 3D 光线图，如图 11-37 所示。

6. 系统优化及设计结果

将第 7 和第 8 面的曲率半径和厚度都设为变量，在优化向导中设置评价标准以及透镜边界约束条件等，设置情况如图 11-38 所示。

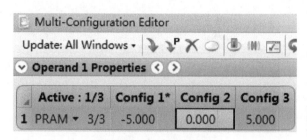

图 11-36　多重结构设置

图 11-37　多重状态初始 3D 图

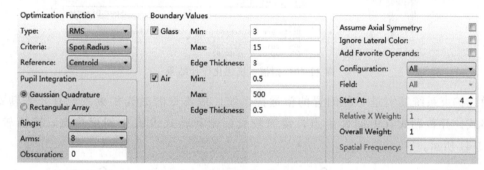

图 11-38　优化设置

　　然后打开 3D 图和点列图，点击"锤形优化方式"进行优化。勾选优化选项中的自动更新，直到评价函数数据较小，像质情况满意为止。

　　优化完成后的透镜数据列表如图 11-39 所示。优化完成后的 3D 光线图和点列图如图 11-40 所示，从点列图中可以看到，弥散斑 RMS 半径数值大大减小，已经满足设计要求。

	Surf:Type	Comment	Radius	Thickness	Material	Coa	Clear Se
0	Standard		Infinity	Infinity			0.000
1	Standard		Infinity	50.000			25.000
2	Coordinate Break			0.000	-		0.000
3	Coordinate Break	Element Tilt		0.000	-		0.000
4	Standard		Infinity	0.000	MIRROR		38.893
5	Coordinate Break	Element Tilt:r...		0.000			0.000
6	Coordinate Break			-100.000			0.000
7	Standard		-177.142 V	-2.998 V	BK7		43.997
8	Standard		-157.952 V	-14.460 V	F2		44.090
9	Standard		190.195 F	-137.836 V			44.105
10	Standard		Infinity	-			25.449

图 11-39　扫描系统优化结果数据窗口

11. 4. 3　变波长激光扩束镜的设计（案例）

　　由于激光的孔径一般很小，所以在使用激光作为光学系统的光源时，需要对其进行扩束，使光源照射的范围增大。

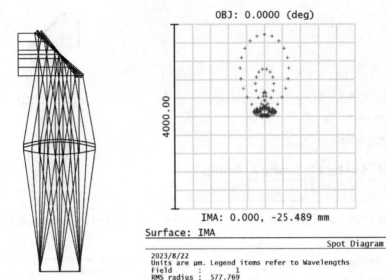

图 11-40　扫描系统优化设计结果

　　激光扩束系统其实是一种倒置的望远镜系统。最典型的激光扩束系统有开普勒式和伽利略式。开普勒式有中间聚焦点，镜筒较长；伽利略式没有中间聚焦点，镜筒较短，如图 11-41 所示。

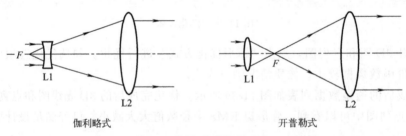

图 11-41　扩束镜结构型式

　　本节案例将讲述一个变波长激光扩束镜的设计过程。

　　设计任务要求：

　　设计一个 5 倍伽利略式激光扩束镜系统，使用的激光波长为 $\lambda = 1.053\mu m$，输入光束直径为 100mm，输出光束的直径为 20mm，且输入光束和输出光束平行。镜筒不能超过 250mm，系统结构简单，只允许使用两片镜片，可包含一片非球面。系统测试时是在 $\lambda = 0.6328\mu m$ 时进行。

　　1. 设计思路

　　该扩束系统设计波长和测试波长是不一样的，因此需要建立多重结构，通过移动共轭面来实现变波长条件下使用。

　　扩束镜系统虽然对像差要求不严格，但也要对像差进行优化改善。由于扩束系统是平行光入射和平行光出射，没有实质的聚焦面，所以在设计系统时，在出射光束不远处引入一个近轴理想透镜，它不产生像差，这样整个系统的像差都可以在近轴透镜的焦平面上进行评价，近轴透镜不会影响扩束镜的像差评价结果。

2. 设置系统性能参数

在 ZEMAX 主界面的系统选项区，分别展开 Aperture（孔径）、Fields（视场）和 Wavelengths（波长）选项。在孔径类型中选择 "Entrance Pupil Diameter"，并根据设计要求输入 "100"。在视场设定对话框中使用默认的 0 视场，在波长设定对话框中，输入 $1.053\mu m$ 一个波长，整体设置情况图 11-42 所示。

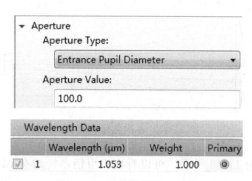

图 11-42　系统孔径波长设置

3. 创建初始结构

打开透镜数据编辑器（Lens Data）中，在 "STOP" 后新插入 5 个面，孔径光阑在第 1 面，第 1 面至第 4 面是扩束镜的两个透镜，透镜厚度任意设定为 10 和 5，材料选取 BK7，两块透镜之间的间隔是系统筒长要求的 250mm。然后把第 5 面改为 "Paraxial"（理想透镜面），则在右边相应的焦距栏输入 15。图 11-43 是创建完成的扩束镜初始系统数据。

	Surf:Type	Co	Radius	Thickness	Materia	Co	Semi-Di	Chi	Mec	Co	TCI	Focal Leng	OPD
0	OBJE Standard ▾		Infinity	Infinity			0.000	0.0.	0.0.	0.0.	0.0.		
1	STOP Standard ▾		Infinity	10.000	BK7		50.0.	0.0.	50.0.	0.0.			
2	Standard ▾		Infinity	250.000			50.0.	0.0.	50.0.	0.0.	0.0.		
3	Standard ▾		Infinity	5.000	BK7		50.0.	0.0.	50.0.	0.0.			
4	Standard ▾		Infinity	10.000			50.0.	0.0.	50.0.	0.0.			
5	Paraxial ▾			15.000			50.0.	-		0.0.		15.000	1
6	IMAG Standard ▾		Infinity	-			0.000	0.0.	0.0.	0.0.			

图 11-43　扩束系统初始结构数据

4. 系统优化和性能评价

系统优化前，首先是设置变量，在透镜数据编辑表中，将第 1 面，第 2 面和第 4 面半径设置为变量。其它参数视优化情况再做修改。

接下来是建立评价函数。打开评价函数编辑器（Merit Function Editor），按优化向导中的默认设置，先自动生成一个多行评价函数控制内容。然后再自定义操作数。在第一行 "BLNK" 处，选择 "REAY" 操作数，这是用 Y 约束来控制所要求的 5:1 的光束压缩比。在相应的 "Surf" 栏输入 5（这是要控制光线高度的面），"Py" 栏输入 1.00，目标值输入 10（半高），权重输入 1，这样就会有一个 20mm 直径的平行输出光束。评价函数整体设置情况如图 11-44 所示。

	Type	Surf	Wa	Hx	Hy	Px	Py		Target	We	Valu	% Cont
1	REAY ▾	5	1	0....	1.0...	0.0...	1.000		10.000	1....	50....	100.000
2	DMFS ▾											
3	BLNK ▾	Sequential merit function: RMS wavefront centroid GQ 3 rings 6 arms										
4	BLNK ▾	No air or glass constraints.										
5	BLNK ▾	Operands for field 1.										
6	OPDX ▾		1	0....	0.0...	0.3...	0.000		0.000	0...	-7.	2.767E
7	OPDX ▾		1	0....	0.0...	0.7...	0.000		0.000	1....	-7.	4.832E
8	OPDX ▾		1	0....	0.0...	0.9...	0.000		0.000	0...	1.9.	1.975E

图 11-44　自定义评价函数

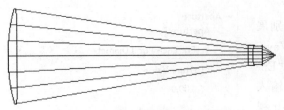

图 11-45　首次优化后的 2D 光线图

选择"Optimize"菜单，在弹出的对话框中勾选"Auto Update"，点击"开始"，执行优化，观察各种像差的变化以及透镜结构参数的变化。

优化后的系统 2D 结构图如图 11-45 所示，从中可以看出系统结构较为合理。

优化后的 OPD Fan（光程差图）如图 11-46 所示，可以看出扩束镜系统约有 6λ 的波像差，性能较差，存在的主要像差是球差。

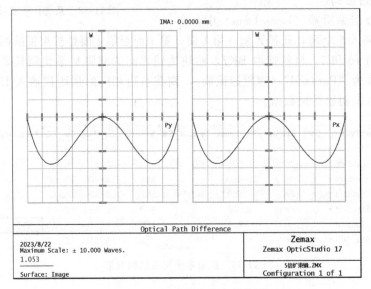

图 11-46　首次优化的光程差图

校正像差有效的方法是把球面改为非球面。现在把第一片透镜的第 1 面的圆锥系数（Conic）增设为变量，再次执行优化。这时的 OPD 图如图 11-47 所示。由于引入了一个合

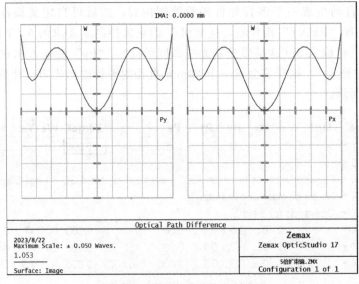

图 11-47　优化完成后的光程差图

理的圆锥系数，使系统性能达到了衍射极，波像差降到了 0.05λ 以下。

图 11-48 所示为优化完成后的扩束镜系统结构参数。

	Surf:Type	Radius	Thickness	Mater	Co	Clear Sen	Chi	Mec	Conic
0	OBJE Standard ▾	Infinity	Infinity			0.000	0.0.	0.0.	0.000
1	STOP Standard ▾	188.799 V	10.000	BK7		50.000	0.0.	50..	-0.634 V
2	Standard ▾	-1299.642 V	250.000			49.787	0.0.	50..	0.000
3	Standard ▾	Infinity	5.000	BK7		10.669	0.0.	10..	0.000
4	Standard ▾	33.919 V	10.000			10.001	0.0.	10..	0.000
5	Paraxial ▾		15.000			10.000		-	
6	IMAG Standard ▾	Infinity	-			1.202...	0.0.	1.2.	0.000

图 11-48　优化完成后的系统结构参数

5. 变波长扩束系统设计

在波长设定对话框中，将波长从 $1.053\mu m$ 改为 $0.6328\mu m$，重新查看 OPD 图时，由于玻璃的色散原因，波像差明显离焦变大，原来的系统已不适用。

若想实现两种波长状态下系统性能都好，就需要同步优化改善系统。在 ZEMAX 中就需要设置波长的多重配置。

（1）打开"多重配置编辑器"，插入创建 2 个结构配置"Config 1"和"Config 2"。然后在列表第一行选取添加控制波长的操作数 WAVE，再在"Config 1"下输入 1.053，在"Config 2"下输入 0.6328。接下来插入第二行，操作数选取 THIC。在"Surface"列选 2，在"Config 1"下输入 250，在"Config 2"下输入 250，并把配置 2 下的第 2 面的厚度设为变量。整体设置情况如图 11-49 所示。

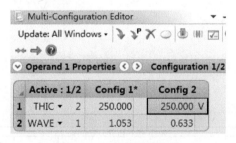

图 11-49　多重配置设置

（2）设置变量，把第 1、2 和 4 面的曲率设为变量，再将第 1 面的圆锥系数也设为变量。加上刚刚设置的多重结构配置厚度，共有 5 个变量。

（3）重新构建评价函数。打开评价函数编辑器，将原先的 REAY 约束重新加入到"Config 1"下面的空行中。"Srf #"输入 5，"Py"输入 1.00。输入目标值 10。任何在"Config 1"下的操作数都将被限制在此配置中。在"Config 2"下，不需要任何的操作数，因为在两个波长处都已有了 5∶1 的光束压缩比。

（4）执行优化。优化完成后，在透镜数据编辑器的表格上边，循环查看两个波长下的透镜结构数据和波像差 OPD 图。图 11-50 为波长 $1.053\mu m$ 处和 $0.6328\mu m$ 处的 OPD 图，显示波像差都非常好，达到了满意的效果。

设计完成的变波长扩束镜透镜结构数据如图 11-51 所示。此为波长 $1.053\mu m$ 状态下的数据，当扩束镜切换到波长 $0.6328\mu\mathrm{m}$ 使用时，只需要调整两块透镜之间的间隔，间隔从 $250\mathrm{mm}$ 调整到 $245.8\mathrm{mm}$，其它透镜参数都相同。

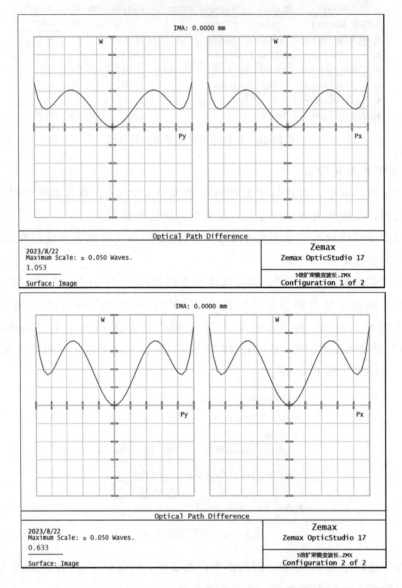

图 11-50　波长 $1.053\mu\mathrm{m}$ 和 $0.6328\mu\mathrm{m}$ 时的 OPD 图

	Surf:Type	Col	Radius	Thickness	Mate	Col	Clear Ser	Chi	Mec	Conic
0	OBJE Standard ▾		Infinity	Infinity			0.000	0.0.	0.0...	0.000
1	STOP Standard ▾		161.127 V	10.000	BK7		50.000	0.0.	50...	-0.448 V
2	Standard ▾		5812.159 V	250.000			49.751	0.0.	50...	0.000
3	Standard ▾		Infinity	5.000	BK7		10.672	0.0.	10...	0.000
4	Standard ▾		33.797 V	10.000			10.000	0.0.	10...	0.000
5	Paraxial ▾			15.000			10.000		-	
6	IMAC Standard ▾		Infinity	-			6.84...	0.0.	6.8...	0.000

图 11-51　变波长扩束镜系统透镜结构数据设计结果

11.5 太赫兹光学系统的设计

11.5.1 概述

太赫兹频段是介于远红外与微波之间的电磁频段，频率为 $0.1\sim10\text{THz}$（波长 3mm～ $30\mu\text{m}$），它在低频波段与毫米波相重叠，在高频波段与远红外线相重叠，位于远红外与毫米波的真空地带。与其它波段相比，太赫兹电磁辐射具有低能量性和高穿透性（可穿透尘、雾、塑料、皮肤、衣服等），且频率宽、时空分辨率高、信噪比高、无损性和指纹谱等特点，可广泛用于学术研究和技术探索，如应用于新一代 IT 产业、通信及雷达技术领域、生物及医学成像领域、国家安全和反恐战争等领域，具有重要的应用价值。太赫兹频段越来越被重视。

太赫兹光学系统，从结构型式上可以分为折射式、折反射式和反射式三种，它们各有不同的适用条件。由于在太赫兹波段，具有良好透射性能的材料非常少，适用于太赫兹波段的透镜难以获取。因此在初期，折射式和折反射式系统在太赫兹波段是很少出现的，反射系统由于受材料限制少，应用较多，主要应用在十几微米到几十微米的宽光谱太赫兹天文观测平台上。但反射式系统也存在着体积大、功耗高、加工装调困难、杂散光不容易控制等一系列问题，所以，世界各国一直在持续研究透射式光学系统的设计制作方法。目前已研制出了多种类型太赫兹成像系统，特别是太赫兹成像技术在安检领域的应用已经走向市场。

太赫兹成像光学系统设计制作的关键在于找到合适的太赫兹透射材料。目前，对太赫兹波具有高透射性的材料已有很多，如高阻硅晶体、石英、蓝宝石在太赫兹光学元件中都是比较常用的；人工晶体材料主要有溴化铯（CsBr）晶体、碘化铯（CsI）晶体和溴化铊-碘化铊（KRS-5）晶体；还有一些有机聚合物材料，如 COC、TPX、PE、PTEE 等，它们对太赫兹波是透明的，反射率很低，非常常用，且易于制造加工。部分太赫兹材料的光学特性详见本书附录 D。

11.5.2 太赫兹成像系统的设计（案例）

太赫兹摄影光学系统的设计任务：

设计规格：系统使用太赫兹探测器的像元尺寸为 $80\mu\text{m}\times80\mu\text{m}$，像元数量为 240×240 个。

系统有效焦距为 150mm，入瞳直径为 100mm，系统总长要求小于 185mm。系统工作波段为 $15\sim38\mu\text{m}$。

像质要求：空间频率为 10lp/mm 时，各视场 MTF 都大于 0.3；畸变小于 0.2%；弥散斑小于像素尺寸；包围圆能量在像元尺寸内大于 85%。

1. 设计思路

太赫兹摄影系统的设计和普通摄影物镜的设计方法一样，只是波长范围和系统所用光学材料有所不同。

太赫兹成像探测器的对角线尺寸计算为

$$2y' = \sqrt{2\times(0.08\times240)^2} = 27 \text{（mm）}$$

太赫兹成像系统的视场角计算为

$$2\omega = 2\arctan(y'/f') = 10.2°$$

太赫兹成像系统的相对孔径为 100/150，即 $D/f' = 1/1.5$。

设计太赫兹成像光学系统时，光学透镜材料要尽量选用在太赫兹频段透过率高的。晶体材料当然好，但选用有机聚合物材料会更容易加工制造，有机聚合物材料的色散也小，对系统色差校正也很有利。

关于本例成像系统的像差分析：从上面的计算可以知道，系统的视场不大，和视场相关的像差都不大，不用过多关注。但系统的相对孔径非常大，这是太赫兹系统的特征，能增加探测器探测信号的强度。由于相对孔径大，与孔径相关的像差如球差、彗差等都非常大，是重点需要校正的。另外，在不使用复杂透镜结构的情况下（增加透过率），可考虑在孔径光阑附近设置非球面，以减小孔径像差。

2. 初始结构选取及处理

根据以上分析，按波段、相对孔径和视场接近原则，兼顾系统焦距和总长，在各种资源库同类系统非常少的情况下，找到一个由 3 块透镜组成的太赫兹系统结构，其结构参数如表 11-5 所示。

表 11-5　太赫兹系统初始结构参数

主要特性参数	面号	半径 r	厚度 d	材料
	STOP	279	30	COC
$f' = 120$	2	∞	120	
$D/f' = 1/1.2$	3	111.4	30	COC
$2\omega = 11°$	4	537	17	
$L = 269$	5	54	28.8	COC
	6	115		

从表 11-5 中可以看到，初始系统结构简单，三块透镜都是同一种透太赫兹环烯烃共聚物（COC）材料。系统焦距为 120，跟设计要求相差不多，相对孔径和视场也都与设计要求的接近。孔径光阑位于第一面，适应远距离探测需求。

接下来将初结构数输入 ZEMAX 的 Lens Data 中，除了物面、光阑面（STOP）和像面外，还需要在"STOP"面后面分别插入 6 个面，并依次在 6 个面的半径、厚度、材料栏中输入表 11-5 中的半径、厚度和材料。注意，输入材料 COC 时，因为很多有机材料在 ZEMAX 的材料数据库中没有计算太赫兹波段特性，所以要选择解决方案中的"Mode"模式，在相应折射率和阿贝数栏输入 1.535 和 56.2。

初始结构输入完成后，再对焦距进行缩放，从初始的 120 缩放到设计要求的 150，点击 Lens Data 窗口菜单"Make Focal"，在弹出的对话框中输入 150 即可。

3. 设置系统性能参数

在 ZEMAX 主界面系统选项区，分别展开 Aperture、Fields 和 Wavelengths 选项。孔径类型选择"入瞳直径"，孔径数值输入要求的"100"；视场类型选择"角度"，视场个数勾选 3 个，分别为零视场、0.7 视场和全视场，其对应的 Y 视场数值分别为 0、3.6、5.1。然后进行波长设置，打开波长数据窗口，勾选三个波长，分别输入 15、27、38，主波长点选第 2

个，权重都为 1，波长设置如图 11-52 所示。

这时，太赫兹系统数据窗口更新如图 11-53 所示。焦距为 150，系统总长 336，系统总长与设计要求的相差较远，下一步需要重点控制。

	Wavelength Data		
	Wavelength (µm)	Weight	Primary
☑ 1	15.000	1.000	○
☑ 2	27.000	1.000	◉
☑ 3	38.000	1.000	○

图 11-52　太赫兹系统波长设置

	Surf:Type		Co	Radius	Thickness	Material	Coa	Clear Semi
0	OBJECT	Standard ▾		Infinity	Infinity			Infinity
1	STOP	Standard ▾		348.400	37.462	1.53,56.2 M		50.326
2		Standard ▾		Infinity	149.849			50.624
3		Standard ▾		139.110	37.462	1.53,56.2 M		52.761
4		Standard ▾		670.576	21.229			49.065
5		Standard ▾		67.432	35.964	1.53,56.2 M		43.532
6		Standard ▾		143.606	54.600			34.638
7	IMAGE	Standard ▾		Infinity	-			13.959

图 11-53　太赫兹系统初始数据窗口

同时，系统的 2D 光线图也已经生成，如图 11-54 所示，从图中可以看出，透镜结构合理，聚焦效果基本良好。

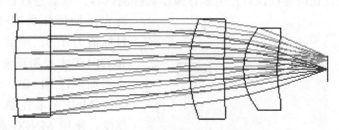

图 11-54　太赫兹系统初始系统光线图

4. 太赫兹系统初始系统像差评估

初始结构经过系统特性赋值后，ZEMAX 会自动计算并生成各种像差数据和图形曲线。图 11-55 所示是初始系统的 MTF 曲线，在空间频率为 10lp/mm 时，各视场 MTF 值非常低，与设计要求的成像质量还差很多。

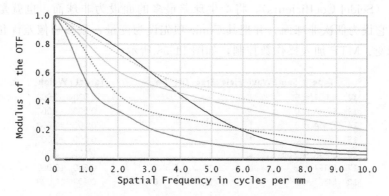

图 11-55　太赫兹系统初步结构 MTF 曲线

图 11-56 所示是初始系统的点列图，RMS 最大 316，远远超出了像素尺寸范围。

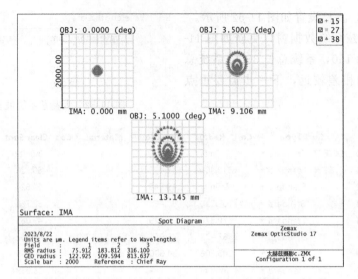

图 11-56　太赫兹系统初步结构点列图

5. 太赫兹系统优化设计

首先把透镜数据编辑器中除物面和像面之外的所有半径和厚度值设为变量，然后打开评价函数编辑器，按优化向导确认后产生多行操作数控制内容。然后进行自定义操作数设置。

	Type	Op#			Target	Weigh
1	EFFL ▼	1			150.000	1.000
2	TOTR ▼				0.000	0.000
3	OPLT ▼	2			180.000	1.000
4	MXCG ▼	1	2		40.000	1.000
5	MXCG ▼	3	4		30.000	1.000
6	MXCG ▼	5	6		30.000	1.000
7	MNEG ▼	1	2 0.... 0		5.000	1.000
8	MNEG ▼	3	4 0.... 0		5.000	1.000
9	MNEG ▼	5	6 0.... 0		5.000	0.000
10	MNCA ▼	2	3		2.000	1.000
11	MNEA ▼	4	5 0.... 0		1.000	1.000
12	CTGT ▼	6			15.000	1.000

图 11-57　系统自定义操作数

首先添加操作数 EFFL 来控制焦距，目标值为 150；然后用操作数 TOTR 和 OPLT 来控制系统总长度小于 180；再添加多行 BLNK，使用操作数 MNCA、MNEA 来控制空气中心和边缘厚度，使用 MNCG 和 MNEG 来控制透镜中心和边缘厚度，并在设计优化过程中不断调整目标值和权重，来靠近设计结果。图 11-57 所示为系统初步设置的操作数控制。

在多轮优化后，像差仍然不能满足要求，特别是中心视场不是太好，球差太大。通过分析赛德尔系数（Seidel Coefficients），将产生球差最多的面设为非球面，也就是离光阑最近的第一面，把它设为偶次非球面，并把其 Conic 项先设为变量，来参与像差优化，同时把球差、彗差、畸变、MTF 加入操作数控制，如图 11-58 所示。

	Type	Sam	Wav	Field	Freq	Gri	Da	Target	Weigh
12	CTGT ▼	6						16.000	1.000
13	SPHA ▼	0	1					0.000	1.000
14	COMA ▼	0	1					0.000	1.000
15	ASTI ▼	0	1					0.000	1.000
16	DIMX ▼	0	1	0				0.000	1.000
17	MTFT ▼	1	0	1	10....	0	0	0.600	10.000
18	MTFT ▼	1	0	3	10....	0	0	0.400	10.000

图 11-58　太赫兹系统像差控制操作数

这样又经过几十轮优化后，系统评价函数值越来越小，设计趋于完好。

6. 太赫兹成像系统设计结果及像差分析

太赫兹成像光学系统经过优化设计后，最终设计结构参数如图 11-59 所示。系统焦距 150，相对孔径 1∶1.5，实际像高为 13.6，系统总长 180，各参数都满足设计指标要求。详细的系统性能参数可以从"Reports"菜单中查看。系统第一面为非球面，圆锥系数为 −0.455，没有高次项。三块透镜都使用 COC 材料。

	Surf:Type		Co:	Radius	Thickness	Material	Co:	Clear Semi-
0	OBJECT	Standard ▾		Infinity	Infinity			Infinity
1	STOP	Even Asphere ▾		77.095 V	32.000	1.53,56.2 M		51.652
2		Standard ▾		349.496 V	90.889 V			48.378
3		Standard ▾		61.334 V	17.160	1.53,56.2 M		27.436
4		Standard ▾		-632.359 V	11.863			24.241
5		Standard ▾		-60.319 V	10.089	1.53,56.2 M		19.323
6		Standard ▾		101.330 V	18.000 V			16.692
7	IMAGE	Standard ▾		Infinity	-			13.602

图 11-59　太赫兹系统结构参数设计结果

太赫兹成像光学系统最终设计 2D 光线图如图 11-60 所示。从图中还可以看出，系统结构简单，各透镜加工工艺良好。

太赫兹成像光学系统的 MTF 如图 11-61 所示，从图中可以看出，在没有渐晕的条件下，系统各视场的 MTF 值均大于 0.3。满足成像质量设计要求。

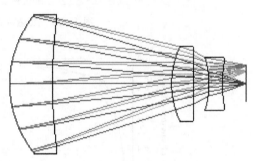

图 11-60　太赫兹系统设计结果 2D 光线图

太赫兹成像光学系统的场曲畸变曲线设计结果如图 11-62 所示，从图中可以看出，最大畸变 0.095%，小于 0.2% 的设计指标。

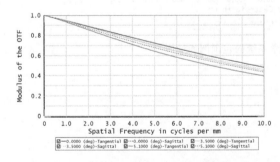

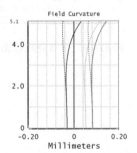

图 11-61　太赫兹系统设计结果 MTF 曲线　　　　图 11-62　太赫兹系统场曲畸变设计结果

太赫兹成像光学系统的点列图设计结果如图 11-63 所示，系统中心视场和最大视场时的 RMS（均方根）半径分别为 16μm 和 60μm，即弥散斑大小在像素尺寸之内，说明系统成像清晰，符合设计要求。

太赫兹成像光学系统的包围圆能量图如图 11-64 所示，图中显示了随包围圆半径（μm）增大，能量变化的情况。可以看出，各视场 80% 的能量集中在 60μm 包围圆半径内，85% 以上的能量集中在 80μm（像元尺寸）包围圆半径内，符合设计像质要求。

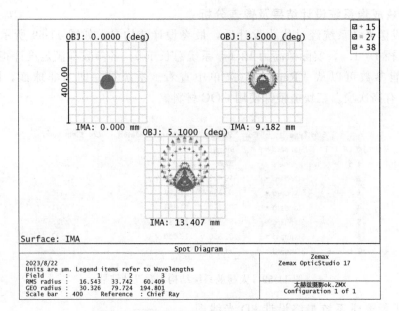

图 11-63　太赫兹系统的点列图设计结果

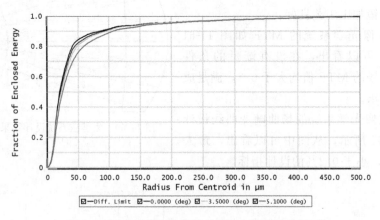

图 11-64　太赫兹成像光学系统的包围圆能量图

第 12 章

其它类型光学系统设计

12.1 投影物镜的设计（案例）

投影系统类似于倒置的摄影系统。因此，普通摄影物镜倒置使用时，一般可用作投影系统。现代投影系统已不再局限于透明胶片，取而代之的是反射或透镜式空间光调制器，反射式常用数字微镜（DMD 芯片），透射式常用电寻址液晶（LCD 芯片）。

因为投影系统包括物镜和照明两部分，投影系统中会使用较厚的棱镜把两部分光束和芯片联系起来，图 12-1 所示是一个 DLP（数字光处理）投影系统的原理示意图。

本节将举一案例来说明投影物镜的设计过程。

投影物镜设计要求：

设计规格：投影芯片使用 0.47 英寸的 DMD，其分辨率 1080P，像素尺寸

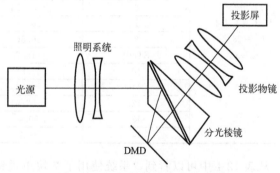

图 12-1 DLP 投影系统原理示意图

7.6μm，宽高比 4∶3。投影物镜把 DMD 放大 100 倍投射到投影屏幕上。物镜投射比为 1.7∶1，F/# 为 2.4，物镜后工作距包含 20mm 厚的分光棱镜和至少 3mm 的空气间隙，棱镜材质为 BK7。物镜系统总长要求小于 70mm。物镜设计波长为 $0.45\mu m$、$0.55\mu m$、$0.62\mu m$，波长权重分别为 1∶4∶1。

像质要求：空间频率为 66lp/mm 时各视场 MTF 大于 0.3；最大光学畸变小于 1.5%；倍率色差小于 1 个像素；最大视场相对照度大于 75%。

1. 设计思路

投影物镜一般按反向光路进行设计，即把投影屏幕作为物面，把 DMD 芯片作为像面，

这样系统的放大倍率很小，不会给物镜系统长度控制和像差校正带来困扰。这和显微物镜的设计思路是一样的。

反向光路的放大率为 $1/100$，也就是 $\beta=-0.01\times$，因为 DMD 规格为 0.47 英寸，所以投影屏尺寸为 47 英寸，即屏幕对角线尺寸为 1194mm。

物镜的投射比为 1.7：1，则系统的物距为 $1194\times1.7=2030$（mm）。

物镜的焦距可以按第 4 章式（4-16）计算。其中共轭距为物距和系统总长之和，即 $2030+70=2100$mm，则焦距 f' 为

$$f'=\frac{-L\beta}{(1-\beta)^2}=\frac{2100\times100}{(1+100)^2}=20.6\,(\text{mm})$$

物镜的物面是屏幕，像面就是 DMD，像面尺寸为 11.94mm，像高为 5.96mm。

由于系统的物距较大，物镜的视场角可以按摄影系统式（9-3）计算，计算后得到 $2\omega=32.3°$。投影物镜的后工作距要求大于焦距，因此物镜需选用反远距结构型式。物镜的像差校正可按常规摄影物镜的校正方法。

2. 初始结构选取

根据前面的分析，结合物镜的像质要求，在不使用非球面的情况下，预估需要 6～7 片透镜才能完成设计。按照相对孔径和视场接近原则，兼顾物镜的焦距和系统总长要求，在网络电子图书馆中找到一款反远距摄影系统结构，其初始结构参数如表 12-1 所示。

表 12-1　投影物镜初始结构参数

主要特性参数	面号	半径 r	厚度 d	材料
	1	123.3	2	H-ZK11
	2	26.45	14.77	
	3	599.8	1.8	H-ZF12
	4	37.5	7.75	
	5	50.54	7	H-LAF50A
$f'=22$	6	-50.54	5	
$D/f'=1/2.4$	7	26.98	2.84	H-ZF52A
$L'_f=28.2$	8	40.86	15.39	
$2\omega=45°$	STOP	-18.25	6.27	H-ZF52A
	10	57.81	0.44	
	11	-300	2.46	H-LAF50A
	12	-22.94	0.15	
	13	60.4	2.9	H-LAF50A
	14	-32	28.2	

从表 12-1 中可以看到，系统使用了 7 块单透镜，孔径光阑居中，有利于像差的后续校正；后截距比较长，有较大空间添加棱镜。透镜材料都是国产牌号光学玻璃。系统焦距为 22，与本例设计目标较接近；系统视场角 45°，相对孔径为 1：2.4，比本例设计规格稍有余量。由于本次设计的是投影系统，而初始所选是摄影系统，所以物距有待于进一步处理，且初始系统总长过长，有待进一步缩短。

3. 在 ZEMAX 中输入初始数据

初始结构选好后，接下来要将初始结构数据输入 ZEMAX 透镜数据编辑器（Lens Data）中。Lens Data 中除了物面、光阑面（STOP）和像面外，还需要在"STOP"面前后分别插入 8 个面和 5 个面，并依次在半径、厚度、材料栏中输入表 12-1 中的半径、厚度和玻璃牌号相应值。在物面的厚度栏输入物距 2030。然后在第 14 面相距 3mm 处再插入两个棱镜表

面，厚度为 20，材料为 BK7；最后快速调焦一下，系统会自动匹配最后一个面间隔。

全部数据输入完成后，从 ZEMAX 状态栏可以看到此时系统焦距（EFFL）为 22，因接近本次设计焦距值，就不再进行焦距缩放了。如图 12-2 所示为投影物镜更新后的数据列表窗口。

	Surf:Type		Co	Radius	Thickness	Material
0	OBJEC Standard ▼			Infinity	2030.000	
1	Standard ▼			123.302	2.000	H-ZK11
2	Standard ▼			26.455	14.773	
3	Standard ▼			599.800	1.800	H-ZF12
4	Standard ▼			37.500	7.750	
5	Standard ▼			50.543	7.000	H-LAF50A
6	Standard ▼			-50.543	5.000	
7	Standard ▼			26.980	2.840	H-ZF52A
8	Standard ▼			40.859	15.390	
9	STOP Standard ▼			-18.246	6.270	H-ZF52A
10	Standard ▼			57.810	0.440	
11	Standard ▼			-300.052	2.460	H-LAF50A
12	Standard ▼			-22.944	0.150	
13	Standard ▼			60.400	2.900	H-LAF50A
14	Standard ▼			-32.000	3.000	
15	Standard ▼			Infinity	20.000	BK7
16	Standard ▼			Infinity	12.895	
17	IMAGE Standard ▼			Infinity	-	

图 12-2　投影物镜初始结构数据窗口

4. 设置物镜性能参数

输入物镜的视场、孔径和波长。在 ZEMAX 主界面系统选项区，分别展开 Aperture、Fields 和 Wavelengths 选项。孔径类型选择 "Image Space F/#"，孔径数值输入设计要求的 "2.4"；视场类型选择 "实际像高"，视场个数勾选 3 个，分别为零视场、0.7 视场和全视场，权重都为 1，其对应的 Y 视场数值分别为 0、4.2、5.96。然后进行波长设置，打开波长数据窗口，勾选三个波长，分别输入 0.45、0.55、0.62，主波长点选第 2 个，主波长权重为 4，其它为 1，波长设置如图 12-3 的所示。

Wavelength Data

	Wavelength (μm)	Weight	Primary
✓ 1	0.450	1.000	○
✓ 2	0.550	4.000	◉
✓ 3	0.620	1.000	○

图 12-3　投影物镜系统波长设置

系统设置后可生成 2D 光线图，如图 12-4 所示，图中隐去了物面到透镜第一面的光路。从图中可以看出，物镜的后截距空间很充足。

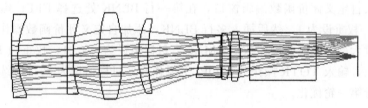

图 12-4　投影物镜初始结构 2D 光线图

5. 投影物镜初始系统像差评估

初始结构经过系统特性赋值后，ZEMAX 会自动计算并生成各种像差数据和图形曲线。图 12-5 所示是初始系统的 MTF 曲线，在空间频率为 66lp/mm 时，显示数据不正确，非常低。

图 12-6 所示是初始系统的倍率色差图，最大 $16\mu m$，超出了设计规格的要求。

6. 物镜系统优化设计

首先是变量的设定。将第 1 至 14 面的半径和厚度都设为变量，材料保持不变。当参数设为变量时，单元格边上出现字母 "V"。

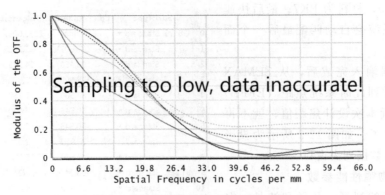

图 12-5　投影物镜初始系统 MTF 曲线

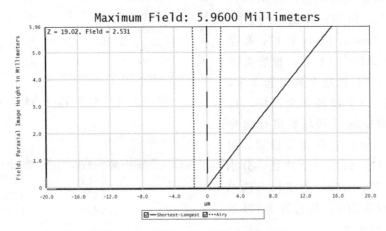

图 12-6　投影物镜初始倍率色差曲线

　　其次是评价函数操作数的设定。打开"Optimize"→"Merit Function Editor"，在优化向导界面，设置玻璃和空间厚度的最大和最小值通用约束条件，设置情况如图 12-7 所示，点击确定后，进入自定义评价函数编辑窗口，在第一行 BLNK 处选择 EFFL 焦距操作数，目标值输入 20.6，权重设为 1。然后插入多行 BLNK，添加自定义评价函数操作数。第二个要控制的是近轴放大率，相应的操作数是 PMAG，目标值设为−0.01，权重为 1，第三个要控制的是系统总长，输入 TOTR 操作数和 OPLT 操作数，目标值设为 85（后续再慢慢减小），然后就可以执行第一轮优化。

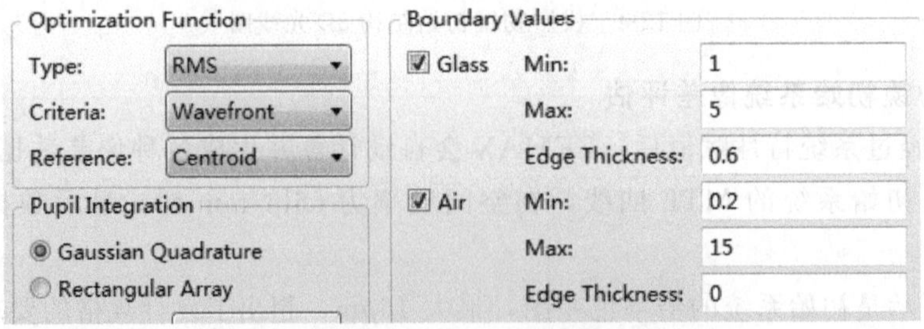

图 12-7　物镜边界条件初步设置数据

　　接下来，再对优化过程中出现的负透镜中心厚度薄、正透镜边缘厚度薄、空气间隔小等违背边界条件的情况，逐一修改相应操作数目标值和权重，修改时可参考 5.5.2 节中讲述的光学零件的加工要求以及实际的工艺情况，当然，经验值也比较重要。图 12-8 所示为本例部分自定义评价函数操作数。

物镜在执行优化时，在弹出的优化对话框中要勾选"Auto Update"，这时能适时观察各种像差的变化以及透镜结构参数的变化和更新。

经过反复优化操作，像差逐渐变小，评价函数值越来越小，系统趋于完成。

	Type	Wav	Hx	Hy	Px	Py	Target	Weigh
1	EFFL ▾	2					20.500	1.000
2	PMAG ▾	1					1.000E-02	1.000
3	TOTR ▾						0.000	0.000
4	OPLT ▾	3					70.000	1.000
5	MNCG ▾	1	2				1.500	1.000
6	MNEA ▾	2	3	0.000	0		0.100	5.000
7	MNCG ▾	3	4				1.400	1.000
8	MNCA ▾	6	7				0.250	1.000
9	MNEA ▾	10	11	0.000	0		1.000	5.000
10	MNEG ▾	11	12	0.000	0		1.000	5.000
11	MNCA ▾	12	13				0.250	1.000
12	MNEG ▾	13	14	0.000	0		1.900	1.000

Wizards and Operands　　Merit Function:

图 12-8　投影物镜优化自定义操作数

7. 设计结果及像质评价

经过优化操作，投影物镜的最终设计结果符合设计要求。图 12-9 所示为系统最终设计的 2D 光线图。从图中可以看出，投影距离较大，各个透镜的加工工艺良好。

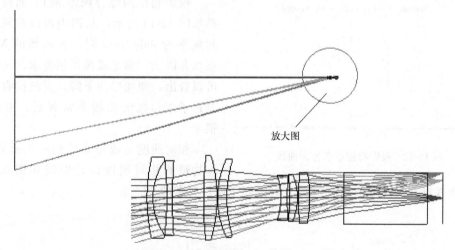

放大图

图 12-9　投影物镜 2D 光线图结果

	Surf:Type	Co	Radius	Thickness	Material	Co	Clear Sen
0	OBJECT Standard ▾		Infinity	2030.000			594.8...
1	Standard ▾		41.464 V	1.405 V	H-ZK11		9.357
2	Standard ▾		14.750 V	3.264 V			8.543
3	Standard ▾		-79.110 V	1.308 V	H-ZF12		8.543
4	Standard ▾		115.914 V	7.373 V			8.643
5	Standard ▾		84.110 V	3.189 V	H-LAF50A		9.761
6	Standard ▾		-34.277 V	0.160 V			9.795
7	Standard ▾		20.756 V	2.217 V	H-ZF52A		9.088
8	Standard ▾		30.627 V	12.694 V			8.643
9	STOP Standard ▾		-15.159 V	1.511 V	H-ZF52A		4.995
10	Standard ▾		99.770 V	0.554 V			5.240
11	Standard ▾		-52.901 V	1.851 V	H-LAF50A		5.277
12	Standard ▾		-13.619 V	0.210 V			5.453
13	Standard ▾		60.683 V	2.561 V	H-LAF50A		5.750
14	Standard ▾		-33.511 V	8.000 V			5.889
15	Standard ▾		Infinity	20.000	BK7		5.904
16	Standard ▾		Infinity	3.817			5.927
17	IMAGE Standard ▾		Infinity	-			5.934

Surface 0 Properties　　Configuration 1/1

图 12-10　投影物镜结构参数设计结果

投影物镜的结构参数设计结果如图 12-10 所示。系统焦距为 20.6，F 数为 2.4，放大倍率为 0.01 倍（反向为 100 倍），系统总长控制到 70mm，各项性能参数都满足设计指标要求。系统详细参数可从"Reports"菜单中查看。

投影物镜的场曲畸变曲线如图 12-11 所示，从图中可以看到物镜场曲较小，畸变最大值小于 1％，满足设计要求的小于 1.5％的指标。

投影物镜的倍率色差曲线如图 12-12 所示，从图中可以看出色差最大值为 $1.6\mu m$，小于一个像差尺寸（$7.6\mu m$），满足设计成像要求。

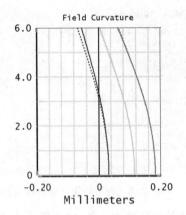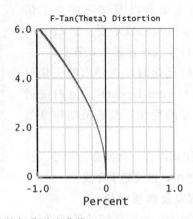

图 12-11　投影物镜场曲畸变曲线

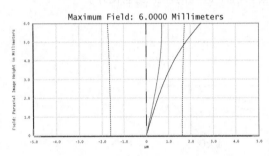

图 12-12　投影物镜倍率色差曲线

投影物镜的综合像差 MTF 曲线设计结果如图 12-13 所示，从图中可以看到，在空间频率为 66lp/mm 时，各视场的 MTF 都在 0.3 以上，满足成像质量要求。从图中还可以看出，曲线单调下降，系统没有高级像差；子午和弧矢曲线非常接近，系统像散很小。

相对照度是投影系统的一个重要指标，本物镜的相对照度设计曲线如图 12-14 所示，最大视场相对照度值接近 90%，远远好于设计要求的 75%。

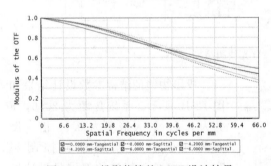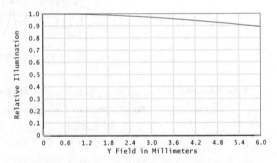

图 12-13　投影物镜的 MTF 设计结果　　　图 12-14　投影物镜相对照度设计结果

12.2　双远心工业镜头设计（案例）

近年来，机器视觉在线精密检测技术发展迅速，远心工业镜头作为机器视觉系统的前端图像采集器件，其品质如分辨率、畸变、色差、倍率、远心度等直接决定机器视觉系统的工作性能，普通摄像镜头完全不能满足。

远心镜头系统按照光阑放置位置不同分为物方远心、像方远心和双远心。在物方远心镜头中，孔径光阑设置在物镜的像方焦平面上，使得物方所有主光线平行于光轴且来自于无穷远处。这种光路的设计使物体上每一点发出的光束的主光线并不随物体位置的移动而发生变化，即在一定的物距范围内，得到的图像放大倍率并不会随物距的变化而变化，如图 12-15 所示。

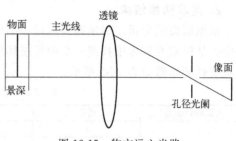

图 12-15　物方远心光路

在像方远心镜头中，孔径光阑放置在镜头的物方焦平面上，此时进入镜头的光束的主光线都通过光阑中心所在的物方焦点，则这些主光线在像方是平行于光轴的，因此像平面位置的变化并不会影响光学系统的成像大小，即像距的改变不会影响图像的大小，如图 12-16 所示。

双远心镜头综合了物方远心镜头和像方远心镜头两者特点，双远心光路前光组的像方焦点与后光组的物方焦点重合，孔径光阑位于二者的重合焦点上，如图 12-17 所示。这样可实现在一定物距范围和一定调焦范围内，图像放大倍率不会随物距和调焦不准而变化，从而更精准保证测量数据精确度。双远心镜头理论上是一个无焦系统，光学间隔为零，但在实际使用中，光学间隔可根据远心度要求进行调整。

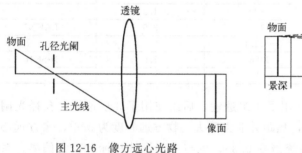

图 12-16　像方远心光路　　　　　　　图 12-17　双远心光路系统

本节将举一案例来说明双远心工业镜头的设计过程。

双远心工业镜头设计任务：

设计规格：系统采用 1/3 英寸的 CCD 作为像面接收器（有效接收面对角线尺寸为 6mm），像素尺寸为 $8\mu m$。镜头物方视场 $2y=30mm$，F 数为 2.4，垂轴放大率为 $\beta=-0.2\times$，工作距 30mm，系统总长小于 160mm。

像质要求：系统设计远心度小于 $0.1°$，最大光学畸变小于 0.2%；成像弥散斑 RMS 值小于一个像素，各视场的 MTF 值在空间频率为 63lp/mm 时均需大于 0.5。

1. 设计思路

双远心镜头的设计方法主要有两种，第一种是先设计一个像方远心系统，然后对优化好的像方远心系统进行结构的反转变换，得到物方远心系统，或者重新设计一个物方远心系统，最后将物方远心光路和像方远心光路进行组合形成双远心光路。第二种方法是选取一个光阑位于中间的、接近双远心成像的镜头结构，例如双高斯结构或反远距结构等，然后对其进行优化，最后优化成双远心系统。本例设计采用第二种方法。

远心度分析：远心度是系统主光线与光轴的夹角。一方面改变光阑位置可让系统前光组和后光组焦平面和光阑位置重合；另一方面，改变透镜的半径、厚度或材料可改变主光线折射方向，使远心度改变。在 ZEMAX 中，可以通过评价函数操作数 RANG 来控制物方和像方各视场的主光线与光轴之间的角度，使物像双侧远心。

像差控制：由于视场不大，所以畸变容易达成目标；整个系统的像差主要是孔径带出的球差、色差、彗差等，可通过优化透镜结构参数来进行改善。

2. 选取初始结构

根据前面的分析，尽量选取双远心结构类型的初始结构，按照倍率接近原则，兼顾系统长度，从国家专利库中找到一个中等视场的双远心镜头结构，系统由七块透镜组成，其结构和主要性能参数如表 12-2 所示。

表 12-2 远心镜头初始结构参数

主要特性参数	面号	半径 r	厚度 d	材料
	1	63.4	16	KZFN1
	2	174.2	77	
	3	49	9.7	LAK16A
	4	110	7.2	
	5	25.9	4.4	LASFN30
	6	26.8	14	
$\beta = -0.35 \times$	7	9.8	3.9	SF11
F/#=2.8	8	6.01	0.9	
$2y = 40$	STOP		4.4	
S(工作距)=50	10	−15	7.2	SF66
	11	−20	1.3	
	12	−18.3	3.5	LAKN7
	13	−12.1	2	
	14	1483	7.9	N-SK16
	15	−33		

从表 12-2 中可以看到，系统前组使用了 4 组透镜，后组使用了 3 块透镜，孔径光阑位于中间第 9 面。系统长度较长，为 199，焦距并非无限大，物方远心度为 3.6°，像方远心度 2.6°，都与本例设计要求相差甚远。系统倍率 0.35，也与本例设计目标有较大偏离。系统相对孔径和视场有富余也有不足，基本接近设计指标。

3. 在 ZEMAX 中输入初始数据和设置系统参数

初始结构选好后，接下来要将初始结构数据输入 ZEMAX 透镜数据编辑器（Lens Data）中。Lens Data 中除了物面、光阑面（STOP）和像面外，还需要在"STOP"面前后分别插入 8 个面和 6 个面，并依次在半径、厚度、材料栏中输入表 12-2 中的半径、厚度和玻璃牌号相应值。

输入镜头的视场、孔径和波长。分别展开 Aperture、Fields 和 Wavelengths 选项。孔径类型选择"Image Space F/#"，孔径数值输入设计要求的"2.4"，需要注意的是不要勾选物方远心，因为实际光学系统不存在绝对的远心。视场类型选择"物面高度"，视场个数勾选 3 个，分别为零视场、0.7 视场和全视场，权重都为 1，其对应的 Y 视场值分别为 0、10.5 和 15。然后进行波长设置，打开波长数据窗口，选择可见光，主波长点选第 2 个，权重均为 1。

最后在物面厚度中输入设计要求的工作距 30，然后通过快速调焦得到后工作距为 39.9。输入完成后的初始结构数据窗口如图 12-18 所示。

此时，系统也生成了 2D 光线图，如图 12-19 所示，可以看出是远心结构。

4. 远心镜头初始系统像差评估

初始结构经过系统特性赋值后，ZEMAX 会自动计算并生成各种像差数据和图形曲线。图 12-20 所示是初始系统的场曲畸变曲线，可以看出，色差较大，畸变接近 1%，与设计要求都相差甚远。

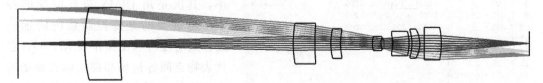

	Surf:Type	Co	Radius	Thickness	Material	Co	Clear Se
0	OBJECT Standard ▾		Infinity	30.000			15.000
1	Standard ▾		63.400	16.000	KZFN1		15.595
2	Standard ▾		174.200	77.000			14.462
3	Standard ▾		49.000	9.700	LAK16A		8.751
4	Standard ▾		110.000	7.200			7.658
5	Standard ▾		25.900	4.400	LASFN30		6.453
6	Standard ▾		26.800	14.000			5.617
7	Standard ▾		9.800	3.900	SF11		2.995
8	Standard ▾		6.010	0.900			2.088
9	STOP Standard ▾		Infinity	4.400			2.160
10	Standard ▾		-15.000	7.200	SF66		3.390
11	Standard ▾		-20.000	1.300			5.247
12	Standard ▾		-18.300	3.500	LAKN7		5.552
13	Standard ▾		-12.100	2.000			6.298
14	Standard ▾		1483.000	7.900	N-SK16		6.653
15	Standard ▾		-33.000	39.900			7.051
16	IMAGE Standard ▾		Infinity	-			5.297

图 12-18　远心镜头初始结构数据窗口

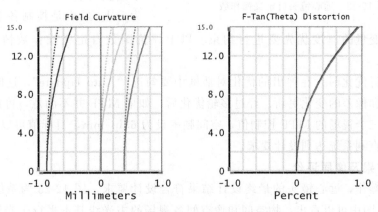

图 12-19　远心镜头初始结构 2D 光线图

图 12-20　远心镜头初始场曲畸变曲线

图 12-21 所示是初始系统的 MTF 曲线，从图中可以看出。在空间频率为 63lp/mm 时，各视场 MTF 值都很低，远远小于设计要求指标，需要优化。

5. 远心镜头系统优化设计

首先是变量的设定。将 7 块透镜的半径都设为变量，厚度变量需要谨慎对待，先设置少量几个，后工作距要设为变量，之后根据需要再添加。材料保持不变。当参数设为变量时，单元格边上出现字母"V"。

其次是评价函数操作数的设定。打开"Optimize"→"Merit Function Editor"，按优化向

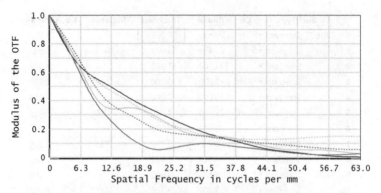

图 12-21 远心镜头初始 MTF 曲线

	Type	Sur	Wa	Hx	Hy	Px	Py	Target	Weight
1	TOTR ▾							0.000	0.000
2	OPLT ▾	1						170.000	1.000
3	PMAG ▾		2					-0.200	10.000
4	DIMX ▾	0	2	0				0.200	1.000
5	RANG ▾	0	2	0.000	0.500	0.000	0.000	0.000	0.000
6	RANG ▾	0	2	0.000	0.700	0.000	0.000	0.000	0.000
7	RANG ▾	0	2	0.000	1.000	0.000	0.000	0.000	0.000
8	RANG ▾	15	2	0.000	0.500	0.000	0.000	0.000	500.000
9	RANG ▾	15	2	0.000	0.700	0.000	0.000	0.000	500.000
10	RANG ▾	15	2	0.000	1.000	0.000	0.000	0.000	500.000
11	MNEG ▾	1	2	0.000	0			5.000	1.000
12	MXCG ▾	1	2					10.000	1.000
13	MXCG ▾	3	4					10.000	1.000
14	MNEG ▾	3	4	0.000	0			3.000	1.000
15	MNCA ▾	6	7					5.000	1.000
16	CTGT ▾	15						25.000	1.000

图 12-22 远心镜头自定义操作数

导确认后,在产生的多行控制操作数界面来设置本例系统的自定义控制内容,首先是用 TOTR 和 OPLT 操作数来控制系统总长,然后是利用 PMAG 操作数来控制系统的放大倍率,其次是用 DIMX 进行畸变的控制。更重要的是要控制系统的远心度,远心度可利用操作数 RANG,它代表物空间各视场和像空间各视场的主光线与 Z 轴的夹角,初始系统的这个角度可在"Value"栏看到,单位为 rad。最后是控制各个透镜的边界约束,已设为变量的厚度优先要进行约束。以上评价函数自定义操作数情况如图 12-22 所示。

镜头在执行优化时,在弹出的优化对话框中要勾选"Auto Update",这时能适时观察各种透镜结构和像差的变化更新。经过多轮优化后,如果 MTF 并不满意,可以在评价函数编辑器中添加三个视场的 MTF 控制值,空间频率设为 63lp/mm,目标值可以设为 0.7,然后反复优化,直到系统达到设计要求。

6. 设计结果及像质评价

经过优化操作,远心镜头的最终设计结果符合设计要求。图 12-23 为系统最终设计的 2D 光线图。从图中可以看出,物空间和像空间各视场的主光线基本平行于光轴。远心度设计结果如图 12-24 所示,图中,Value 栏的弧度值代表的就是各视场的双侧远心度,非常小,满足设计要求的小于 0.1°的指标。

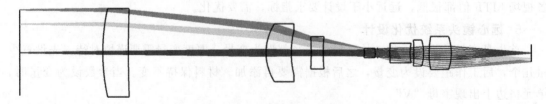

图 12-23 远心镜头 2D 光线图

Type	Sur	Sur					Targ	We	Value
RANG ▼	0	2	0.000	0.500	0.000	0.000	0.000	0...	4.357E-05
RANG ▼	0	2	0.000	0.700	0.000	0.000	0.000	0...	6.100E-05
RANG ▼	0	2	0.000	1.000	0.000	0.000	0.000	0...	8.714E-05
RANG ▼	15	2	0.000	0.500	0.000	0.000	0.000	5...	1.088E-04
RANG ▼	15	2	0.000	0.700	0.000	0.000	0.000	5...	6.443E-05
RANG ▼	15	2	0.000	1.000	0.000	0.000	0.000	5...	1.351E-05

图 12-24　远心镜头远心度设计结果

图 12-25 所示为远心镜头的结构参数设计结果。系统焦距为 12815，非常大，是一个准无焦系统。系统 F 数为 2.4，物高 15，放大倍率为 -0.2 倍（像高为 3），系统总长控制到 155，各项性能参数都满足设计指标要求。系统其它详细参数可从"Reports"菜单中查看。

远心镜头的场曲畸变曲线如图 12-26 所示，从图中可以看到镜头场曲和色差减小了很多，畸变最大值约 0.1%，满足设计要求的小于 0.2% 的指标。

远心镜头的综合像差 MTF 曲线

	Surf:Type	Co	Radius	Thickness	Material	Co	Clear S
0	OBJECT Standard ▼		Infinity	30.000			15.0...
1	Standard ▼		68.577 V	9.556 V	KZFN1		15.4...
2	Standard ▼		395.755 V	50.157 V			14.9...
3	Standard ▼		18.637 V	9.256 V	LAK16A		10.1...
4	Standard ▼		31.607 V	7.200			7.871
5	Standard ▼		-98.909 V	4.383	LASFN...		5.744
6	Standard ▼		67.866 V	14.919 V			4.987
7	Standard ▼		-6.959 V	3.900	SF11		1.631
8	Standard ▼		-16.586 V	0.900			1.559
9	STOP Standard ▼		Infinity	4.399			1.544
10	Standard ▼		44.781 V	7.230	SF66		2.671
11	Standard ▼		16.493 V	1.300			3.386
12	Standard ▼		-151.365 V	3.500	LAKN7		3.781
13	Standard ▼		-16.229 V	2.000			4.538
14	Standard ▼		29.927 V	7.900	N-SK16		5.290
15	Standard ▼		-18.183 V	28.994 V			5.760
16	IMAGE Standard ▼		Infinity				2.997

图 12-25　远心镜头结构参数设计结果

设计结果如图 12-27 所示，从图中可以看到，在空间频率为 63 lp/mm 时，各视场的 MTF 都在 0.6 以上，满足设计要求的 MTF 大于 0.5 的成像质量目标。

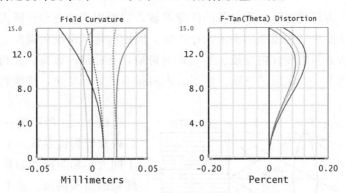

图 12-26　远心镜头场曲畸变设计结果

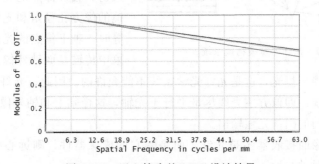

图 12-27　远心镜头的 MTF 设计结果

远心镜头的点列图设计结果如图 12-28 所示，从图中下面的数据框中可以看到，最大弥散斑 RMS 半径为 $1.78\mu m$，基本达到了衍射极限，远远小像素尺寸（$8\mu m$）的设计目标。说明系统在整个像面接收器上，成像清晰，像质均匀。

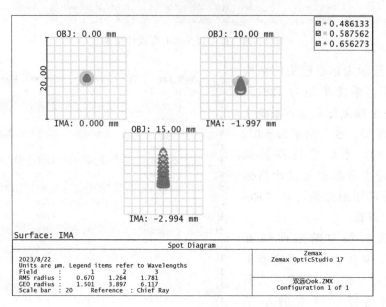

图 12-28　远心镜头的点列图设计结果

12.3　医用内窥镜物镜设计（案例）

内窥镜系统作为现代医学临床必备的医疗器械，主要用于检查和诊断人体内部器官和组织的病变情况，从而更好地诊断和手术治疗疾病。医用内窥镜系统由镜头、光源及可弯曲部分组成。内窥镜从最初的硬管内窥镜、半屈式内窥镜，到纤维内窥镜，又到如今的电子内窥镜，影像质量发生了一次次质的飞跃。但不管内窥镜系统如何变化，成像物镜的核心地位一直没有改变。

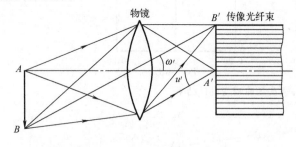

图 12-29　光纤内窥镜物镜系统

图 12-29 所示为一使用传像光纤束的内窥镜物镜系统，非常典型。物镜把不同大小和距离处的物体成像在传像光纤束的输入端面。轴上像点的光束是正入射，轴外像点的光束是斜入射。当物镜的像方孔径角和光纤的数值孔径角相等时，轴上像点的光束能全部进入传像束中传输，而轴外像点的一部分光线不能通过传像束，相当于拦光，这是光纤光学系统不能允许的。因此，光纤内窥镜物镜应尽量设计成像方远心系统，即像方主光线尽量平行于光轴，这样轴上和轴外像点都正入射于光纤端面，从而获得均匀的图像光强输出。

如果物镜系统像面接收器不是光纤，而是其它的成像器件，则远心度要求就不是必须的，可根据具体情况进行设计。

本节将举一案例说明医用内窥镜物镜的设计过程，设计任务如下。

设计规格：物镜工作在类似于水的人体体液中。物镜成像接收器采用数值孔径 NA＝0.16 的传像光纤束，光纤端面直径为 ϕ2mm。可见光照明。物镜焦距为 2mm，物距 6mm，镜片最大设计外径小于 4mm，系统总长小于 12.5mm。

像质要求：系统像方远心度小于 0.1rad，物镜各视场的 MTF 值在空间频率为 150lp/mm 时均大于 0.3。畸变小于 4％。光纤接收端面上相对照度大于 85％。

1. 设计思路

物镜的相对孔径要与传像光纤的数值孔径匹配，光学系统的光圈 F/# 与数值孔径 NA 之间的关系近似为 F/#≈1/(2NA)，所以，物镜的像空间 F/# 取值为 3。

物镜的视场角计算

$$2\omega = 2\arctan(y'/f') = 2\arctan(1/2) = 53°$$

物镜系统像方远心要求不是很严格，一般采用"负—正"型光学结构，如图 12-30 所示。前面负组透镜用来把较大视场的轴外光线会聚到小口径系统中，后面的正组透镜再把光束角度调整聚焦到像面上。孔径光阑位于前后组中间，有利于远心的实现，后组同时也是像差校正的主体。

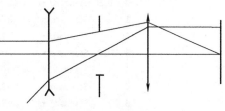

图 12-30　"负—正"型物镜结构

远心度控制，正如上节所讲，改变光阑位置，改变透镜的半径、厚度等都能使远心度改变。在 ZEMAX 中，可以通过评价函数操作数 RANG 来控制像方的主光线与光轴之间的角度。

另外，由于内窥镜物镜使用的特殊性，系统总长和透镜尺寸控制都是必要的，要满足使用条件。

2. 选取初始结构

根据前面的分析，按反远距照相物镜选取初始结构。根据视场和相对孔径接近原则，兼顾系统长度，从大量文献中最终找到一个合适的初始结构，系统由 4 块透镜组成，结构参数如表 12-3 所示。

表 12-3　内窥镜物镜初始结构参数

主要特性参数	面号	半径 r	厚度 d	材料
$f'=1.8$ $F/\#=4.5$ $2y=60°$ $L=12.9$	1	∞	0.5	N-BK7
	2	1.631	5.1	
	STOP	∞	0.2	
	4	5.827	1.6	N-LAK12
	5	-6.347	0.2	
	6	6.982	0.9	N-SK16
	7	-1.752	0.4	SF1
	8	-8.854	4.0	

从表 12-3 中可以看到，系统由 4 块透镜组成，孔径光阑位于第 3 面，在正负光组中间。初始系统焦距（1.8）、系统长度（12.9）以及视场角都与本次设计规格接近，但相对孔径和远心度与设计要求有偏离。

3. 在 ZEMAX 中输入初始数据和设置系统参数

初始结构选好后，接下来要将初始结构数据输入 ZEMAX 透镜数据编辑器（Lens Data）

中。Lens Data 中除了物面、光阑面（STOP）和像面外，还需要在"STOP"面前后分别插入 2 个面和 5 个面，并依次在半径、厚度、材料栏中输入表 12-3 中的半径、厚度和玻璃牌号相应值。输入完成后，进行焦距缩放，焦放缩放至 2。

输入镜头的视场、孔径和波长。分别展开 Aperture、Fields 和 Wavelengths 选项。孔径类型选择"Image Space F/#"，孔径数值输入设计要求的"3"，视场类型选择"实际像面高度"，视场个数勾选 3 个，分别为零视场、0.7 视场和全视场，权重都为 1，其对应的 Y 视场值对应光纤面值，分别为 0、0.5 和 1。然后进行波长设置，打开波长数据窗口，选择可见光，主波长点选第 2 个，权重均为 1。

最后在物面厚度中输入设计要求的工作距 6，物空间材料栏输入"WATER"。输入完成后的初始结构数据窗口如图 12-31 所示。

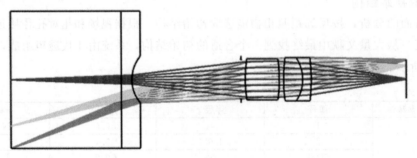

	Surf:Type		Co	Radius	Thickness	Material	Co	Clear S
0	OBJEC	Standard ▾		Infinity	6.000	WATER		3.551
1		Standard ▾		Infinity	0.568	N-BK7		1.508
2		Standard ▾		1.853	5.793			1.208
3	STOP	Standard ▾		Infinity	0.227			1.024
4		Standard ▾		6.619	1.817	N-LAK12		1.013
5		Standard ▾		-7.209	0.227			1.066
6		Standard ▾		7.930	1.022	N-SK16		1.097
7		Standard ▾		-1.990	0.454	SF1		1.096
8		Standard ▾		-10.057	5.020			1.120
9	IMAGE	Standard ▾		Infinity	-			1.007

图 12-31　内窥镜物镜初始结构数据窗口

此时，系统也生成了 2D 光线图，如图 12-32 所示，可以看出，物空间不是真空，而是有一定折射率的水液。系统总长 15.1，不符合设计要求，有待缩短。

图 12-32　内窥镜物镜初始结构 2D 光线图

4. 物镜初始系统像差评估

初始结构经过系统特性赋值后，ZEMAX 会自动计算并生成各种像差数据和图形曲线。图 12-33 所示是初始系统的场曲畸变曲线，可以看出，场曲和色差都不大，畸变较大，不符合设计要求。

图 12-34 所示是初始系统的 MTF 曲线，从图中可以看出，在空间频率为 150 lp/mm 时，各视场 MTF 值都很低，远远小于设计要求指标，需要优化。

5. 物镜系统优化设计

首先是变量的设定。将 4 块透镜的半径都设为变量，厚度可根据需要先选定少量几个，后截距要设为变量。材料保持不变。

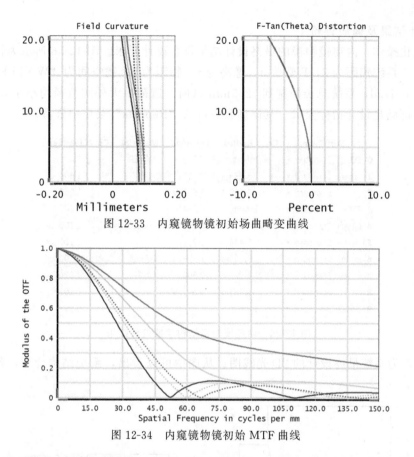

图 12-33　内窥镜物镜初始场曲畸变曲线

图 12-34　内窥镜物镜初始 MTF 曲线

　　其次是评价函数操作数的设定。打开 "Optimize"→"Merit Function Editor"，按优化向导确认后，在产生的多行控制操作数界面来设置本例系统的自定义控制内容，首先是焦距的控制，然后用 TOTR 和 OPLT 操作数来控制系统总长，用 DIMX 控制畸变。用操作数 RANG 和 OPLT 来控制系统像方远心度（单位为 rad）。最后是控制各个透镜的边界约束，已设为变量的厚度要优先进行约束。系统的后截距，也就是第 8 面的厚度也需要控制。以上评价函数自定义操作数情况如图 12-35 所示。

	Type	Surf	Wa	Hx	Hy	Px	Py	Targe	Weight
1	EFFL ▾		2					2.000	1.000
2	TOTR ▾							0.000	0.000
3	OPLT ▾	2						12.500	1.000
4	DIMX ▾	0	2	0				4.000	1.000
5	RANG ▾	8	2	0.000	1.000	0.000	0.000	0.000	0.000
6	OPLT ▾	5						0.100	10.000
7	CTGT ▾	8						2.500	1.000
8	MNCG ▾	1	2					0.500	1.000
9	MXCG ▾	1	2					2.000	0.000
10	MNEA ▾	2	3	0.000	0			2.000	1.000
11	MXCA ▾	2	3					4.000	1.000
12	MNCA ▾	3	4					0.200	1.000

图 12-35　内窥镜物镜自定义操作数

　　执行优化（Optimize），这时能适时观察各种透镜结构和像差的变化更新。经过反复调整操作数目标值和权重，反复优化后，如果 MTF 并不满意，可以在评价函数编辑器中添加 MTF 控制值，直到系统满足要求。

6. 设计结果及像质评价

经过优化操作，内窥镜物镜的最终设计结果符合设计要求。图 12-36 所示为物镜结构参数设计结果。系统焦距为 2，F 数为 3，像高为 1，物距为 6，物空间为 "WATER"。系统远心度正好为 0.1rad，系统总长控制到 12.5mm 以内，透镜最大外圆直径均小于 3.5mm，各项性能参数都满足设计指标要求。其详细参数可从 "Reports" 菜单中查看。

	Surf:Type		Co	Radius	Thicknes	Material	Co	Clear Sen
0	OBJEC	Standard ▼		Infinity	6.000	WATER		3.488
1	(aper)	Standard ▼		5.799 V	1.358	N-BK7		1.600 U
2		Standard ▼		1.910 V	3.529 V			1.059
3	STOP	Standard ▼		Infinity	0.234			0.605
4	(aper)	Standard ▼		4.016 V	2.065 V	N-LAK12		1.100 U
5	(aper)	Standard ▼		-5.478 V	0.234			1.100 U
6	(aper)	Standard ▼		15.088 V	1.516 V	N-SK16		1.100 U
7		Standard ▼		-1.229 V	0.500	SF1		1.010
8		Standard ▼		-3.761 V	3.042 V			1.102
9	IMAGI	Standard ▼		Infinity	-			0.997

图 12-36　内窥镜物镜结构参数设计结果

图 12-37 为系统最终设计的 2D 光线图。从图中可以看出，系统结构合理，各透镜加工工艺性良好。

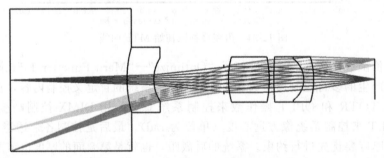

图 12-37　内窥镜物镜 2D 结构设计结果

内窥镜物镜的场曲畸变曲线如图 12-38 所示，从图中可以看到镜头场曲减小了很多，畸变最大值 4%，满足设计要求指标。

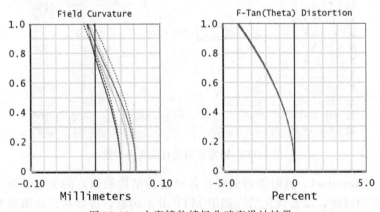

图 12-38　内窥镜物镜场曲畸变设计结果

内窥镜物镜的综合像差 MTF 曲线设计结果如图 12-39 所示，从图中可以看到，在空间频率为 150lp/mm 时，各视场的 MTF 都在 0.3 以上，满足设计成像质量要求。

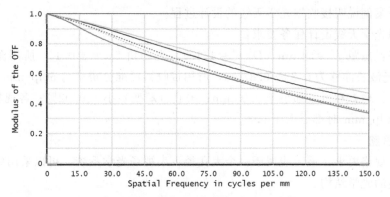

图 12-39　内窥镜物镜的 MTF 设计结果

内窥镜物镜的像面相对照度曲线如图 12-40 所示，从图中可以看到，最大视场的相对照度大于 90％。满足设计要求，说明光纤接收端面能量均匀。

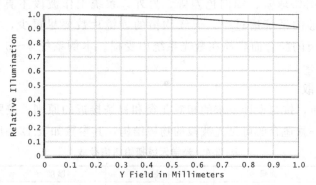

图 12-40　内窥镜物镜像面相对照度设计结果

12.4　自由空间光学天线的设计（案例）

自由空间光通信又称大气激光通信，是近年来出现的通信研究热点，它是一种定向的点对点通信。发射端使用发射天线发射激光载波信号，接收端的光学天线则相当于一个物镜接收系统，它可以将接收到的光信号再耦合到其它器件进行处理和解调等。光学天线的原理示意图如图 12-41 所示。

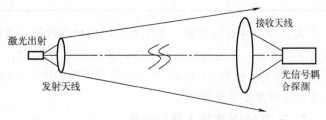

图 12-41　光学天线原理示意图

对于接收端的光学天线（物镜），可以采用折射、反射或折反射式的光学结构，其光学特点为：入瞳直径大，相对孔径大，具有一定的视场（一般视场较小），工作波长通常为近红外，而且结构相对简单，这样可以增加系统透过率，增加信号接收的强度。

接收端光学天线在进行像质评价时应尽量减少弥散圆斑，其光学分辨率要与光电接收器的分辨率相匹配，像差校正的重点是球差、彗差和色差，当然对于视场大一点的系统，还要考虑场曲和像散等像差。

下面以一案例说明接收端光学天线的设计过程。

自由空间光学天线设计任务要求：

设计规格：焦距 $f' = 54\text{mm}$，$D/f' = 1/1.2$，视场角 $2\omega = \pm0.1°$，所用激光波长 $\lambda = 0.85\mu\text{m}$，激光波长漂移为 $0.83\sim0.87\mu\text{m}$，所用接收器标准分辨率为 50lp/mm。

像质要求：球差和色差都小于 0.05mm；失真（畸变）小于 0.02%；各视场 MTF 值在空间频率为 50lp/mm 时都需大于 0.3。

1. 设计思路

根据设计规格要求，该天线属于一个大孔径、小视场光学系统，可以采用望远物镜或摄远型照相物镜的光学结构。

该天线物镜工作在近红外光波段，可采用常用的无色光学玻璃材料，这些材料在近红外波段的光透过率都很高，适用性很强，使用无色光学玻璃还可以降低成本。

光学天线的像差考虑：因为光学天线是一个大相对孔径光学系统，所以跟孔径相关的像差会比较大，例如球差、轴向色差等，另外，系统工作波段不算宽，所以色差容易校正。为了获得足够的系统透过率，天线物镜的透镜片数要尽量少，且尽量不使用胶合透镜，因为胶合透镜的胶合面容易在激光系统中受损。本例系统 4～5 片透镜能达到消像差的要求。

2. 初始结构选取

根据前面的分析，按与设计要求的相对孔径和视场接近的原则，兼顾焦距和系统总长，在设计手册中找到一款适合的可见光波段的物镜结构，其参数如表 12-4 所示。

表 12-4　光学天线初始结构参数

主要特性参数	面号	半径 r	厚度 d	材料
$f' = 65.2$ $D/f' = 1/1.5$ $2\omega = 12°$	STOP	52.48	12.6	ZK11
	2	−147.23	2.2	
	3	−101.39	3.4	ZF6
	4	233.9	47	
	5	31.26	17.5	ZK11
	6	−134.59	5.8	
	7	−38.02	3.3	ZF6
	8	−179.47		

从表 12-4 中可以看到，系统共使用四块单透镜，透镜材料为国产牌号的光学玻璃。系统有 8 个表面，孔径光阑在第 1 面；系统焦距为 65.2，与本例设计目标较接近；系统视场角 12°，相对孔径为 1:1.5，与本例设计规格相比，视场有余量，而相对孔径能力不足，下一步优化时需要平衡考虑。

3. 在 ZEMAX 中输入初始数据

初始结构选好后，接下来要将初始结构数据输入 ZEMAX 透镜数据编辑器（Lens Data）中。Lens Data 中除了物面、光阑面（STOP）和像面外，还需要在"STOP"面后插入 7 个面，然后依次在半径、厚度、材料栏中输入表 12-4 中的半径、厚度和玻璃牌号相应数据。全部数据输入完成后，从 ZEMAX 状态栏可以看到此时系统焦距（EFFL）为 65.2，因为本光学天线设计的焦距为 54，所以需要做焦距缩放，点击 Lens Data 窗口菜单项 "Make Focal"，在弹出的对话框中输入 54 即可。焦距缩放后的镜头数据窗口如图 12-42 所示。

4. 设置天线系统性能参数

输入天线物镜的视场、孔径和波长。在 ZEMAX 主界面系统选项区，分别展开 Aperture、Fields 和 Wavelengths 选项。孔径类型选择 "Image Space F/#"，孔径数值输入设计要求的 "1.2"；视场类型选择 "角度"，视场个数勾选 2 个，分别为零视场和

	Surf:Type	Co	Radius	Thickness	Materi	Co
0	OBJEC Standard ▾		Infinity	Infinity		
1	STOP Standard ▾		43.331	10.403	ZK1	
2	Standard ▾		-121.562	1.816		
3	Standard ▾		-83.714	2.807	ZF6	
4	Standard ▾		193.122	24.770		
5	Standard ▾		25.810	14.449	ZK11	
6	Standard ▾		-111.126	4.789		
7	Standard ▾		-31.392	2.725	ZF6	
8	Standard ▾		-148.182	22.872		
9	IMAGI Standard ▾		Infinity	-		

图 12-42　光学天线初始结构数据窗口

全视场，权重都为 1，其对应的 Y 视场数值（子午面内 y'）分别为 0 和 0.1。波长设置，打开波长设置数据窗口，勾选三个波长，分别输入 0.83、0.85、0.87，主波长勾选第 2 个，如图 12-43 所示。

这时可生成物镜的 2D 光线图，如图 12-44 所示，从图中可以看出，光束会聚情况很不好。

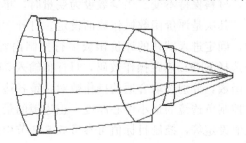

图 12-43　光学天线系统波长设置　　图 12-44　天线物镜初始结构 2D 光线图

5. 光学天线初始系统像差评估

初始结构经过焦距缩放和系统特性赋值后，ZEMAX 会自动计算并生成各种像差数据和图形曲线。图 12-45 所示是初始系统的点列图情况，从图下的数据列表中可以看出弥散斑 RMS 半径都在 $500\mu m$ 以上，非常大。

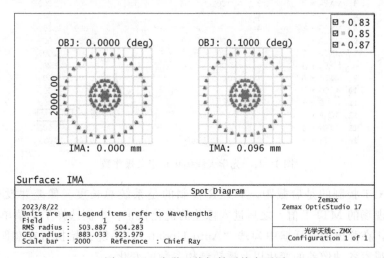

图 12-45　光学天线初始系统点列图

图 12-46 所示是初始系统的 MTF 曲线,在空间频率为 50lp/mm 时,无法显示数据,非常低。

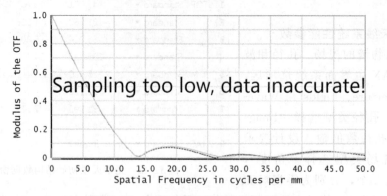

图 12-46　光学天线初始系统 MTF 曲线

6. 物镜系统优化设计

首先是变量的设定。将物面像面之外的所有面的半径都设为变量,所有厚度也设为变量,材料保持不变。当参数设为变量时,单元格边上出现字母"V"。

其次是评价函数操作数的设定。打开"Optimize"→"Merit Function Editor",按优化向导,确定进入默认的评价函数多行控制内容。在默认的评价函数编辑窗口的第一行 BLNK 处选择 EFFL 焦距操作数码,目标值输入 54,权重设为 1。然后插入多行 BLNK,自定义评价函数,分别选取合适的操作数对物镜各边界条件进行约束,特别是已设为变量的厚度值,要控制负透镜的最小中心厚度、正透镜的最小边缘厚度、最小中心或边缘空气间隔,还有最大值设定等,控制目标值可参考 5.5.2 节中讲述的光学零件的加工要求以及实际的制造工艺给定,当然,经验值也比较重要。

本例系统天线系统自定义评价函数情况如图 12-47 所示。

	Type								Target	Weight
1	EFFL ▾	1							54.000	1.000
2	MNEG ▾	1	2	0.000	0				2.000	1.000
3	MNEA ▾	2	3	0.000	0				2.000	1.000
4	MNCG ▾	3	4						2.000	1.000
5	MXCG ▾	3	4						10.000	1.000
6	MNEA ▾	4	5	0.000	0				2.000	1.000
7	MNEG ▾	5	6	0.000	0				3.000	1.000
8	MXEG ▾	5	6	0.000	0				4.000	1.000
9	MNEA ▾	6	7	0.000	0				0.500	1.000
10	MNCG ▾	7	8						2.000	1.000
11	MXCG ▾	7	8						8.000	1.000
12	TOTR ▾								70.000	1.000
13	CTGT ▾	8							20.000	1.000
14	MTFT ▾	1	0	2	50.000	0	0		0.400	10.000

Wizards and Operands　Merit Function: 0.00163469167559931

图 12-47　光学天线优化自定义操作数

其中,CTGT 控制的是后截距,TOTR 控制的是系统总长度。像差并没有独立控制,只控制了最大视场的 MTFT 值。之后进入像差的优化校正。本例选择了主菜单"Optimize"下的锤形优化,在弹出的对话框中勾选"Auto Update",系统开始执行在焦距控制下的像差自动优化,观察各种像差的变化以及透镜结构参数的变化。

随着像差向目标值逐渐靠近，可以根据透镜工艺情况和像差情况，修改已经设置的各操作数控制条件，修改权重，反复循环进行，直到满意的结果出现。

7. 设计结果及像质评价

经过反复优化操作，光学天线物镜的最终设计结果符合设计要求。图 12-48 所示为系统的 2D 光线图。从图中可以看出，系统为四块单透镜，透镜数量不多，且各个透镜的加工工艺良好，节约了成本。

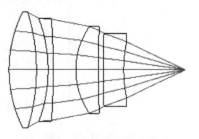

图 12-48　光学天线设计结果 2D 光线图

光学天线的结构参数设计结果如图 12-49 所示。系统焦距为 54，相对孔径为 1/1.2，系统总长 70mm，全部满足系统的设计指标要求。系统详细参数也可从 "Reports" 菜单中查看。

	Surf:Type		Co	Radius	Thickness	Material	Co	Clear Sen
0	OBJEC	Standard ▾		Infinity	Infinity			Infinity
1	STOP	Standard ▾		50.001 V	10.883 V	ZK1		22.518
2		Standard ▾		-71.545 V	4.646 V			22.182
3		Standard ▾		-55.389 V	2.000 V	ZF6		19.918
4		Standard ▾		-271.520 V	8.818 V			19.543
5		Standard ▾		28.078 V	8.999 V	ZK11		16.735
6		Standard ▾		333.877 V	1.855 V			15.274
7		Standard ▾		338.413 V	8.000 V	ZF6		14.086
8		Standard ▾		47.973 V	24.798 V			10.879
9	IMAGI	Standard ▾		Infinity	-			0.107

图 12-49　光学天线结构参数设计结果

光学天线物镜的球差色差曲线如图 12-50 所示，此为离焦后形成的曲线，从图中可以看出球差最大值小于 0.05，轴向色差 0.02，都满足设计成像要求。

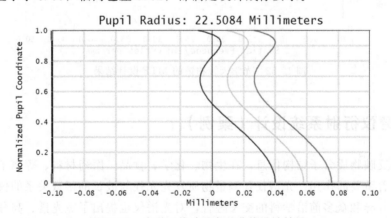

图 12-50　光学天线球差色差曲线设计结果

光学天线物镜的点列图设计结果如图 12-51 所示，从图中可以看出，最大视场弥散斑 RMS 半径小于 $7\mu m$，接近衍射极限。因为视场不大，轴上轴外成像质量接近。与初始系统的 500 多微米相比，成像质量大大提高了。

光学天线物镜的综合像差 MTF 曲线设计结果如图 12-52 所示，从图中可以看到，在空间频率为 50lp/mm 时，各视场的 MTF 都在 0.5 以上，0.8 视场的 MTF 值在 0.3 以上，最

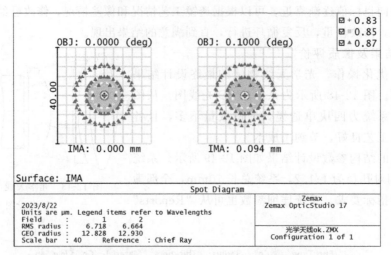

图 12-51　光学天线物镜点列图设计结果

大视场的 MTF 曲线在 0.2 以上，完全满足成像质量设计要求。从图中还可以看出，镜头像散不大，子午曲线和弧矢曲线分开较小。

另外，光学天线的畸变设计结果为 0.00018%，远远好于设计指标对图像失真的要求（因为数据太小，不再列出图片）。

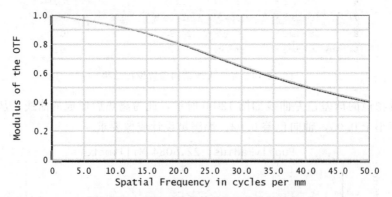

图 12-52　光学天线物镜的 MTF 设计结果

12.5　光谱仪衍射系统设计（案例）

光谱能够反映物质分子结构信息，在生物、化学、食品、医药材料、等离子体以及地质勘探等领域起着重要的作用。光谱仪是测量物质发光光强与波长的函数关系的仪器。随着科学技术的日新月异和众多前沿学科的交叉融合，对光谱仪也提出了宽光谱、高分辨力、小型化等一系列新要求。

目前光谱仪有多种光路结构。本节将介绍一种"透镜—光栅—透镜"（LGL）光谱仪的模型设计。使用 ZEMAX 的多重结构、评价函数等先进功能完成从关键设计指标参数到分辨性能评估的设计过程。

光谱仪设计任务要求：

光谱仪尺寸小于 70mm×70mm，光谱仪工作波长范围（带宽）为 400～700nm。光谱仪系统使用针孔点光源，并使用近轴理想元件来建立透镜模型，透镜 F/#＝3。光谱仪中所用光栅的狭缝宽度为 $d＝0.5\mu m$。试建立 LGL 光谱仪模型并分析光谱仪的衍射分辨率。

1. 设计思路

（1）LGL 光谱仪工作原理。多色光通过针孔进入光谱仪，从而产生发散光束，然后使用准直透镜生成平行光。平行光照射到透射式衍射光栅上（衍射光栅是光谱仪的核心元件），通过光栅后会发生衍射，衍射光则根据光线波长（颜色）不同而改变不同的方向。最后，再通过聚焦透镜聚焦在探测器上。不同波长的衍射光线会聚焦在探测器的不同位置上，通过建立探测器上光强与位置的函数，可以得到光线的光谱。LGL 光谱仪原理如图 12-53 所示。

（2）衍射光栅放置角度计算。

光栅是带有平行排列的若干等距狭缝的光阑。为了简化理解，先看看如图 12-54 只有两个狭缝的光栅衍射情况。

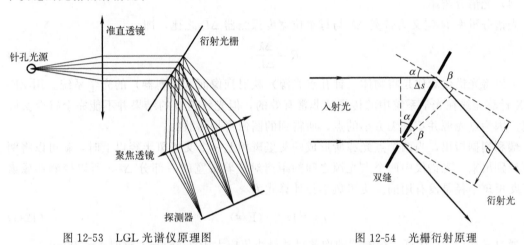

图 12-53　LGL 光谱仪原理图　　　　图 12-54　光栅衍射原理

平行光束穿过两个狭缝后，可以计算出它们之间的路径差 Δs，它是两个狭缝之间的距离 d、入射角 α 和衍射角 β 的函数，即

$$\Delta s＝d(\sin\alpha＋\sin\beta) \tag{12-1}$$

当 $\Delta s＝\lambda$ 时，两条衍射光线之间产生相长干涉，则衍射角

$$\beta＝\arcsin\left(\frac{\lambda}{d}－\sin\alpha\right) \tag{12-2}$$

式（12-2）描述了多色光在光谱仪中是如何分解为不同波长的。可以看到，当 α 和 d 给定时，衍射角只取决于波长。将双狭缝的概念推广到多狭缝的栅格中，使更多特定波长的光线聚集在这个衍射角的方向上，从而可提高衍射效率。

在光谱仪中使用透射式光栅时，一般使其入射角 α 等于中心波长的衍射角，即 $\alpha＝\beta$，根据式（12-2）可得：

$$\alpha＝\arcsin\frac{\lambda_0}{2d} \tag{12-3}$$

本次设计光谱仪中光栅 $d＝0.5\mu m$，$\lambda_0＝0.55\mu m$，因此可得 $\alpha＝33.367°$。

（3）探测器宽度计算。

探测器的宽度 L 由三个参数决定，即：光谱仪的带宽 $\Delta\lambda$、光栅缝宽 d 和聚焦透镜的焦距 f'_f。前两者是给定参数，因此，通过设计聚焦透镜就能匹配探测器的几何尺寸。

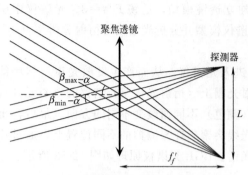

图 12-55　衍射角与探测器的几何关系

本例中，光谱仪带宽为 $400\sim700\text{nm}$，光栅 $d=0.5\mu\text{m}$，由式（12-2）先计算出最小和最大衍射角 $\beta_{\min}=14.48°$ 和 $\beta_{\max}=58.21°$，当光线以最小和最大衍射角通过聚焦透镜成像在探测器上时，探测器宽度 L 就可以计算出来了。它们之间的几何关系如图 12-55 所示。

由此可推导出探测器的宽度计算公式为

$$L=f_f'[\tan(\beta_{\max}-\alpha)+\tan(\beta_{\min}-\alpha)] \tag{12-4}$$

本例光谱仪系统中，探测器的宽度计算可得 $L=24.16\text{mm}$。

（4）光谱分辨率。

光谱分辨率 R 定义为带宽 $\Delta\lambda$ 与每单位宽度探测器 ΔL 之比，即

$$R=\frac{\Delta\lambda}{\Delta L} \tag{12-5}$$

可以将光谱仪看作是将物体（针孔点光源）映射到像面（探测器）的光学系统。用 ZEMAX 计算光线在光学系统中的传播是非常有效的，但光线追迹的结果并不能完全符合实际情况。因为点光源并不是无穷小的点，所得到的图像将是弥散的。

瑞利判据指出，当两个点光源所形成的艾里斑相差一个艾里斑半径以上时，就可以将两个点识别出来。光谱仪中两个点光源之间的距离对应着带宽的一部分 $\Delta\lambda$，所以探测器像素小于艾里斑半径是没有用的。艾里斑半径计算式为

$$r_\text{A}=1.22\lambda(\text{F}/\#) \tag{12-6}$$

通过式（12-6）计算，探测器的像素尺寸最小值应大于 $2.56\mu\text{m}$，这时 $\lambda=700\text{nm}$。

由式（12-6）可知，光谱仪的衍射分辨率受多重因素影响。首先随波长的不同而不同，也和聚焦透镜的 F/# 相关。所以，要尽量选择相对孔径大的聚焦系统，聚焦系统焦距 f_f' 的选择也要更加精细，如果 f_f' 很小，探测器就很小，这样能得到更紧凑的光谱仪，但较小的 f_f' 会产生更多的像差，又不利于提高光谱仪的分辨率。

（5）透镜规格确定。

结合光谱仪外形尺寸设计要求，准直理想透镜的焦距选取 30，则入瞳尺寸为 10；聚焦理想透镜的焦距也选定为 30，这样光谱仪外形尺寸就不会超过设计指标要求的 $70\text{mm}\times70\text{mm}$。

2. 光谱仪衍射系统建模

（1）系统参数设置

在"系统选项（System Explorer）"中设置孔径类型，选择"入瞳直径（Entrance Pupil Diameter）"，其值为 10，如图 12-56 所示。

在光谱仪中，要分析的波长范围为 400nm 到 700nm，波长带宽为 $\Delta\lambda=300\text{nm}$。因此，设置三个波长，其中两个波长处于光谱的边缘，中心波长为 550nm，为主波长。如图 12-57 所示。

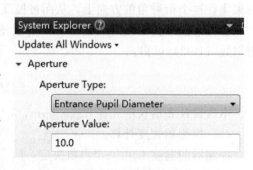

图 12-56　孔径设置

（2）创建准直透镜

在透镜数据编辑器中添加第一行。假设光来自点光源（对应于针孔）。使用焦距为 30mm 的近轴透镜，将其置于针孔后 30mm 处，将产生准直光束。插入另一个厚度为 30mm 的表面，以表明准直透镜和衍射光栅之间的距离，此时透镜数据窗口如图 12-58 所示。

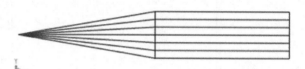

	Wavelength (μm)	Weight	Primary
☑ 1	0.400	1.000	○
☑ 2	0.550	1.000	◉
☑ 3	0.700	1.000	○

图 12-57　光谱仪波长设置

	Surface Type	Comment	Radius	Thickness	Ma	Co	Clear Semi-Dia	Chi	Me	Co	TCl	Par 1(unused)	Par 2(u
0	OBJECT Standard ▼	space pinhole - collimator lens	Infinity	30.000			0.000	0.0.	0.0.	0.0.	0.0.		
1	STOP Paraxial ▼	collimator lens		0.000			5.000				0.0.	30.000	1
2	Standard ▼	space collimator lens - grating	Infinity	30.000			5.000	0.0.	5.0.	0.0.	0.0.		

图 12-58　准直透镜数据窗口

此时，系统的三维布局图（3D Layout）如图 12-59 所示。

（3）创建衍射光栅

首先，在透镜数据编辑器中引入坐标断点，并将"倾斜 X（Tilt About

图 12-59　准直透镜 3D 光线图

X）"设置为 33.367°，以使光线倾斜度与入射角大小相同。在下一行添加"衍射光栅（Diffraction Grating）"，设置刻线"Line/μm"（d 的倒数）为 2，并将衍射级次设为 −1。需要另一个坐标断点来达到衍射角的参数需求。此处，在"倾斜 X"上设置"主光线（Chief Ray）"求解，使坐标自动跟随主波长，如图 12-60 所示。

	Surf:Type	Comment	Radius	Thickness	Ma	Coa	Semi-Dia	Chip Zo	Me	Conic	TCE x 1l	Decente	Decente	Tilt Abou	Tilt Abc	Tilt Abo	On
0	OBJEC Standard ▼	space pinhole-collimator lens	Infinity	30.000			0.000	0.000	0.0.	0.000							
1	STOP Paraxial ▼			0.000			5.000	-			0.000	30.000	1				
2	Standard ▼	space collimator lens-grating	Infinity	30.000			5.000	0.000	5.0.	0.000	0.000						
3	Coordinate Break ▼	alpha(incidence angle)	0.000	0.000			0.000	-			-	0.000	0.000	33.367	0.000	0.000	
4	Diffraction Grating ▼	diffraction grating	Infinity	0.000			5.987	-		0.000	0.000	2.000	-1.000				
5	Coordinate Break ▼	bate(diffraction angle)	0.000	0.000			0.000	-			-	0.000	0.000	33.367 C	0.000	0.000	
6	IMAG Standard ▼		Infinity	-			6.127	0.000	6.1.	0.000	0.000						

Parameter 3 solve on surface 5

Solve Type:	Chief Ray
Field:	1
Wavelength:	0

图 12-60　光栅创建数据窗口

（4）创建聚焦透镜和探测器

光谱仪的最后一组元件是聚焦透镜和探测器。现在再在透镜数据编辑器中添加四行，设计光栅和聚焦透镜之间的距离为 30mm，近轴聚焦透镜焦距 $f'_f = 30$，用来满足焦距的空间和探测器平面，数据输入情况如图 12-61 所示。

6	Standard ▼		Infinity	30.000			6.127	0.000	6.127	0.0.	0.0.	
7	Paraxial ▼	focusing lens		0.000			17.366	-	-	0.0.	30.000	1
8	Standard ▼		Infinity	30.000			17.366	0.000	17.366	0.0.	0.0.	
9	IMAGE Standard ▼		Infinity	-			13.890	0.000	13.890	0.0.	0.0.	

图 12-61　聚焦透镜和探测器数据窗口

然后在透镜数据编辑器中设置表面 6 的属性，双击"Standand"，勾选"Draw"中的两项，设置情况如图 12-62 所示。

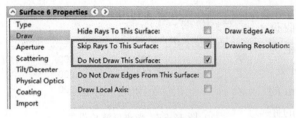

图 12-62　绘图设置

最后，打开 3D 布局图中的"Settings"，从"Wavelength"选项中选择"All"，从"Color Rays By"选项中选择"Wavelength"，这时，就可得到如图 12-63 所示的光谱仪的 3D 光线图，至此，基本完成了 LGL 光谱仪的建模。

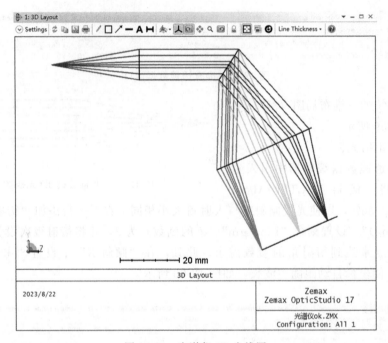

图 12-63　光谱仪 3D 光线图

3. 光谱仪性能评价

（1）打开"标准点列图（Standard Spot Diagram）"就可以分别查看三个波长在像面上（即探测器上）的光斑大小，数据都为 0。这是因为系统选择了近轴理想透镜成像。在真实情况中，由于衍射效应，光斑会更大。

（2）最小和最大衍射角分析，可以使用 ZEMAX 中"单光线追迹（Single Ray Trace）"数据来验证，当设置了第 1 个波长时，可看到光栅衍射角为 14.477°，如图 12-64 所示。设置第 2 和第 3 波长时也可进行查看，与前面计算的衍射角数值吻合。

（3）探测器宽度分析。一个简单而近似的方法就是使用三维布局图中的"测量（Measure）"工具直接测量。但更精确的方法是使用操作数，打开"评价函数编辑器（Merit Function Editor）"，通过建立 REAY 操作数可以得到表面 9（探测器）上实际光线的 y 坐标。当选择波长 1 和波长 3 对应的 y 坐标后，DIFF 操作数即可计算这两个 y 坐标之间的差值。具体设置如图 12-65 所示，得出的结果也正是之前分析计算的数值。

（4）衍射分辨率分析。ZEMAX 中有各种各样的工具能分析衍射。此处考虑了点列图中的艾里斑（衍射极限的点列斑尺寸），当设置查看第 2 个波长时，其数值在点列图下方的注释框中，如图 12-66 所示。

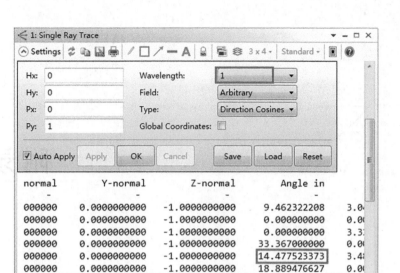

图 12-64　最小衍射角数据显示

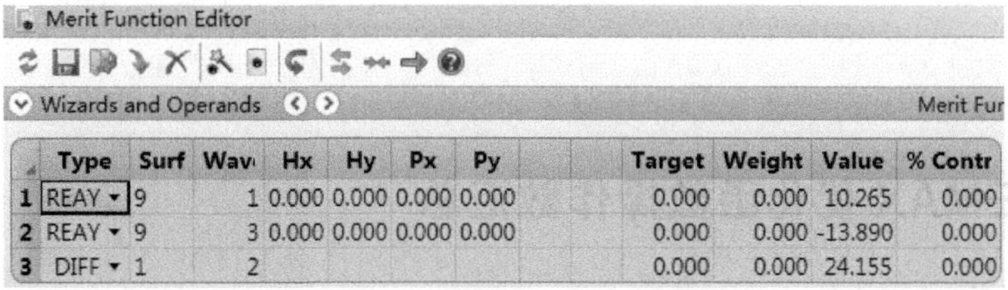

图 12-65　探测器尺寸查看设置

综上所述，在设计光谱仪时，选择更长焦距的聚焦透镜，就可以在更大的探测器宽度上扩展光谱，从而提高光谱仪的光谱分辨率。然而，这种策略一般不能完全行得通，还必须要考虑探测器上的光斑大小受到系统衍射的限制，这为光谱仪的设计带来了新的约束。

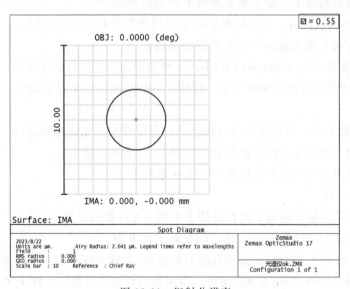

图 12-66　衍射分辨率

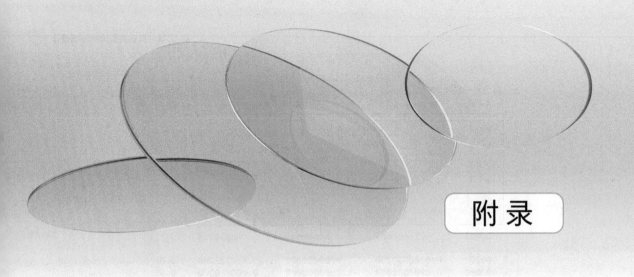

附录

附录 A ZEMAX 优化函数操作数汇总

ZEMAX 提供了 13 类共 285 种优化函数操作数，其中常用的代码及其代表的意义如下。

1. 高斯光学参数操作数

EFFL：Effective Focal Length 的缩写，指定波长号的有效焦距。

EFLX：主波长情况下，指定面范围内 X 向有效焦距。

EFLY：主波长情况下，指定面范围内 Y 向有效焦距。

对于旋转对称系统而言，EFLX 和 EFLY 可以控制中间系统的焦距。

PIMH：指定波长的近轴像平面上的近轴像高。

POWR：标准类型面（Standard Surface）中指定面指定波长的光焦度。

PMAG：指定波长近轴垂轴放大率。仅用于有焦系统，如果存在畸变，β 与应用光学中的 β 有差别。

AMAG：角放大率。近轴像空间与物空间的指定波长主光线焦距之比。

ENPP：以第一面为零点的入瞳位置（近轴）——无参量指定。

EXPP：以像面为零点的出瞳位置——无参量指定。

EPDI：入瞳直径。

LINV：拉氏不变量，用指定波长近轴子午和主光线数据计算。

WFNO：Working F/#的简写，像空间实际工作 F 数。

ISFN：像空间 F/#（近轴），表示近轴有效焦距/近轴入瞳直径——无参量指定。

SFNO：Sagittal Working F/#的简写，指定视场与波长的弧矢工作 F/#。

TFNO：Tangential Working F/#的简写，指定视场和主波长的子午工作 F/#。

OBSN：针对轴上点的主波长计算物空间的数值孔径。

2. 像差控制操作数

SPHA：由指定面贡献的球差值。单位：波长。指定 Surf 与 Wave；如果 Surf＝0，则指整个系统的球差总和。因没有指定 Px、Py，故只为初级球差。

COMA：指定面贡献的彗差。单位：波长。指定 Surf 与 Wave；如果 Surf＝0，则指整个系统的彗差总和。没有指定孔径（Px，Py）与视场（Hx，Hy），因此仍为三级彗差（属赛德尔像差）。

ASTI：三级像散，指定面贡献的像差。单位：波长。

FCGS：指定视场和波长的归一化弧矢场曲。

FCGT：指定视场和波长的归一化子午场曲。

FCUR：指定光学面贡献的场曲。单位：波长；指定 Surf 与 Wave；如果 Surf＝0，则指像面上的彗差。三级彗差，属赛德尔像差。

DIST：指定光学面贡献的畸变。单位：波长。三级畸变，属赛德尔像差。

DIMX：指定视场和波长的最大畸变。如果视场号为 0，则指最大视场对非旋转对称系统无效（即 X、Y 视场要一样）。

DISC：标准畸变，用于设计 $f\theta$ 透镜，最大波长。

DISG：控制归一化百分畸变。指定任何视场点作为参考，（RefFld）指定波长和视场，指定孔径（光瞳）。

AXCL：控制近轴轴向色差。单位：长度单位，无参数指定。

LACL：控制垂轴色差。无指定参数，指初级像差。

以主光线为参照的垂轴几何像差：

TRAR：垂轴几何像差径向尺寸，指定波长孔径（Px，Py）视场（Hx，Hy）。

TRAD：TRAR 的 X 分量，指定波长孔径（Px，Py）视场（Hx，Hy）。

TRAE：TRAR 的 Y 分量，指定波长孔径（Px，Py）视场（Hx，Hy）。

TRAI：垂轴几何像差半径，指定面号、波长、孔径和视场。

TRAX：X 面（弧矢面）内的垂轴几何像差；指定面号、波长、（Px，Py）和（Hx，Hy）。

TRAY：Y 面（子午面）内的垂轴几何像差；指定面号、波长、（Px，Py）和（Hx，Hy）。

以质心为参照的垂轴几何像差：

TRCX：垂轴几何像差的 X 分量，指定面号、波长、（Px，Py）和（Hx，Hy）。

TRCY：垂轴几何像差的 Y 分量，指定面号、波长、（Px，Py）和（Hx，Hy）。

TRAC：像面上的弥散圆半径；在"Default Merit Function"中使用，不要单独使用。

波像差控制操作数：

OPDC：以主光线为参照的波像差。单位：波长；指定波长、孔径和视场。

OPDM：以 Mean 为参照的光程差，指定波长、孔径和视场。

OPDX：光程差，以质心为参照系。

3. 光学传递函数操作数

衍射传递函数操作数：

MTFA：指定采样密度、波长、视场和空间频率的平均衍射调制传递函数（子午和弧矢的平均）。需指定：采样密度，1 代表 32×32，2 代表 64×64，等等；波长，0 代表多色，

1代表波长1，等等；视场，有效视场编号；空间频率单位，lp/mm。

　　MTFT：子午调制传递函数（衍射）。需指定：采样密度，1代表32×32，2代表64×64，等等；波长，0代表多色，1代表波长1，等等；视场，有效视场编号；空间频率单位，lp/mm。

　　MTFS：弧矢调制传递函数。需指定：采样密度，1代表32×32，2代表64×64，等等；波长，0代表多色，1代表波长1，等等；视场，有效视场编号；空间频率单位，lp/mm。

几何传递函数操作数：

GMTA：平均几何调制传递函数。

GMTS：弧矢几何调制传递函数。

GMTT：子午几何调制传递函数。

方波调制传递函数操作数：

MSWA：平均方波调制传递函数。

MSWT：子午方波调制传递函数。

MSWS：弧矢方波调制传递函数。

4. 边界条件约束操作数

控制玻璃厚度与空气间隔以及边缘厚度。

在下列符号中，第三个字母为"E"的操作数只适用于旋转对称系统，其余均可用于旋转与非对称系统，需要指定光学面范围。

MNCG：最小玻璃中心厚度。

MXCG：最大玻璃中心厚度。

MXEG：最大玻璃边缘厚度。

MNEG：最小玻璃边缘厚度。

MXCA：最大空气中心厚度。

MNCA：最小空气中心厚度。

MXEA：最大空气边缘厚度。

MNEA：最小空气边缘厚度。

以下操作数既适合于控制玻璃，也适合于控制空气间隔。

MXET：最大边缘厚度。

MNCT：最小中心厚度。

MNET：最小边缘厚度。

MXCT：最大中心厚度。

下列操作数适用于非旋转对称系统。通过检查周长上的许多点，看边缘厚度是否超标，需要指定光学面范围。

XNEG：最小玻璃边缘厚度。

XNEA：最小空气边缘厚度。

XXEG：最大玻璃边缘厚度。

XXEA：最大空气边缘厚度。

XNET：最小边缘厚度。

XXET：最大边缘厚度。

单个光学面的控制操作数：

CTLT：中心厚度小于；需要指定面号。

CTGT：中心厚度大于；需要指定面号。

CTVA：中心厚度值；需要指定面号。

ETGT：边缘厚度大于；需要指定面号。

ETLT：边缘厚度小于；需要指定面号。

ETVA：边缘厚度值；需要指定面号。

CVVA：曲率值；需要指定某一光学面号。

CVGT：曲率值大于；需要指定某一光学面号。

CVLT：曲率值小于；需要指定某一光学面号。

MNCV：最小曲率；需要指定某一光学面号。

MXCV：最大曲率；需要指定某一光学面号。

SVGZ：XZ 平面内矢高；需要指定某一光学面号。

COGT：Conic 大于；需要指定某一光学面号。

COLT：Conic 小于；需要指定某一光学面号。

COVA：Conic 值；需要指定某一光学面号。

SAGY：YZ 平面内矢高；需要指定某一光学面号。

控制透镜口径以及厚度控制操作数：

DMVA：口径值；需要指定某一光学面号。

DMGT：口径大于；需要指定某一光学面号。

DMLT：口径小于；需要指定某一光学面号。

MNSD：最小半口径；需要指定某一光学面号。

MXSD：最大半口径；需要指定某一光学面号。

MNDT：最小直径/中心厚度之比；需要指定 First Surf、Last Surf，只有对玻璃或介质有效，对空气介质无效。

MXDT：最大直径/中心厚度之比；需要指定 First Surf、Last Surf，只有对玻璃或介质有效，对空气介质无效。

TTLT：总厚度小于。

TTGT：总厚度大于。

TTVA：总厚度值。

使用上述三个操作数时，需要指定 Surf 号与 Code。其中 Code 为 0 代表＋Y 轴，为 1 代表＋X 轴，为 2 代表－Y 轴，为 3 代表－X 轴。

TTHI：指定起始面（First Surf）到最后一个面（Last Surf）之间的光轴厚度总和；该操作数适用于控制光学系统的实际长度。

TOTR：从第一面到像面，称为系统总长或光学筒长，无指定参数。

ZTHI：复合结构厚度。

ZTIH：复合结构某一范围面的全部厚度。

5. 光学材料控制操作数

MNIN：最小 d 光折射率。

MNAB：最小阿贝色散系数（Vd）。

MNPD：最小部分色散（dPgF）。

MXIN：最大 d 光折射率。

MXAB：最大阿贝色散系数（Vd）。

MXPD：最大部分色散（dPgF）。

RGLA：合理的玻璃。

这里的 7 个操作数可用于需要将玻璃材料作为变量优化的场合，控制玻璃的折射率、色散系数需符合常见玻璃的变化范围。

6. 近轴光线控制操作数

PARX：指定面近轴 X 向坐标。

PARY：指定面近轴 Y 向坐标。

REAZ：指定面近轴 Z 向坐标。

REAR：指定面实际光线径向坐标。

REAA：指定面实际光线 X 向余弦。

REAB：指定面实际光线 Y 向余弦。

REAC：指定面实际光线 Z 向余弦。

RENA：指定面截距处，实际光线同面 X 向正交。

RENB：指定面截距处，实际光线同面 Y 向正交。

RENC：指定面截距处，实际光线同面 Z 向正交。

RANG：同 Z 轴相联系的光线弧度角。

OPTH：规定光线到面的距离。

DXDX：X 向光瞳，X 向像差倒数。

DXDY：Y 向光瞳，X 向像差倒数。

DYDX：X 向光瞳，Y 向像差倒数。

DYDY：Y 向光瞳，Y 向像差倒数。

RETX：实际光线 X 向正交。

RETY：实际光线 Y 向正交。

RAGX：全局光线 X 坐标。

RAGY：全局光线 Y 坐标。

RAGZ：全局光线 Z 坐标。

RAGA：全局光线 X 余弦。

RAGB：全局光线 Y 余弦。

RAGC：全局光线 Z 余弦。

RAIN：实际入射光线角。

7. 数学运算操作数

ABSO：某一操作数结果的绝对值。

SUMN：两个操作数结果的和。

OSUM：指定面操作数之间所有操作数之和。

DIFF：两个操作数结果的差。

PROD：两个操作数结果的积。

DIVI：两个操作数结果的商。

SQRT：操作数结果的平方根。

OPGT：操作数结果大于。

OPLT：操作数结果小于。

CONS：定义一个常数。

QSUM：所有统计值的平方根。

EQUA：几个操作数跟目标值产生相同的差值。

COSI：操作数余弦。

SINI：操作数正弦。

TANG：操作数正切。

8. 其它一些用到的操作数

DENC：衍射包围圆能量。

GENC：几何包围圆能量。

SVIG：设置渐晕系数。

RELT：像面相对照度。

GRMN：最小梯度率。

GRMX：最大梯度率。

XDGT：附加数据值大于目标值。

XDLT：附加数据值小于目标值。

CBWR：规定面空间高斯光束 Z 坐标。

CBWR：规定面空间高斯光束半径。

附录 B　ZEMAX 常用多重配置操作数

表 B-1　ZEMAX 常用多重配置操作数

类型	数值	说　明
CRVT	表面编号	表面的曲率
THIC	表面编号	表面的厚度
GLSS	表面编号	玻璃
CONN	表面编号	圆锥系数
PAR1	表面编号	参数 1
PAR2	表面编号	参数 2
PAR3	表面编号	参数 3
PAR4	表面编号	参数 4
PAR5	表面编号	参数 5
PAR6	表面编号	参数 6
PAR7	表面编号	参数 7
PAR8	表面编号	参数 8
XFIE	视场编号	X 方向的视场值
YFIE	视场编号	Y 方向的视场值
FLWT	视场编号	视场权重
FVDX	视场编号	渐晕因子 VDX
FVDY	视场编号	渐晕因子 VDY
FVCX	视场编号	渐晕因子 VCX
FVCY	视场编号	渐晕因子 VCY
WAVE	波长编号	波长
WLWT	波长编号	波长权重
PRWV	忽略	主波长编号

续表

类型	数值	说　明
APER	忽略	系统孔径值(无论当前的孔径定义是什么,如入瞳直径或者 F/#)。也可参见 SATP
STPS	忽略	光阑面编号。通过对每个结构指定一个整数参量,可将此光阑移到任意一个有效的表面编号上(包括物面和像面)
SDIA	表面编号	半孔径
CSP1	表面编号	曲率求解参数 1
CSP2	表面编号	曲率求解参数 2
TSP1	表面编号	厚度求解参数 1
TSP2	表面编号	厚度求解参数 2
TSP3	表面编号	厚度求解参数 3
HOLD	忽略	将数据保持在多重结构缓冲器中,但没有其它效果。这对于不丢失其相应的数据而临时关闭一个操作数是有用的
APMN	表面编号	表面孔径最小值。这个表面必须有一个定义的孔径(不是半孔径)
APMX	表面编号	表面孔径最大值。这个表面必须有一个定义的孔径(不是半孔径)
APDX	表面编号	表面孔径的 X 偏离。这个表面必须有一个定义的孔径(不是半孔径)
APDY	表面编号	表面孔径的 Y 偏离。这个表面必须有一个定义的孔径(不是半孔径)
TEMP	忽略	以摄氏度表示的温度
PRES	忽略	以大气压表示的空气压力。0 代表真空,1 代表普通大气压
EDVA	表面编号/特殊数据编号	用来将多个数值赋给特殊数据值。需要 2 个数值自变量:表面编号和特殊数据编号
PSP1	表面编号	参数求解参数 1(拾取表面)。需要 2 个数值自变量:表面编号和参数编号
PSP2	表面编号	参数求解参数 2(比例因子)。需要 2 个数值自变量:表面编号和参数编号
PSP3	表面编号	参数求解参数 3(补偿)。需要 2 个数值自变量:表面编号和参数编号
MIND	表面编号	模拟玻璃的折射率
MABB	表面编号	模拟玻璃的阿贝常数
MDPG	表面编号	模拟玻璃的 dPgF
CWGT	忽略	结构的总权重。这个数值仅相对于其它结构的权重才有意义。这个结构权重仅由默认评价函数法则,用来建立一个通过相对权重来支持所有结构的评价函数。如果这个结构权重为零,那么在构建默认评价函数的过程中略过这个结构
FLTP	忽略	视场类型。用 0 来代表以度表示的角度,1 代表物高,2 代表近轴像高,3 代表实际像高
RAIM	忽略	光线定位。用 0 来代表没有,1 代表理想光线参考,2 代表实际光线参考
COTN	表面编号	膜层的名称。如果有,则被应用于该表面上
GCRS	忽略	空间坐标参考表面
NPAR	表面编号/对象/参数编号	在 NSC 编辑界面中的对于非连续对象的参数列的修改
NPOS	表面编号/对象/位置	在 NSC 编辑界面中的对于非连续对象的 X、Y、Z、X 倾斜、Y 倾斜和 Z 倾斜位置值的修改。位置标记是 1 和 6 之间的整数,分别代表 X、Y、Z、X 倾斜、Y 倾斜和 Z 倾斜
SATP	忽略	系统孔径类型。用 0 代表入瞳直径,1 代表像空间 F/#,2 代表物空间 NA,3 代表通过光阑尺寸浮动,4 代表近轴工作 F/#,5 代表物方锥形角。也可参见 APER

附录 C   ZEMAX 常用公差设置操作数

表 C-1   表面公差操作数

名称	Int1	Int2	说明
TRAD	表面编号	—	曲率半径的公差,以镜头长度单位表示
TCUR	表面编号	—	曲率的公差,以镜头长度单位的倒数表示
TFRN	表面编号	—	曲率半径的公差,以光圈表示
TTHI	表面编号	补偿表面编号	厚度或位置的公差,以镜头长度单位表示
TCON	表面编号	—	圆锥常数的公差(无单位量)
TSDX	表面编号	—	标准表面的 X 偏心的公差,以镜头长度单位表示
TSDY	表面编号	—	标准表面的 Y 偏心的公差,以镜头长度单位表示
TSTX	表面编号	—	标准表面的 X 倾斜的公差,以度表示
TSTY	表面编号	—	标准表面的 Y 倾斜的公差,以度表示
TIRX	表面编号	—	标准表面的 X 倾斜的公差,以镜头长度单位表示
TIRY	表面编号	—	标准表面的 Y 倾斜的公差,以镜头长度单位表示
TIRR	表面编号	—	标准表面不规则性的公差
TEXI	表面编号	数据项编号	使用泽尼克的标准表面不规则性的公差
TPAR	表面编号	参数编号	表面的参数数值的公差
TEDV	表面编号	特殊数据编号	表面的特殊数据值的公差
TIND	表面编号	—	在 d 光处的折射率的公差
TABB	表面编号	—	阿贝常数值的公差

表 C-2   元件公差操作数

名称	Int1	Int2	说明
TEDX	第一表面	最后表面	元件的 X 偏心的公差,以镜头长度单位表示
TEDY	第一表面	最后表面	元件的 Y 偏心的公差,以镜头长度单位表示
TETX	第一表面	最后表面	元件的 X 倾斜的公差,以度表示
TETY	第一表面	最后表面	元件的 Y 倾斜的公差,以度表示
TETZ	第一表面	最后表面	元件的 Z 倾斜的公差,以度表示

表 C-3   用户自定义操作数

名称	Int1	Int2	说明
TUDX	表面编号	—	用户自定义的 X 偏心的公差
TUDY	表面编号	—	用户自定义的 Y 偏心的公差
TUTX	表面编号	—	用户自定义的 X 倾斜的公差
TUTX	表面编号	—	用户自定义的 Y 倾斜的公差
TUTZ	表面编号	—	用户自定义的 Z 倾斜的公差
TIRY	表面编号	—	标准表面的 Y 倾斜的公差,以镜头长度单位表示

表 C-4   公差控制操作数

名称	Int1	Int2	说明
CEDV	表面编号	特殊数据编号	设置一个特殊数据值作为一个补偿
CMCO	操作数编号	结构操作数编号	设置一个多种结构操作数作为一个补偿
COMP	表面编号	代码	设置一个补偿。代码是:0 代表厚度;1 代表半径;2 代表圆锥常数
CPAR	表面编号	参数编号	设置一个参数作为一个补偿
SAVE	文件编号		保存被用来评价在编辑界面中的前面行中的公差的文件。参见下面的说明
STAT	类型	标准偏离的编号	对于随意选择的 Monte Carlo 参数分析设置统计分配的类型
TWAV	—		这个操作数设置了测试波长。"最小值"栏被用来编辑和显示这个测试波长

附录 D　光学材料一览表

表 D-1　无色光学玻璃分类

玻璃代号	玻璃名称	玻璃代号	玻璃名称
FK	氟冕玻璃	QF	轻火石玻璃
QK	轻冕玻璃	F	火石玻璃
K	冕玻璃	BaF	钡火石玻璃
PK	磷冕玻璃	ZBaF	重钡火石玻璃
BaK	钡冕玻璃	ZF	重火石玻璃
ZK	重冕玻璃	LaF	镧火石玻璃
LaK	镧冕玻璃	ZLaF	重镧火石玻璃
TK	特冕玻璃	TiF	钛火石玻璃
KF	冕火石玻璃	TF	特种火石玻璃

表 D-2　有色光学玻璃材料

玻璃名称	代号	玻璃牌号
透紫外玻璃	ZWB	ZWB1,ZWB2
透红外玻璃	HWB	HWB1,HWB2,HWB3,HWB4
紫色玻璃	ZB	ZB1,ZB2,ZB3
蓝色(青色)玻璃	QB	QB1,QB2,QB3,QB4,QB5,QB6,QB7,QB8,QB9,QB10,QB11,QB12,QB13,QB14,QB15,QB16,QB17,QB18,QB19,QB20,QB22
绿色玻璃	LB	LB1,LB2,LB3,LB4,LB5,LB6,LB7,LB8,LB9,LB10,LB11,LB12,LB13,LB14,LB15,LB16
黄色(金色)玻璃	JB	JB1,JB2,JB3,JB4,JB5,JB6,JB7,JB8
橙色玻璃	CB	CB1,CB2,CB3,CB4,CB5,CB6,CB7
红色玻璃	HB	HB1,HB2,HB3,HB4,HB5,HB6,HB7,HB8,HB9,HB10,HB11,HB12,HB13,HB14,HB15,HB16
防护玻璃	FB	FB1,FB2,FB3,FB4,FB5,FB6,FB7
中性(暗色)玻璃	AB	AB1,AB2,AB3,AB4,AB5,AB6,AB7,AB8,AB9,AB10
透紫外白色玻璃	BB	BB1,BB2,BB3,BB4,BB5,BB6,BB7,BB8

表 D-3　光学晶体材料

名称	(折射率 n)/(λ/μm)	透过波长范围 /μm
LiF	1.439/0.203,1.38/1.5,1.109/9.8	0.12～9.0
MgF_2	n_o:1.37774　n_e:1.38954	0.11～9.0
CaF_2	1.454/0.3,1.423/2.06,1.406/4.3	0.13～12
SrF_2	1.43798	0.16～11.5
BaF_2	1.512/0.254,1.468/10,1.414/11	0.25～15
NaCl	1.791/0.2,1.528/1.6,1.175/27.3	0.25～26
KCl	1.49025	0.2～27.5
KBr	1.59/0.404,1.536/3.4,1.463/25.1	0.2～40
CsI	1.806/0.5,1.742/5,1.673/50	0.25～60
KRS～5	2.6175	0.5～45
Si	3.498/1.36,3.432/3,3.418/10	0.4～12
F-Silica	1.44217/1.7	0.21～3.71
Ge	4.102/2.06,4.033/3.42,4.002/13	0.7～16
ZnSe	2.489/1,2.43/5,2.406/10,2.336/15	0.5～22

名称	(折射率 n)/(λ/μm)	透过波长范围 /μm
ZnS	2.292/1,2.246/5,2.2/10,2.106/15	0.5~14
PbS	3.9	1.0~2.5
GaAs	3.317/3,3.301/5,3.278/10,3.251/14	1.0~15
InGaAs	3.2	0.9~1.7
CdTe	2.307/3,2.692/5,2.68/10,2.675/12	0.2~30
SiO$_2$	n_o:1.544　n_e:1.553	0.12~4.5
Al$_2$O$_3$	1.834/0.265; 1.755/1.01; 1.586/5.58	0.17~5.5
CaCO$_3$	n_o:1.658　n_e:1.486	0.2~5.5
MgO	1.722/1,1.636/5,1.482/8	0.25~9
TiO$_2$	n_o:2.616　n_e:2.903	0.43~62
Sapphire	1.755(1.0mm)	0.18~4.5
AMTIR-1	2.498(10mm)	0.75~14
YVO$_4$	n_o:1.9500　n_e:2.1554/1.3	0.4~5
Calcite	n_o:1.6557　n_e:1.4852/0.633	0.21~2.3
Quartz	n_o:1.5427　n_e:1.5518/0.633	0.2~2.3

表 D-4　光学塑料主要类型

牌号	折射率 n_d	阿贝数	变形温度 /℃	透过率 /%	特点
PMMA	1.492	57.4	92	92	透过性好,硬度高
PC	1.586	34	138	90	成型缩水大,双折射大
PS	1.592	31	94	88~92	折射率高
CR-39	1.498	57	120	92	色散低,紫外截止
SAN	1.567	34.5	100	90	抗冲击,成型方便
TPX	1.466	61	90	90	透镜、冷窗口镜
J.D	1.5~1.62	27	90	90	
OZ-1000	1.5	57.5	103	92	色散低,双折射小,耐热性好
PCHMA	1.507	56	70	91	
MS	1.564	40	90	89~90	
OKP1	1.6425	22.5		91	流动性好
OKP4HT	1.63272	23.2		92	成型性好,双折射差
OPK4	1.607327	27		92	成型特性好
APL 系列(APL5514DP, APL5514ML,APL5514CL)	1.54	56		92	透过率高,成型特性好,低双折射
E48R(来自 330R、480R)	1.53116	56		91	低双折射,低吸水率,耐高温
K26R	1.5350	55.6		92	E48R 的升级版
EP5000	1.6355	23.9		92	成型特性好,超低双折射
AS	1.498	55		90	
ZEONEX	1.53	55.8	122	91	化学稳定性好
NAS	1.55	35		90	只用作薄透镜
ARTON F	1.51	57	160	92	透光范围大
COC	1.535	56.2	170	92	色散小,耐热性好

表 D-5　国内外光学材料牌号对照

代码 CODE	折射率 n_d	色散 v_d	中国 CDGM	德国 SCHOTT	日本 OHARA	日本 HOYA	日本 HIKARI
QK							
470668	1.47047	66.83	H-QK1	FK1	FSL1	FC1	
487700	1.48746	70.04	H-QK3				
487704	1.48749	70.44	H-QK3L	N-FK5	S-FSL5	FC5	E-FK5
K							
500621	1.49967	62.07	K1	K11			
500660	1.50047	66.02	H-K2	BK4	BSL4	BSC4	
505647	1.50463	64.72	H-K3	BK5			
508611	1.50802	61.05	K4A	ZKN7	ZSL7	ZNC7	ZK7
510634	1.51007	63.36	H-K5	BK1	BSL1	BSC1	BK1
511605	1.51112	60.46	H-K6	K7	NSL7	C7	K7
515606	1.51478	60.63	H-K7				
516568	1.51602	56.79	K8		NSL2	C2	K2
516642	1.5168	64.2	H-K9L	N-BK7	S-BSL7	BSC7	E-BK7
516642	1.5168		H-UK9L	UBK7			
518590	1.51818	58.95	H-K10		S-NSL3	E-C3	E-K3
526602	1.52638	60.61	H-K11	BALK1	NSL21	BACL1	
534555	1.53359	55.47	H-K12	ZK5	ZSL5	ZNC5	ZK5
519617	1.51878	61.69	H-K16			BACL3	BALK3
522595	1.52249	59.48	H-K50	N-K5	S-NSL5	C5	E-K5
523586	1.52307	58.64	H-K51	B270	NSL51	C12	KN1
BaK							
530605	1.53028	60.47	H-BaK1				
540597	1.53996	59.72	H-Bak2	N-BAK2	S-BAL12	BAC2	E-BaK2
547628	1.54678	62.78	H-BaK3		BAL21		PSK1
552634	1.55248	63.36	H-BaK4	N-PSK3	BAL23	PCD3	PSK3
561583	1.56069	58.34	Bak5				
564608	1.56388	60.76	H-Bak6	N-SK11	S-BAL41	BACD11	E-SK11
569560	1.56883	56.04	H-BaK7	N-BAK4	S-BAL14	BAC4	E-BAK4
573575	1.5725	57.49	H-BaK8	N-BAK1	S-BAL11	BAC1	E-BAK1
574565	1.57444	56.45	BaK9	BAK6	BAL16	BAC6	
560612	1.55963	61.21	BaK11	SK20	BAL50		SK20
ZK							
569629	1.56888	62.93	H-ZK1	PSK2	BAL22	PCD2	PSK2
583595	1.58313	59.46	H-ZK2	SK12	S-BAL42	BACD12	SK12
589613	1.58913	61.25	H-ZK3	N-SK5	S-BAL35	BACD5	E-SK5
609589	1.60881	58.86	H-ZK4	SK3	BSM3	BACD3	BSM3
611558	1.61117	55.77	ZK5	SK8	BSM8	BACD8	
613586	1.61272	58.58	H-ZK6	N-SK4	S-BSM4	BACD4	E-SK4
613606	1.61309	60.58	H-ZK7				
614551	1.61405	55.12	ZK8	SK9	BSM9	BACD9	SK9
620603	1.62041	60.34	H-ZK9	N-SK16	S-BSM16	BACD16	E-SK16
622567	1.6228	56.71	H-ZK10	N-SK10	S-BSM10	E-BACD10	E-SK10
639555	1.63854	55.45	H-ZK11	N-SK19	S-BSM18	BACD18	E-SK18
603606	1.60311	60.6	H-ZK14	N-SK14	S-BSM14	BACD14	E-SK14

续表

代码 CODE	折射率 n_d	色散 v_d	中国 CDGM	德国 SCHOTT	日本 OHARA	日本 HOYA	日本 HIKARI
607595	1.60729	59.46	H-ZK15	SK7	BSM7	BACD7	SK7
614564	1.61375	56.4	H-ZK19	SK6	BSM6	BACD6	SK6
617539	1.6172	53.91	H-ZK20	SSK1	BSM21	BACED1	SSK1
623581	1.62299	58.12	H-ZK21	N-SK15	S-BSM15	BACD15	E-SK15
607567	1.60738	56.65	H-ZK50	SK2	BSM2	BACD2	E-SK2
618551	1.61765	55.14	ZK51	SSK4	BSM24	BACED4	SSK4
LaK							
660574	1.6595	57.35	H-LaK1	LAK11	LAL11	LAC11	LAK11
692545	1.69211	54.54	H-LaK2	N-LAK9	S-LAL9	LAC9	E-LAK9
747510	1.74693	50.95	H-LaK3				
641601	1.64	60.2	H-LaK4L	N-LAK21	S-BSM81	LACL60	E-LAK01
678555	1.6779	55.52	H-LaK5	N-LAK12	S-LAL12	LAC12	E-LAK12
678555	1.6779	55.52	H-LaK5A	N-LAK12	S-LAL12	LAC12	E-LAK12
694534	1.6935	53.38	H-LaK6	LAKN13	S-LAL13	LAC13	E-LAK13
713538	1.713	53.83	H-LaK7	N-LAK8	S-LAL8	LAC8	E-LAK8
720503	1.72	50.34	H-LaK8A	N-LAK10	LAL10	LAC10	E-LAK10
651559	1.65113	55.89	LaK10	N-LAK22	LAL54	LACL2	E-LAK04
697562	1.6968	56.18	H-LaK12	LAK24	LAL64		
652584	1.6516	58.4	H-LaK50	N-LAK7	S-LAL7	LAC7	E-LAK7
652584	1.6516	58.4	H-LaK50A	N-LAK7	S-LAL7	LAC7	E-LAK7
697555	1.6968	55.53	H-LaK51	N-LAK14	S-LAL14	LAC14	E-LAK14
729547	1.72916	54.68	H-LaK52	N-LAK34	S-LAL18	TaC8	E-LAK18
755523	1.755	52.32	H-LaK53	N-LAK33	S-YGH51	TaC6	E-LASKH2
755523	1.755	52.32	H-LaK53A	N-LAK33	S-YGH51	TaC6	E-LASKH2
734515	1.734	51.49	H-LaK54		S-LAL59	TaC4	E-LAK09
KF							
501572	1.50058	57.21	KF1	K10	FTL10	C10	K10
515545	1.51539	54.48	KF2	KF3	NSL33	CF3	KF3
526510	1.52629	51	KF3	KF2	NSL32	CF2	KF2
517522	1.51742	52.31	KF6	KF6	NSL36	CF6	KF6
			H-KF6				H-KF6
QF							
548459	1.54811	45.87	QF1	LLF1	PBL1	FEL1	LLF1
548458	1.54814	45.82	H-QF1	N-LLF1	S-TIL1	E-FEL1	
561468	1.56091	46.78	QF2	LLF3	PBL3	FEL3	
575413	1.57502	41.31	QF3	LF7	PBL27	FL7	LF7
582420	1.58215	42.03	QF5	LF3	PBL23	FL3	LF3
532488	1.53172	48.76	QF6	LLF8	PBL6	FEL6	LLF6
532488	1.53172	48.84	H-QF6	N-LLF6	S-TIL6	E-FEL6	E-LLF6
541472	1.54072	47.2	QF8	LLF2	PBL2	FEL2	LLF2
561452	1.56138	45.24	QF9	LLF4	PBL4	FEL4	
578411	1.57842		QF11	LF4	PBL24	FL4	LF4
596392	1.59551	39.18	QF14	F8	PBM8	F8	F8
581409	1.58144	40.89	H-QF50	N-LF5	S-TIL25	E-FL5	E-LF5

代码 CODE	折射率 n_d	色散 v_d	中国 CDGM	德国 SCHOTT	日本 OHARA	日本 HOYA	日本 HIKARI
581409	1.58144	40.89	QF50	LF5	PBL25	FL5	LF5
581409	1.58144	40.89	UQF50	ULF5			
F							
603380	1.60342	38.01	F1	F5	PBM5	F5	F5
603380	1.60342	38.01	H-F1	F-TIM5		E-F5	E-F5
613370	1.61293	36.96	F2	F3	PBM3	F3	F3
617366	1.61659	36.61	F3	F4	PBM4	F4	F4
620364	1.62005	36.35	F4	F2	PBM2	F2	F2
620364	1.62005	36.35	H-F4	N-F2	S-TIM2	E-F2	E-F2
624359	1.62435	35.92	F5		PBM11		F11
625356	1.62495	35.57	F6	F7		F7	
636354	1.63636	35.35	F7	F6	PBM6	F6	
624368	1.62364	36.81	F12	F10	PBM10		
626357	1.62588	35.7	F13	F1	PBM1	F1	F1
640346	1.6389	34.57	F51	SF7	PBM27	FD7	SF7
BaF							
548540	1.54809	53.95	BaF1	BALF5	BAL5		BALF5
570495	1.5697	49.45	BaF2	BAF2	BAM2	BaF2	
580539	1.5796	53.87	BaF3	BALF	BAL4	BAFL4	BALF4
			H-BaF3				
583465	1.58271	46.47	BaF4	BaF3	BAM3	BaF3	BaF3
606439	1.60562	43.88	BaF5	BaF4	BAM4	BaF4	BaF4
608462	1.60801	46.21	BaF6	BAF52		BAF7	BAF7
614400	1.61413	40.03	BaF7				
626391	1.62604	39.1	BaF8	BASF1	BAM21	BAFD1	BASF1
603425	1.60323	42.48	BaF51	BASF5		BAFD5	
571530	1.57135	53.97	H-BaF53		S-BAL3		
ZBaF							
622531	1.62231	53.14	ZBaF1	SSK2	BSM22	BACED2	SSK2
	1.80166	44.26	H-ZBaF1			NbFD14	
640483	1.63962	48.27	ZBaF2				
657511	1.65691	51.12	H-ZBaF3				
664355	1.66426	35.45	ZBaF4	BASF2	BAH22	BAFD2	BASF2
671473	1.67103	47.29	H-ZBaF5	S-BAH10			
607494	1.60729	49.4	ZBaF8	BAF5	BAM5	BAF5	
620498	1.62012	49.8	ZBaF11		BSM29	BACED9	
639452	1.6393	45.18	ZBaF13	BAF12	BAM12	BAF12	BAF12
651383	1.65128	38.32	ZBaF 15		BAH24	BAFD4	BASF4
667484	1.66672	48.42	H-ZBaF16	BAFN11	S-BAH11	BAF11	E-BAF11
668419	1.66755	41.93	ZBaF17	BASF6	BAH26	BAFD6	BASF6
670392	1.66998	39.2	ZBaF18	BASF12	BAH32		BASF12
702410	1.70181	41.01	H-ZBaF20	N-BASF52	S-BAH27	BAFD7	E-BASF7
702410	1.70181	41.01	ZBaF20A	BASF52	BAH27	BAFD7	BASF7

代码 CODE	折射率 n_d	色散 v_d	中国 CDGM	德国 SCHOTT	日本 OHARA	日本 HOYA	日本 HIKARI
	1.70181	41.01	H-ZBaF20A				
723380	1.7234	37.99	H-ZBaF21	BASF51	S-BAH28	BAFD8	E-BASF8
723380	1.7234	37.99	ZBaF21A	BASF51	BAH28	BAFD8	BASF8
658509	1.65844	50.85	H-ZBaF50	N-SSK5	S-BSM25	BACED5	E-SSK5
683445	1.68273	44.5	ZBaF51	BAF50	BAH51	BAF22	
670472	1.67003	47.2	H-ZBaF52	N-BAF10		BAF10	E-BAF10
ZF							
648338	1.64769	33.84	ZF1	SF2	PBM22	FD2	SF2
648338	1.64769	33.84	H-ZF1		S-TIM22	E-FD2	E-SF2
673322	1.6727	32.17	ZF2	SF5	PBM25	FD5	SF5
673322	1.6727	32.17	H-ZF2	N-SF5	S-TIM25	E-FD5	E-SF5
717295	1.71736	29.5	ZF3	SF1	PBH1	FD1	SF1
717295	1.71736	29.5	H-ZF3	N-SF1	S-TIH1	E-FD1	E-SF1
728283	1.72825	28.32	ZF4	SF10	PBH10	FD10	SF10
728283	1.72825	28.32	H-ZF4	N-SF10	S-TIH10	E-FD10	E-SF10
740282	1.74	28.24	ZF5	SF3	PBH3	FD3	SF3
755275	1.7552	27.53	ZF6	SF4	PBH4	FD4	SF4
755275	1.7552	27.53	H-ZF6	N-SF4	S-TIH4	E-FD4	E-SF4
805255	1.80518	25.46	ZF7L	SF6	PBH6	FD6	SF6
805255	1.80518	25.46	H-ZF7L	N-SF6	S-TIH6	FD60	E-SF6
654337	1.65446	33.65	ZF8	SF9	PBM29	FD9	SF9
689312	1.68893	31.16	H-ZF10	N-SF8	S-TIM28	E-FD8	E-SF8
689312	1.68893	31.18	ZF10	SF8	PBM28	FD8	SF8
699301	1.69894	30.05	H-ZF11	N-SF15	S-TIM35	E-FD15	E-SF15
699301	1.69895	30.07	ZF11	SF15	PBM35	FD15	SF15
762266	1.76182	26.61	H-ZF12		S-TIH14	FD140	E-SF14
762266	1.76182	26.55	ZF12	SF14	PBH14	FD14	SF14
			H-ZF13		S-TIH11	FD110	E-SF11
785258	1.78472	25.76	ZF13	SF11	PBH11	FD11	SF11
918215	1.91761	21.51	ZF14	SF58			
741278	1.74077	27.76	ZF50	SF13	PBH13	FD13	SF13
741278	1.74077	27.76	H-ZF50		S-TIH13	E-FD13	
785261	1.7847	26.08	ZF51	SF56	PBH23	FDS3	SFS3
847238	1.84666	23.78	ZF52	SF57	PBH53	FDS9	SF03
847238	1.84666	23.78	H-ZF52	SFL57	S-TIH53	FDS90	E-SF03
LaF							
694492	1.69362	49.19	LaF1		LAL58	LACL5	LAK08
717479	1.717	47.89	LaF2	LAF3	LAM3	LAF3	LaF3
744449	1.744	44.9	H-LaF3	N-LAF2	S-LAM2	E-LAF2	E-LaF2
750350	1.7495	34.99	H-LaF4	N-LAF7	S-NBH51	E-LAF7	E-LaF7
757478	1.75719	47.81	H-LaF6		S-LAM54	NBF2	E-LAF04
757477	1.757	47.71	H-LaF6L		S-LAM54	NBF2	E-LAF04
782371	1.78179	37.09	LaF7	LAF22	LAM62	NBFD7	LAF22
784413	1.78427	41.3	H-LaF8	LAF25			
784439	1.78443	43.88	H-LaF9	LAF10			LASFH1

续表

代码 CODE	折射率 n_d	色散 v_d	中国 CDGM	德国 SCHOTT	日本 OHARA	日本 HOYA	日本 HIKARI
788474	1.78831	47.39	H-LaF10	N-LAF21	S-LAH64	TAF4	E-LASF014
788475	1.788	47.49	H-LaF10L	N-LAF21	S-LAH64	TAF4	E-LASF014
773496	1.7725	46.96	H-LaF50A	N-LAF28	S-LAH66	TAF1	E-LASF016
700481	1.7	48.1	H-LaF51		S-LAM51		E-LAF01
786442	1.7859	44.19	H-LaF52	N-LAF33	S-LAH51	NBFD11	E-LASF01
743492	1.7433	49.22	H-LaF53	N-LAF35	S-LAM60	NBF1	E-LAF010
800423	1.79952	42.24	H-LaF54	N-LAF36	S-LAH52	NBFD12	E-LASF02
720437	1.72	43.68	H-LaF62		S-LAM52		E-LAF02
ZLaF							
802443	1.80166	44.26	H-ZLaF1	LASF11		NBFD14	
803467	1.803	46.66	H-ZLaF2	LASF1	LAH62		
855366	1.85544	36.59	H-ZLaF3	LASF13		TAFD13	
804466	1.804	46.58	H-ZLaF50B	N-LASF44	S-LAH65	TAF3	E-LASF015
804466	1.804	46.58	H-ZLaF50A	N-LASF44	S-LAH65	TAF3	E-LASF015
805396	1.8045	39.64	H-ZLaF51		S-LAH63	NBFD3	E-LASF013
806410	1.8061	40.95	H-ZLaF52	N-LASF43	S-LAH53	NBFD13	E-LASF03
	1.8061	40.95	H-ZLaF52A		S-LaH53		
834372	1.834	37.17	H-ZLaF53	N-LASF40	S-LAH60	NBFD10	E-LASF010
834372	1.834	37.17	H-ZLaF53A	N-LASF40	S-LAH60	NBFD10	E-LASF010
835430	1.835	42.98	H-ZLaF55	N-LASF41	S-LAH55	TAFD5	E-LASF05
806333	1.8061	33.27	H-ZLaF56			NBFD15	E-LASFH6
806333	1.8061	33.27	H-ZLaF56A			NBFD15	E-LASFH6
883408			H-ZLaF68	N-LASF31	S-LAH58	TAFD30	
TiF							
580380	1.58013	38.02	TiF2				
593358	1.5927	35.79	TIF3	TIFN5	FTM16	FF5	F16
TF							
612441	1.61242	44.09	TF3	KzFS1		ADF10	
613443	1.6134	44.3	TF4	KzFSN4	BPM51	ADF40	KzFS4
654396	1.65412	39.63	TF5	KzFSN5	BPH5	ADF50	
FK							
497816	1.497	81.61	H-FK61		S-FPL51	FCD1	E-F
497816	1.497	81.6	H-FK61B	N-PK52A	S-FPL51	FCD1	E-F
457903	1.457		H-FK71			FCD10	
D-K							
516641	1.51633	64.06	D-K9		L-BSL7		
D-ZK							
583595	1.58313	59.46	D-ZK2		L-BAL42	M-BACD12	
589613	1.58912	61.25	D-ZK3		L-BAL35	M-BACD5N	
D-LaK							
694532	1.6935	53.2	D-LaK6		L-LAL13	M-LAC130	
D-ZBaF							
714389	1.7143	38.9	D-ZBaF58				
D-ZF							
689312	1.68893	31.16	D-ZF10		L-TIM28		
D-LaF							
731405	1.73077	40.5	D-LaF79		L-LAM69	M-LAF81	
D-ZLaF							
806410	1.8061	40.95	D-ZLaF52		L-LAH53	M-NBFD130	

附录 E 光学制图示例

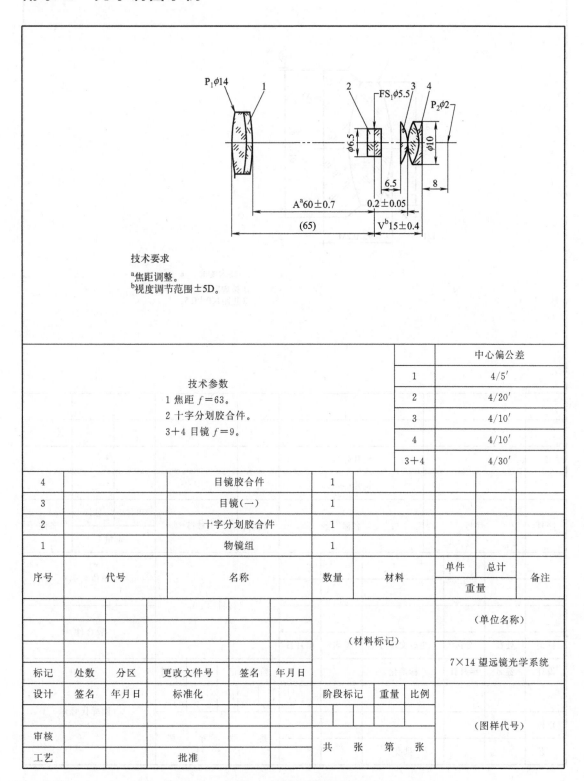

图 E-1 光学系统图示例

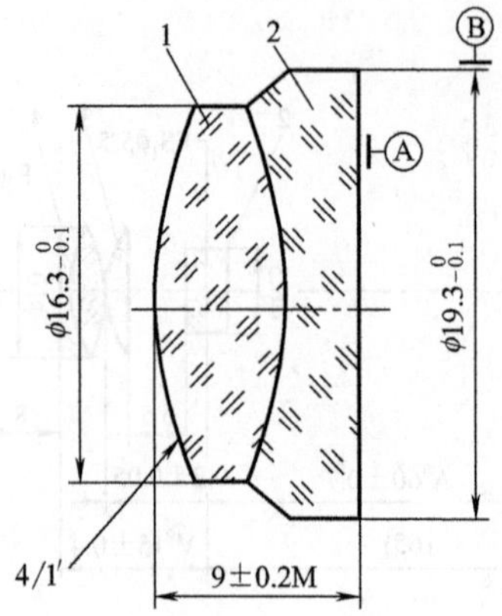

技术要求
1 按规定胶合#×××。
2 焦距100±0.5。

2			镜片(二)			1					
1			镜片(一)			1					
序号	代号		名称			数量	材料		单件	总计	备注
									重量		
									(单位名称)		
							(材料标记)				
									胶合件		
标记	处数	分区	更改文件号	签名	年月日						
设计	签名	年月日	标准化			阶段标记	重量	比例			
									(图样代号)		
审核						共 张 第 张					
工艺			批准								

图 E-2 胶合透镜图示例

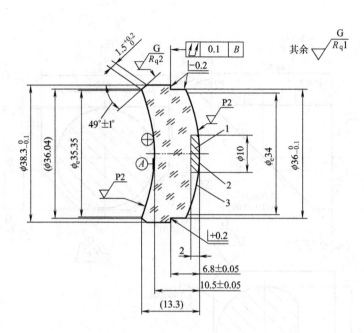

注1：检测区实体内 $1/3 \times 0.1$。
注2：检测区表面 $5/3 \times 0.1$；$L1 \times 0.04$。
注3：待胶合面。

左表面	材料技术要求	右表面
$R60.44CC$ 增透膜 $\lambda_0 = 520nm$ 保护性倒角：$0.2 \sim 0.4$ 3/2(0.5) 4/— $5/5 \times 0.16$；$L2 \times 0.04$；$E0.5$	BK7 $n_e = 1.51872 \pm 0.0001$ $\nu_e = 63.96 \pm 0.5\%$ 0/10 $1/5 \times 0.16$ 2/1；2	$R50.17CX$ 待胶合面 保护性倒角：$0.2 \sim 0.4$ 3/3(1) 4/2' $5/5 \times 0.16$；$L2 \times 0.04$；$E0.5$

标记	处数	分区	更改文件号	签名	年月日				(单位名称)
						(材料标记)			
									透镜
设计	签名	年月日	标准化			阶段标记	重量	比例	
									(图样代号)
审核						共 张 第 张			
工艺			批准						

图 E-3 光学零件图示例 1

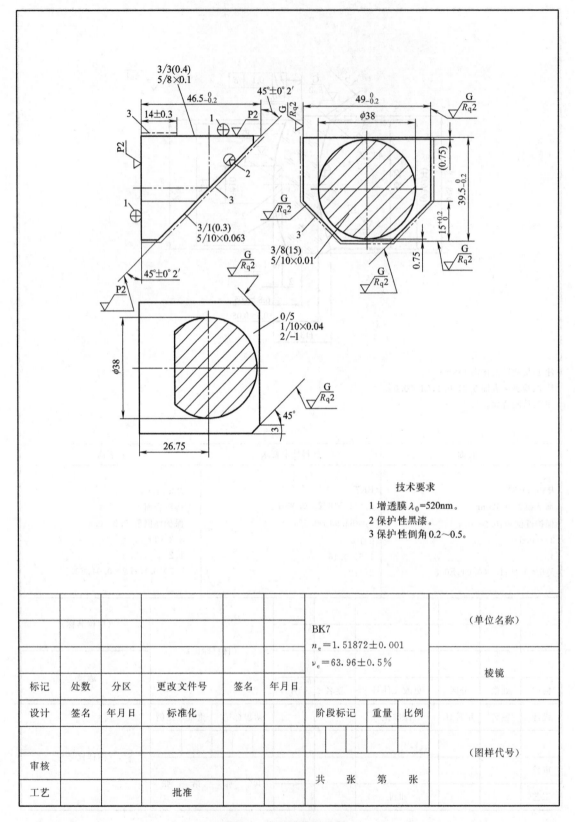

技术要求

1 增透膜 $\lambda_0 = 520nm$。
2 保护性黑漆。
3 保护性倒角 0.2～0.5。

标记	处数	分区	更改文件号	签名	年月日		BK7 $n_e = 1.51872 \pm 0.001$ $\nu_e = 63.96 \pm 0.5\%$			(单位名称)
设计	签名	年月日	标准化			阶段标记	重量	比例	棱镜	
审核									(图样代号)	
工艺			批准			共　张　第　张				

图 E-4　光学零件图示例 2

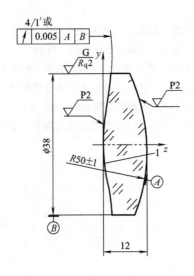

1—旋转对称非球面。

$$z = \frac{h^2}{R(1 + \sqrt{1-(1+k)h^2/R^2})} + \sum_{i=2}^{5}(A_{2i}h^{2i})$$

$$h = \sqrt{x^2+y^2}$$

h	z	Δz	斜率公差	
0.0	0.000	0.000	0.3′	$R=56.031$
5.0	0.219	0.002	0.5′	$K=-3$ $A_4=-0.43264E-05$
10.0	0.825	0.004	0.5′	$A_6=-0.97614E-08$
15.0	1.599	0.006	0.8′	$A_8=-0.10852E-13$ $A_{10}=-0.12284E-13$
19.0	1.934	0.008		斜率取样长度=1;取样步长0.1

标记	处数	分区	更改文件号	签名	年月日	BK7 $n_e=1.51872\pm0.001$ $\nu_e=63.96\pm0.5\%$			（单位名称）
									非球面透镜
设计	签名	年月日	标准化			阶段标记	重量	比例	
									（图样代号）
审核						共　张　第　张			
工艺			批准						

图 E-5　光学零件图示例 3

参 考 文 献

[1] 郁道银，谈恒英. 工程光学. 4 版. 北京：机械工业出版社，2015.

[2] 刘钧，高明. 光学设计. 2 版. 北京：国防工业出版社，2016.

[3] 李晓彤，岑兆丰. 几何光学·像差·光学设计. 3 版. 杭州：浙江大学出版社，2014.

[4] 林晓阳. ZEMAX 光学设计超级学习手册. 北京：人民邮电出版社，2014.

[5] 莱金. 光学系统设计（原书第 4 版）. 周海宪，程云芳，译. 北京：机械工业出版社，2009.

[6] 王之江，顾培森. 实用光学技术手册. 北京：机械工业出版社，2006.

[7] GB/T 13323—2009. 光学制图.